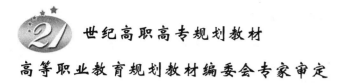

21世纪高职高专规划教材

高等职业教育规划教材编委会专家审定

应急通信

主　编　马晓强

副主编　董　莉　冷　伟　李　媛

U0304045

北京邮电大学出版社
www.buptpress.com

内 容 简 介

本书是一本涉及应急通信常用技术、系统构成、应急管理及应急生存的教材。全书共分9章,主要内容包括应急通信概述、卫星应急通信、微波应急通信、短波应急通信、数字集群应急通信、应急通信指挥调度系统、应急通信车、应急管理、应急生存及系统操作实践等。

本书适合从事应急通信的工程技术人员入门阅读,也可作为高职高专通信类相关专业的教材。

图书在版编目(CIP)数据

应急通信 / 马晓强主编. - - 北京:北京邮电大学出版社,2016.8(2023.7重印)
ISBN 978-7-5635-4848-4

Ⅰ. ①应… Ⅱ. ①马… Ⅲ. ①应急通信系统—高等职业教育—教材 Ⅳ. ①TN914

中国版本图书馆 CIP 数据核字(2016)第 178285 号

书　　　名:应急通信
著作责任者:马晓强　主编
责任编辑:徐振华　孙宏颖
出版发行:北京邮电大学出版社
社　　　址:北京市海淀区西土城路 10 号(邮编:100876)
发 行 部:电话:010-62282185　传真:010-62283578
E-mail:publish@bupt.edu.cn
经　　　销:各地新华书店
印　　　刷:保定市中画美凯印刷有限公司
开　　　本:787 mm×1 092 mm　1/16
印　　　张:16.5
字　　　数:432 千字
版　　　次:2016 年 8 月第 1 版　2023 年 7 月第 4 次印刷

ISBN 978-7-5635-4848-4　　　　　　　　　　　　　　定　价:35.00 元

前　言

　　我国幅员辽阔,地质地貌环境复杂,自然灾害发生频繁,地震、洪水、泥石流等破坏性自然灾害常会导致公用通信网毁坏中断,抢险救灾时我们迫切需要专用通信系统。应急通信作为紧急状态下的应急指挥和协调的最重要手段,在抢险救灾中处于极其重要的地位。虽然我国通信业发展迅速,但是在应急通信的理论研究及技术应用方面,与发达国家相比尚且有一定的差距,深化应急通信的理论研究和技术应用,已成为我国应急通信事业发展的当务之急。随着近年国家在应急通信方面投入的增加,市场对应急通信专业技能型人才的需求也日益增加。应急通信相关职业岗位要求从业人员在具备扎实的专业理论知识的基础上,更要求其具备娴熟的设备操作技能、简单的应急管理知识和应急生存技能,这样才能做好应急通信保障工作。

　　本书旨在培养应急通信技能型人才的理论知识与实践技能,从应急通信相关职业岗位能力出发,以应急通信相关技术为载体,循序渐进地介绍了应急通信的基本知识、卫星应急通信、微波应急通信、短波应急通信、数字集群应急通信、应急通信指挥调度系统、应急管理、应急生存知识及相关设备操作实践,涵盖了系统认知、系统原理以及操作实践3个环节的内容,紧密契合实际的工作岗位要求。本书不仅可以作为高职高专通信类相关专业理论、实践教材,同时也可作为应急通信从业人员的入门指南。

　　本书的体例确定、统稿、内容修订由马晓强完成。书中第1、4章及第9章部分(9.5～9.8节)由李媛编写,第2章(2.1～2.3节、习题)、第6章及附录由马晓强编写,第3、5章及第9章部分(9.4节、9.9节)由董莉编写,第2章部分(2.4节)、第7章、第8章及第9章部分(9.1～9.3节、9.10～9.11节)由冷伟编写。黄力为、历永川、喻瑾、邹佳男负责完成第9章实践任务验证、整本书的图片采集及绘制等工作。

　　在本书的编写过程中,编者依托国家示范骨干高职学院四川邮电职业技术学院移动通信综合实训平台应急通信实验室,得到了电信科学技术第一研究所、北京信威通信科技集团股份有限公司等企业的大力支持,书中素材来自相关企业的产品资料,在此一并表示衷心感谢!

　　由于应急通信各技术发展快速,编著时间紧迫,加之水平有限,书中难免有疏漏与不足之处,恳请读者批评指正。

编　者

目　　录

第1章 应急通信概述

知识结构图

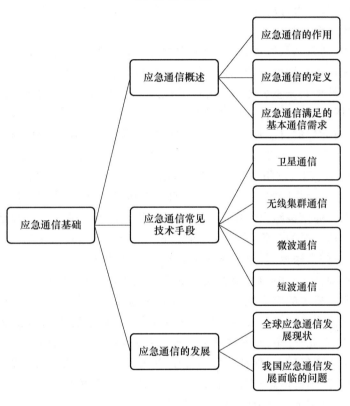

重难点

重点:应急通信满足的基本通信需求。
难点:应急通信的常见技术手段。

1.1 应急通信概述

当遇到洪水、飓风、地震、突发事件时,日常使用的公众通信网可能无法使用。特别是断电、基站容量超负荷、传输线路中断等,导致公众通信网中断且难以迅速修复的时候,由于抢险救灾上传现场信息、下达指的需要,争取抢险救援的宝贵时间,避免造成重大损失,这时就迫切地需要一个快速建立、稳定可靠的通信系统——应急通信系统。

"应急通信"一词,对许多人来说可能显得陌生而专业,但若讲"飞鸽传书""烽火告急""鸡毛信"等人类早期的应急通信手段,大家一定都能理解。

应急通信突出体现在"应急"二字上,面对公共安全、紧急事件处理、大型集会活动、救助自然灾害、抵御敌对势力攻击、预防恐怖袭击和众多突发情况的应急反应,均可以纳入应急通信的范畴。

1.1.1 应急通信的作用

当今社会,日益增多的大型集会类事件和一系列的突发事件(如地震、火灾、恐怖事件)给现有通信系统带来极大的压力。

在大型集会时,数以万计的人群集中在一起,某些区域的通信设施处于饱和状态,严重的过载会使通信瘫痪直至中断。

在消防事件中,建筑物被毁严重时,楼体内的通信设施基本处于瘫痪状态,而现场周围的公用通信网无法完成指挥调度的功能,同时对图像、视频的支持度也比较低。

在公共安全事件尤其是重大恐怖事件的处理过程中,国家、地方领导需要实时掌握案发现场的状况,这时候图像、视频监控的地位尤其突出。

更有甚者,在破坏性的自然灾害面前,基础设施包括通信设施、交通设施、电力设施等完全被毁,灾区在一定程度上属于孤城的状态,所有的现场信息都需要实时采集、优选、反馈。例如,2008 年 5 月 12 日,四川汶川发生 8 级地震,汶川等多个县级重灾区内通信系统全面阻断,昔日高效、便捷的通信网络因遭受毁灭性打击而陷入瘫痪。网通、电信、移动和联通四大运营商在灾区的互联网和通信链路全部中断。四川等地长途及本地话务量上升至日常 10 倍以上,成都联通的话务量达平时的 7 倍,短信是平时的两倍,加上断电造成传输中断,电话接通率是平常均值的一半,短信发送迟缓,整个灾区霎时成了"信息孤岛"。

以上所述的各种情况不断地考验着政府及其相应的职能机构的工作能力、办事效率。提高政府及其主要职能机关的应变能力、反应速度越来越成为一个焦点的话题,应急通信系统此时发挥的作用是至关重要的。在发生突发灾害或事故时,应急通信承担着及时、准确、畅通地传递第一手信息的"急先锋"角色,是决策者正确指挥抢险救灾的中枢神经,其目标是利用各种管理和技术手段尽快恢复通信,保证应急指挥中心/联动平台与现场之间的通信畅通;及时向用户发布、调整或解除预警信息;保证国家应急平台之间的互联互通和数据交互;疏通灾害地区通信网话务,防止网络拥塞,保证用户正常使用。

应急通信所涉及的紧急情况包括个人紧急情况以及公众紧急情况。在不同的紧急情况下,应急通信所起的作用也有所不同。

① 由于各种原因发生突发话务高峰时,应急通信要避免网络拥塞或阻断,保证用户正常使用通信业务。通信网络可以通过增开中继、应急通信车、交换机的过负荷控制等技术手段扩容或减轻网络负荷。并且无论什么时候都要能保证指挥调度部门正常的调度指挥等通信。

② 当发生交通运输事故、环境污染等事故灾难或者传染病疫情、食品安全等公共卫生事件时,通信网络首先要通过应急手段保障重要通信和指挥通信,实现上述自然灾害发生时的应急目标。另外,由于环境污染、生态破坏等事件的传染性,还需要对现场进行监测,及时向指挥中心通报监测结果。

③ 当发生恐怖袭击、经济安全等社会安全事件时,一方面,要利用应急手段保证重要通信和指挥通信;另一方面,要防止恐怖分子或其他非法分子利用通信网络进行恐怖活动或其他危

害社会安全的活动,即通过通信网络跟踪和定位破毁分子、抑制部分或全部通信,防止利用通信网络进行破坏。

④ 当发生水旱、地震、森林草原火灾等自然灾害时,即便这些自然灾害引发通信网络本身出现故障造成通信中断,但在进行灾后重建时,通信网络也必须要通过应急手段保障重要通信和指挥通信。

1.1.2　应急通信的定义

现代意义的应急通信,一般指在出现自然的或人为的突发性紧急情况时,同时包括重要节假日、重要会议等通信需求骤增时,综合利用各种通信资源,保障救援、紧急救助和必要通信所需的通信手段和方法,是一种具有暂时性的、为应对自然或人为紧急情况而提供的特殊通信机制,简单说就是支持应对突发事件的通信。国内外对"应急通信"的定义各有不同。

1. 国际电信联盟对应急通信的定义

国际电信联盟(ITU)作为统领全球通信业发展和应用的国际权威机构,对应急通信的发展高度重视,并从公共保护和救灾的角度提出了"PPDR(公共保护与救灾)无线电通信"的概念,使应急通信的内涵得到了科学的诠释。

(1) 定义

PP(Public Protection,公共保护无线通信)是指政府主管部门和机构用于维护法律和秩序、保护生命和财产及应对紧急情况的无线通信。根据应用场合的不同,PP 无线电通信又分为 PP1(满足日常工作的无线电通信)和 PP2(应对重大突发与/或公众事件的无线电通信)。

DR(Disaster Relief,救灾无线通信)是指政府主管部门和机构用于处置对社会功能严重破坏、造成对生命和财产或环境产生广泛威胁的事件的无线电通信,而不管事件是由于事故、自然或人类活动引起的,还是突然发生或是一个复杂、长期过程的结果。

(2) 工作场景

① 日常工作状态应用场景(PP1)

a. 各 PPDR 部门或机构在其职责范围内例行工作(没有重大应急处置任务)。

b. 各类用户 PPDR 的业务要求是抢险救灾(DR)场景下的最低标准。

② 重大突发事件或公共事件应用场景(PP2)

a. 火灾、森林大火或重大活动的安全保障,如大型活动和政府首脑峰会等。

b. 除重点地域保障外,其他地方还要维持日常运转。

c. 根据事件的性质和范围可能要求另外的 PPDR 资源,多数情况下都有保障方案或有时间制定方案来协调各方需求。

d. 通常需要增加另外的无线电通信设备,这些设备可能需要与现场已有的基础网络连接。

③ 发生灾害事件情况下的场景(DR)

a. 洪水、地震、冰灾和风暴等,还包括大规模暴乱或武装冲突等。

b. 即使有合适的地面系统网络,仍需采用一切可能方式,包括业余无线电、卫星等。

c. 地面网络会被损坏或不能满足增加的通信流量。

d. 应急通信预案应该考虑在地面或卫星系统中采用数字语音、高速数据和视频等技术。

从 ITU 对 PPDR 无线电通信的定义和描述可以看出,政府各应急响应部门面向现场第一响应人员使用的专用无线通信系统是其中最为重要的部分,即需要有专门的资源(频率、传输信道等）来保障。

2. 美国对应急通信的定义

美国是全球应急通信发展的领先国家之一，其专门针对政府各部门、各级政府以及其他应急响应部门、机构和志愿者在应急处置时的通信能力制定了《国家应急通信计划》，该计划将应急通信定义为应急响应人员按授权通过语音、数据和视频手段交换信息以完成任务的能力，并指出应急通信应包含以下三要素。

（1）可操作性

应急响应人员建立和保持通信以支持完成任务的能力。

（2）互操作性

在不同辖区、不同职能部门和各级政府之间，应急响应人员在使用不同频段的情况下，要能根据要求和授权实现通信的能力。

（3）通信的连续性

在主要基础设施遭到破坏或损毁时，应急响应机构应有维持通信的能力。

3. 我国对应急通信的定义

在我国，应急通信的定义很不统一，我国制定有《国家通信应急保障预案》，主要还是基于公共电信网的通信应急保障，至今还没有类似美国针对政府应急响应各部门专业应急通信保障的《国家应急通信计划》。在通信行业内比较有代表性的观点认为"应急通信"是在原有通信系统受到严重破坏或发生紧急情况时，为保障通信联络，采用已有的机动通信设备进行通信的应急行动。这一定义基本是从通信系统应急保障的角度来对应急通信进行理解的，它的行动主体主要是通信运营商，主要任务是通信运营商为防范和应对通信系统的各类故障或突发事件而采取行动。

1.1.3 应急通信满足的基本通信需求

人们的日常工作和生活越来越离不开电话、计算机等通信工具，对通信的依赖性越来越强，没有电话和计算机或网络发生故障，都会给我们的工作和生活带来极大的不便，甚至在心理上产生不适。而一旦个人发生紧急情况或者社会发生自然灾害等突发公共事件，通信则显得更加重要，某种程度上已经成为保护人民群众生命安全、挽救国家经济损失的重要手段，与电力、交通等基础设施一样，应急通信是实施救援的一条重要生命线。

在各类突发紧急境况下，应急通信能满足公众到政府的报警、政府到政府的应急处置、政府到公众的安抚/预警、公众到公众的慰问/交流4个环节的基本通信需求，如图1.1.1所示。首先是公众到政府/机构的报警需求，即当公众遇到灾难时，通过各种可行的通信手段发起紧急呼叫，向政府机构告知灾难现场情况，请求相关救援。第二个环节是政府/机构之间的应急处置需求，即在出现紧急情况时，政府部门之间，或者与救援机构之间，需要最基本的通信能力，以指挥、传达、部署应急救灾方案。第三个环节是政府/机构到公众的安抚/预警需求，即政府部门在灾难发生时，可通过广播、电视、互联网、短消息等各种媒体、各种通信手段对公众实施安抚，或及时将灾害信息通知公众提前预警等。最后一个环节是公众与公众之间的慰问/交流需求，即普通公众与紧急情况地区之间的通信，如慰问亲人、交流信息等。

应急通信各环节所使用的网络、媒体类型和关键技术如表1.1.1所示。从表中可以看到，不同环节所使用网络类型、媒体类型和技术手段都不相同。

① 对于公众到政府的报警环节，目前主要是用户使用固定电话或手机等拨打电话，涉及

固定电话网和移动通信网等公众电信网,随着网络演进和技术发展,用户也应该可以通过 NGN 或互联网拨打报警电话,并且可以通过发送短消息来报警,因此,所涉及的关键技术包括对当前报警用户的准确定位、将用户的紧急呼叫就近路由到用户所在地的应急联动平台进行处置,另外还有 NGN 和互联网支持紧急呼叫。

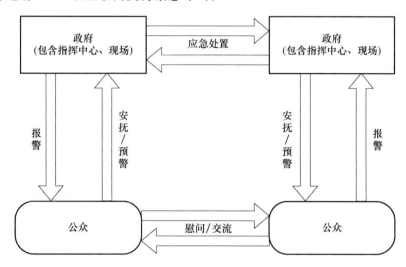

图 1.1.1　应急通信的基本通信需求

②　对于政府到政府的应急处置环节,可使用公网、专网等各种网络、各种技术,其核心目的就是保证政府的指挥通信,如我们所熟悉的集群通信、卫星通信,近年来利用公众电信网支持指挥通信成为一个新的热点,这就需要公众电信网具备优先权处理技术,以保证应急指挥重要用户的优先呼叫。另外,无线传感器及自组织、宽带无线接入、视频监控、视频会议、P2P SIP 等也逐渐应用于应急指挥通信,除了传统的话音,还包括数据、视频、消息等媒体类型,其目的就是全方位、多维度支持应急处置,实现无缝的指挥通信。

③　对于政府到公众的安抚/预警环节,目前使用最多的还是利用广播、电视、报纸等公众媒体网及时向公众通报信息,通常不涉及通信新技术的使用,但如果使用专用的广播系统,则会涉及公共预警技术的使用。另外可以利用公众电信网向用户发送应急公益短消息,这个时候需要使用短消息过负荷和优先控制技术,保证应急公益短消息及时发送给公众。在这个环节,目前新型的技术热点是利用移动通信网或无线电手段,建立公共预警系统,通过语音通知或消息的形式,向公众用户发送预警信息,如灾害信息、撤退信息等。

④　对于公众到公众的慰问/交流环节,主要是公众用户个人之间的交流,不涉及政府的有组织行为,公众之间的慰问会导致灾害地区的来去话话务量激增,包括语音和短消息,这个环节主要是公众所使用的公众电信网要采取一定的过载控制措施,避免网络拥塞,保证网络正常使用。

从表 1.1.1 可以看出,政府到政府的应急处置是最重要、使用技术最多的环节,其次是政府到公众的安抚/预警环节,这两个环节的重要性不言而喻,都是涉及政府和公众群体的关键环节,只有应急处置及时得当,通告和预警措施得力,才能减少人民生命和财产损失,维持社会稳定。

另外,表 1.1.1 所示的为各类常用关键技术,有些技术可用于多种场合,如卫星通信,除了政府部门应急指挥之外,某些用户也可使用卫星电话报警,如行驶在海洋上的货轮碰到紧急情况,可以拨打卫星电话报警。而网络资源共享、号码携带等技术的根本目的是尽快恢复公众用户的通信,是上述通信环节的辅助手段。

表 1.1.1　应急通信各环节所使用的网络、媒体类型和关键技术

应急通信环节	网络类型	媒体类型	常用关键技术
报警:公众到政府	公众电信网:PSTN/PLMN/NGN/互联网等	话音 短消息	定位 NGN 支持紧急呼叫 互联网支持紧急呼叫 紧急呼叫路由
应急处置:政府到政府	专网:集群、卫星、专用电话网等	话音 视频 数据 短消息	卫星通信 数字集群通信 定位 安全加密 数据互通与共享
	公众电信网 PSTN/PLMN/NGN/互联网等	话音 视频 数据 短消息	优先权处理技术 定位 视频会议 视频监控 安全加密 数据互通与共享
	无线传感器及自组织网络	话音 视频 数据	无线传感器及自组织
	其他网络	话音 数据 视频	宽带无线接入 P2P SIP 视频会议 视频监控 安全加密 数据互通与共享
安抚/预警:政府到公众	公众电信网:PSTN/PLMN/NGN/互联网等	语音通知消息	短消息过负荷和优先控制 公共预警技术
	公众媒体网:广播、电视、报纸等	语音通知 文字 视频	公共预警技术
慰问/交流:公众到公众	公众电信网:PSTN/PLMN/NGN/互联网等	话音 短消息	过载控制

1.2　应急通信的常见技术手段

　　应急通信技术的发展是以通信技术自身的发展为基础和前提的。通信技术经历了从模拟到数字、从电路交换到分组交换的发展历程,而从固定通信的出现,到移动通信的普及,以及移动通信自身从 2G 到 3G 甚至 4G 的快速发展,直至步入到无处不在的信息通信时代,都充分证明了通信技术突飞猛进的发展。常规通信的发展使应急通信技术手段也在不断进步。出现紧急情况时,从远古时代的烽火狼烟、飞鸽传书,到电报电话、微波通信的使用,步入信息时代,应急通信手段更加先进,可以使用传感器实现自动监测和预警,使用视频通信传递现场图片,使用 GIS 实现准确定位,使用互联网和公众电信网实现告警和安抚,使用卫星通信实现应急指挥调度等。

　　从技术角度看,应急通信不是一种全新的通信技术,不是单一的无线通信,也不是单一的卫星通信和视频通信,而是在不同场景下多种技术的组合应用,共同满足应急通信的需求。其常用的技术手段有以下几种。

1.2.1　卫星通信

　　卫星通信是地球站之间通过通信卫星转发器所进行的微波通信,主要用于长途通信,利用高空卫星进行接力通信。面对地震、台风、水灾等自然灾害,卫星通信能够发挥不可替代的重要作用,在陆地、海缆通信传输系统中断,以及其他通信线缆未铺设到之处,它能帮助人们实现信息传输。由于受自然条件的影响极小,因此卫星电话等通信手段可以作为主要的救灾临时通信设备。

　　卫星通信的主要业务包括卫星固定业务、卫星移动业务和 VSAT 业务。

1. 卫星固定业务

　　卫星固定业务使用固定地点的地球站开展地球站之间的传输业务。提供固定业务的卫星一般使用对地静止轨道卫星,包括国际、区域和国内卫星通信系统,在其覆盖范围内提供通信与广播业务。覆盖我国的国内卫星包括中星 1、6、6B、9、20、22 号,中国鑫诺 1、3 号,亚洲 1A、2、3S、4 号,亚太 1、2R 号等十几颗静止卫星。

　　在应对地震等灾害时,带有卫星地球站的应急通信车可以利用国内静止卫星的转发器,给灾区对外界的通信和电视转播提供临时传输通道。

2. 卫星移动业务

　　卫星移动业务与地面移动通信业务相似,可以提供移动台与移动台之间、移动台与公众通信网用户之间的通信。国际上目前可以使用的卫星移动通信系统主要包括两类:对地静止轨道(GEO)卫星移动通信系统主要用于船舶通信,也可用于陆地通信,其中波束覆盖到我国的系统有国际海事卫星系统和亚洲蜂窝卫星系统;非静止轨道(NGEO)卫星移动通信系统目前覆盖全球的只有“铱星”“全球星”和轨道通信系统 3 种。

3. VSAT 业务

　　甚小天线地球站(VSAT)系统是指由天线口径小并用软件控制的大量地球站所构成的卫星传输系统。VSAT 系统将传输与交换结合在一起,可以提供点到点、点到多点的传输和组网通信。VSAT 系统大量用于专网通信、应急通信、远程教育和“村村通”工程等领域。地震中通过临时架设 VSAT 网络,可以在已修复的移动通信基站或临时架设的小基站与移动交换机之间提供临时通信链路,恢复灾区的移动通信。

随着卫星通信技术的不断发展,卫星通信的用户终端逐步趋向小型化,能够提供语言、图像、文字和数据等多媒体通信。除了使用卫星移动业务的个人卫星电话终端以外,应急通信队伍还装备有中低速率的 IDR 卫星站、宽带 VSAT 便携卫星小站等多种卫星固定业务地球站,也是灾害救援前期常用的卫星通信手段,其中 IDR 一般作为通信传输中继设备使用,而宽带 VSAT 小站则能够提供救援现场带宽要求较高的图像、话音、高速数据等综合业务。随着地面道路的恢复,装载卫星通信设备的应急车辆可以抵近救灾现场提供更高容量的通信支撑,目前应急通信机动队伍均配备了 Ku 频段静中通、动中通等大中型车载卫星通信系统,能够满足现场多个应急指挥机构的多媒体业务通信需求。

1.2.2 无线集群通信

无线集群通信源于专网无线调度通信,主要提供系统内部用户之间的相互通信,但也可提供与系统外如市话网的通信,其通信方式有单工也有双工。集群通信系统区别于公众无线电移动通信系统的主要特点是:除了可以提供移动电话的双向通话功能外,还可提供系统内的群(组)呼、全呼;甚至建立通话优先级别,可以进行优先等级呼叫、紧急呼叫等一般移动电话所不具备的通信;提供动态重组、系统内虚拟专网等特殊功能。这些功能特别适合警察、国家安全部门专用通信以及机场、海关、公交运输、抢险救灾等指挥调度需要。其主要特点如下所示。

1. 组呼为主

无线集群通信可以进行一对一的选呼,但以一对多的组呼为主。集群手机面板上有一个选择通话组的旋钮,用户使用前先调好自己所属的通话小组,开机后即处在组呼状态。一个调度台可以管理多个通话小组,在一个通话组内所有的手机均处于接收状态,只要调度员点击屏幕组名或组内某个用户按 PTT 键讲话,组内用户均可听到。调度员可对部分组或全部组发起群呼(广播)。

2. 不同的优先级

调度员可以强插或强拆组内任意一个用户的讲话,且不同用户有不同的优先级,信道全忙时,高优先级用户可强占低优先级用户所占的信道。

3. 按键讲话

在无线集群通信中,其无线终端带有 PTT(Push To Talk)发送讲话键,按下 PTT 键时打开发信机关闭收信机,松开 PTT 键时关闭发信机打开收信机。

4. 单工、半双工为主

无线集群通信中为节省终端电池与少占用户信道,用户间通话以单工、半双工为主。

5. 呼叫接续快

从用户按下 PTT 讲话键到接通话路时间短,但对指挥命令而言,若漏去一两个字,有可能会造成重大事故。

6. 紧急呼叫

无线集群终端带有紧急呼叫键,紧急呼叫具有最高的优先级。用户按紧急呼叫键后,调度台有声光指示,调度员与组内用户均可听到该用户的讲话。

目前,我国常见的数字集群技术体制主要有基于 GSM 技术的华为 GT800、GSM-R,基于 CDMA 技术的中兴 GoTa,来自欧洲电信标准组织(ETSI)的 TETRA 等。数字集群系统支持的基本集群业务有单呼、组呼、广播呼叫、紧急呼叫等,集群补充型业务有用户优先级定义、用户强插、调度台强插等,目前在用系统具有支持短信、数据传送及视频等多种业务应用,并支持呼叫处理、移动性管理、鉴权认证、虚拟专网、加密、故障弱化及直通工作等功能,极大地便利指挥人员并适应指挥调度工作要求,目前应急通信保障队伍配备的应急指挥车辆上都有数字集群通信系统。

1.2.3　地面微波通信

微波通信是用微波作为载体传送信息的一种通信手段。微波是指波长在 1 mm～1 m 之间,频率范围为 300 MHz～300 GHz 的电磁波。

地面微波中继通信具有通信容量大、传输质量高等优点,但随着光纤通信的出现,微波通信在通信容量、质量方面的优势不复存在。然而,在地震、洪水等自然灾害发生时,常常伴随着通信光缆的断裂;这时候,微波通信就能够大显身手,通过微波线路跨越高山、水域,迅速组建电路,替代被毁的支线光缆、电缆传输电路,在架设线路困难的地区传输通信信号。另外,在修复公众网基站、架设应急无线集群基站、联通交换机之间的 E1 电路等方面,地面微波也可以发挥重要的作用。

在应急通信情况中,当现场微波站与事先架设且预留电路的微波站之间的通信距离和视距传输允许时,或者移动应急平台与属地应急平台之间在点对点微波通信范围内时,可以采用微波通信方式。现场应急通信容量要求不高时,适宜使用小微波系统。可以采用点对点扩频数字微波系统实现移动应急平台与属地应急平台的通信,少数情况下现场应急平台之间点对点通信可以采用数字微波作为可选手段。

1.2.4　短波通信

尽管当前新型无线电通信系统不断涌现,短波这一传统的通信方式仍然受到全世界普遍重视,不仅没有被淘汰,还在快速发展。主要原因是:短波是唯一不受网络枢纽和有源中继制约的远程通信手段,一旦发生战争或灾害,各种通信网络都可能受到破坏,卫星也可能受到攻击。无论哪种通信方式,其抗毁能力和自主通信能力与短波无可相比;在山区、戈壁、海洋等地区,超短波覆盖不到,主要依靠短波。

短波通信是无线电通信的一种,波长在 10～50 m 之间,频率范围为 6～30 MHz。发射电波要经电离层的反射才能到达接收设备,通信距离较远,是远程通信的主要手段,一般都将其视作应急通信保障的最后手段,目前应急通信保障队伍配备的短波电台可提供单边带话或等幅报等通信能力。

短波在县乡一级的应急通信中非常适用,不需依靠额外的传输介质,且传输距离可达几百公里,机动性好、成本低。

除以上几种常见的技术手段外,随着 IP 应用的逐步普及,基于宽带无线网络技术的应急通信装备也已经部署到各保障队伍。目前所配主要是用于现场 IP 接入的 WLAN 和具有自组织、自管理、自愈、灵活的障碍物绕行通信能力,环境适应性和抗毁能力强的 MESH 系统,可与 3G 移动通信等技术相结合,组成一个含有多跳无线链路的无线网状网络,提供应急现场 IP 网络及语音服务,或近端接入点与远点接入点的双向视音频通信。

同时,公众移动通信是应急指挥现场所有人员最易用和熟悉的通信方式,如果道路条件许可,利用目前应急通信保障队伍所配备拥有卫星传输通道的移动 2G/3G 基站车,能够解决应急现场一定范围内的公众移动通信需求,还可以针对不同等级用户实行现场的优先级差别接入。

1.3　应急通信的发展

1.3.1　全球应急通信发展现状

在国际上,许多国家非常重视应急通信网络的研究和开发工作,特别是欧美发达国家和亚洲的日本。美国从 20 世纪 70 年代开始建设应急通信网,目的是为了满足美国政府对于紧急事件的指挥调度需求。"9·11 事件"之后,美国更是投入巨资建设与互联网物理隔离的政府专网,推行通信优先服务计划并利用自由空间光通信(Free Space Optics,FSO)、WiMAX 和 WiFi 等技术来提高应急通信保障能力。

目前,日本已建立起较为完善的防灾通信网络体系,如中央防灾无线网、防灾互联通信网等。中央防灾无线网是日本防灾通信网的骨架网络,由固定通信线路、卫星通信线路和移动通信线路构成。防灾互联通信网可以在现场迅速连通多个防灾救援机构以交换各种现场救灾信息,从而有效进行指挥调度和抢险救灾。

此外,国际上许多标准化组织(如 ITU-R、ITU-T、ETSI 和 IETF 等)也在积极推进应急通信标准的研究。ITU-R 主要从预警和减灾的角度对应急通信展开研究,包括利用固定卫星、无线电广播、移动定位等向公众提供应急业务、预警信息和减灾服务;ITU-T 从开展国际紧急呼叫以及增强网络支持能力等方面进行研究,主要包括紧急通信业务(Emergency Telecommunications Service,ETS)和减灾通信业务(Telecommunication for Disaster Relief,TDR)两大领域;ETSI 主要关注紧急情况下组织之间以及组织和个人之间的通信需求;IETF 对应急通信的研究涵盖通信服务需求、网络架构和协议等多个方面。

我国应急通信的发展大致可以分成 3 个阶段。第一个阶段是 1998 年以前,第二个阶段是 1998—2003 年,第三个阶段是 2003—2008 年。我国在 2004 年正式启动应急通信相关标准的研究工作,内容涉及应急通信综合体系和标准、公众通信网支持应急通信的要求、紧急特种业务呼叫等。与此同时,国内许多企业也在积极研发应急通信相关产品,如中兴的 GOTA、华为的 GT800 和中科院浩瀚迅无线技术公司的 MiWAVE 等。

总的来说,当前我国的应急通信保障方面的研究工作可以归纳为以下几类:

一是充分挖掘现有通信和网络基础设施的潜能,通过增强网络自愈和故障恢复能力来提升其应急通信保障能力;

二是针对现有应急通信系统缺乏有效的统一调度和指挥的情况,考虑如何实现跨部门、跨系统的指挥调度平台,使各个专网之间以及专网与公网之间实现互联互通;

三是针对一些部门的应急通信系统不支持视频、图像等宽带多媒体业务的问题,引入宽带无线接入技术;

四是针对各专用应急通信系统缺少统一规划和互通标准的情况,启动应急通信相关标准的制定工作;

五是研究应急通信资源的有效布局和调配问题,如优化通信基站的选址和频道分配来满足应急区域的通信覆盖要求。

近年来,我国应急通信研究重点围绕公众通信网支持应急通信来展开,对于现有的固定和移动通信网,主要研究公众到政府、政府到公众的应急通信业务要求和网络能力要求,包括定位、就近接入、电力供应、基站协同、消息源标志等,除此之外研究在互联网上支持紧急呼叫,包括用户终端位置上报、用户终端位置获取、路由寻址等关键环节。这些研究工作有效推动了国内应急通信系统和相关平台的发展,增强了各种应急突发情况下的通信保障能力。

1.3.2　我国应急通信发展面临的问题

虽然我国的应急通信保障体系建设有了很大发展,但是依然存在技术体制落后、资金投入不足等问题,与应急通信的实际要求还有较大差距。此外,应急通信保障的研究工作大都没有充分关注和利用无线自组网技术,也没有考虑融合多种通信技术手段来提供全方位、可靠的应急通信保障,而是过多强调发展集群通信、短波无线通信和卫星通信系统。

进入 21 世纪以来,自然灾害、突发事故、恐怖袭击等各种各样的事件层出不穷,举不胜举;我国近期的深圳光明滑坡事故、天津滨海新区火灾、"东方之星"沉船以及多发的地震事件都给社会带来了极大的损失。伴随国务院办公厅 63 号文件的春风,应急通信技术作为应急产业发展的核心之一,其关键作用和重要地位越来越得到各级政府的重视,推动应急通信产业发展的重要性与迫切性更是刻不容缓。

1. 需要从国家层面统一规划和构建应急通信系统

应对突发事件通常涉及公安、消防、卫生、通信、交通等各个部门,保证各部门之间的通信畅通是保障应急指挥的基础,是提高应急响应速度、减少灾害损失的关键。为了提高应急响应的时效性和针对性,应从国家层面构建应急综合体系,统一建设应急通信系统,避免出现以往的各部门各自为政、重复建设、通信不畅的局面,如各部门都建设了各自的集群系统,但由于制式、标准不统一,无法互联互通,某个突发公共安全事件出现时,往往需要几个部门联合行动,在事件现场的各部门指挥人员携带各自的集群通信终端,但却无法互联互通,更无法发挥集群的组呼、快速呼叫建立等优势,出现了"通信基本靠吼"的尴尬场面。近年来,我国各级政府在积极应对突发事件的过程中,越来越意识到统一规划、整合资源的重要性,最明显的例子就是匪警、火警等三台合一,从而构造一个城市的综合应急联动系统,充分体现了统一应急处置、应急指挥的趋势。从国家层面统一规划与实施,构建上下贯通、左右衔接、互联互通、信息共享、互有侧重、互为支撑、安全畅通的应急平台体系,加强不同部门之间的数据和资源共享,构建畅通的应急通信系统,可以大大提高应急通信应对突发事件的时效性和针对性。

2. 新型通信技术的出现给应急通信带来方便的同时,也增加一些技术挑战

随着下一代网络、宽带通信技术、新一代无线移动等新技术的出现,给应急通信带来了更快速、更方便、功能更强大的解决方案,同时也使应急通信面临新的需求与挑战。例如,对于从传统 TDM 网络发出的紧急呼叫,由于号码与物理位置的捆绑关系,很容易对用户进行定位,而对于承载与控制分离的 IP 网络,由于用户的游牧性、IP 地址动态分配、NAT 穿越等技术的使用,给定位用户带来一定的难度。

3. 应急通信信息由传统话音向多媒体发展,需要传送大量多媒体数据

传统的应急通信需求比较简单,基本是打电话通知什么地方发生了什么事情,用电话进行应急指挥,而应急通信技术手段基本以 PSTN 电话、卫星通信、集群通信等为主,能满足紧急情况下的基本通话需求。而随着城市化进程的加快、环境气候条件的恶化、突发安全事件所产生的破坏性程度越来越高,对人民工作和生活的影响越来越大,需要根据现场情况快速做出判断和响应,单凭语音通信已无法满足快速高效应急指挥的需要,应急指挥中心要能够通过视频监控看到事故现场,有助于准确快速地应急响应,并召开视频会议,提高指挥和沟通效率,因此需要传送大量的数据、图像等多媒体数据。除了现场与应急指挥中心之间要传送大量多媒体数据以外,应急指挥所涉及的各级各部门之间也需要数据共享,如气象、水文、卫生等海量多媒体数据,以利于综合研判、指挥调度和异地会商。

4. 需要加强事前监控和预警机制建设及技术应用

长期以来,我国的应急体系都是在事故发生后采取应急处置措施,而随着灾害迫害程度的增加和技术手段的进步,应急通信应由"被动应付"发展为"主动预防"。应急通信具有一定的突发性,时间上无法预知,因此需要加强事前监测和预警机制建设,研究可用于事前监测和预警的新技术,并推动其应用,例如,利用传感器监控温度、湿度等环境变化,以应对一些自然灾害事件,利用视频监控系统监控公共卫生事件。通过建立公共预警,在灾害发生前将信息提前发给公众,或者在灾害过程中将灾害和应对措施适时告知民众,及时采取科学有效的应对措施,做好应急准备,最大限度地减少灾害损失。

新的经济和社会形势对应急通信提出新的需求,而随着宽带无线通信、无线传感器网络、视频通信、下一代网络等新技术的出现,为应急通信带来了更快速、更方便、功能更强大的解决方案,为满足上述需求提供了技术可能。但由于应急通信的公益性质,缺乏市场推动力,需要配套的政策引导和经济杠杆调节,以推动新技术在应急通信领域的应用。

习　　题

1. 国际电信联盟对 PPDR 事件是如何定义的?
2. 我国对应急通信是如何定义的?
3. 应急通信常见的技术手段有哪些?
4. 应急通信的作用是什么?

参 考 文 献

[1]　姚国章、陈建明. 应急通信新思维:从理念到行动. 北京:电子工业出版社,2014.
[2]　李欣、张海军. 浅析应急通信发展现状和技术手段. 统计与管理. 2014(3).

第 2 章　卫星应急通信

知 识 结 构 图

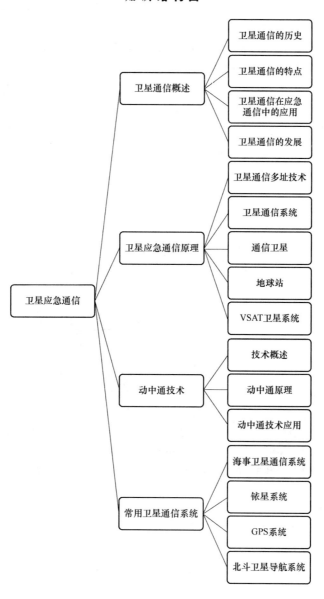

重 难 点

重点：卫星通信在应急通信中的应用。

难点：卫星通信系统的组成、功能。

2.1　卫星通信概述

我们通常所说的"卫星通信"是将地球卫星当成中继站的一种通信方式，卫星通信是微波接力通信向太空的延伸，起源于地面微波接力通信，结合了空间电子技术后发展起来的一门新兴技术。卫星通信具有覆盖面大、通信不受地面限制、传输距离远、通信成本与距离无关、机动性好、容量大等特点。由于以上这些特点，卫星通信在诸多领域获得了大量的应用，从民用到军事，卫星通信都在发挥着不可或缺的作用。多年来卫星通信已发展成熟，成为一种重要的传输手段。

卫星通信是宇宙无线电通信形式之一。宇宙通信则是指以宇宙飞行体为对象的无线电通信。宇宙通信有 3 种形式：宇宙站与地球站之间的通信，宇宙站之间的通信，通过宇宙站转发或反射而进行的地球站间的通信。本书中所说的卫星通信属于第 3 种形式，卫星通信系统如图 2.1.1 所示。

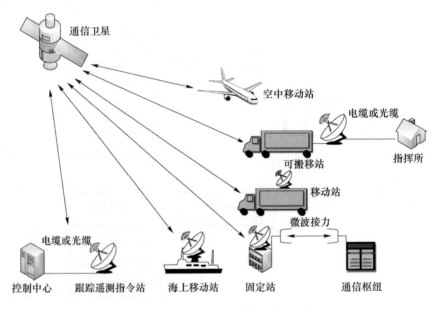

图 2.1.1　卫星通信系统

（1）卫星通信

卫星通信发生于地球上的地球站与人造地球卫星之间，它是地球上两个或多个地球站使用人造地球卫星为中继，由卫星转发或反射无线电波，在地球站之间进行的通信过程。

（2）地球站

地球站（Earth Station）指的是安装在地球表面上的无线电波通信站，包含陆地上、大气中及海洋上，它们是卫星通信的信息发送方和接收方。

（3）通信卫星

在卫星通信过程中,用来将地球站的信号进行相互转发,来实现不同位置通信目的人造地球卫星称之为通信卫星。微波中继通信是一种"视距"通信,即只有在"看得见"的范围内才能通信。通信卫星的作用相当于离地面很高的微波中继站。

2.1.1 卫星通信的历史

科技发展的步伐越来越大,人们已经将通信从地面发展到了太空中,通信介质也从有线变成了无线,日新月异的通信变革为我们的生活带来了极大的变化。

卫星通信起源于 1957 年,当该年发射了第一颗通信卫星之后,卫星通信作为一种重要的信息传递手段,被大量应用于广播电视、语音、视频等业务的传播。

1957 年 10 月 4 日,苏联发射了第一颗人造卫星 Sputnik01(PS1),其直径为 58 cm,重量为 83.6 kg,设计寿命 3 个月。

1958 年 1 月 31 日,美国发射了 Satellite 1958 Alpha,重量为 13.9 kg,搭载了宇宙射线探测器、微陨石探测器及温度计。

1958 年 12 月 18 日,美国宇航局发射了 SCORE 试验通信卫星(Signal Communications By Orbiting Relay),电池只能工作 12 天,它利用两个磁带录音机进行磁带录音信号的传输。

1960 年 8 月 12 日,美国 NASA 发射"回声"(ECHO)气球式无源发射卫星,首次完成有源延迟中继通信。该卫星直径 30.5 m,重 76 kg,采用太阳能电池板和镍镉电池供电,采用微波反射通信,完成了电视和语音传输试验。

1962 年 7 月 10 日,美国电话电报公司 AT&T 发射了"电星一号"(TELESTAR-1)低轨道通信卫星,上下行频率是 6 GHz/4 GHz,使用全向天线实现了横跨大西洋的电话、电视、传真和数据的传输,夯实了商用卫星的技术基础。

这一阶段,由于技术的限制,火箭的推力很有限,所发射的卫星高度均小于 10 000 km,我们将这些卫星称之为"低轨道卫星"。

1963 年 7 月 26 日,美国 NASA 发射了第一颗有源通信卫星"辛康二号"(Syncom 2)。它直径 0.71 m,高 0.39 m,重 68 kg,采用自旋稳定技术,上下行频率是 7 360 MHz/1 815 MHz,轨道高度 35 891 km,是一颗准同步卫星,主要用于低质量电视画面传输。

1964 年 8 月 19 日,美国 NASA 发射了第一颗静止轨道卫星 Syncom 3,参数与 Syncom 2 相同,该颗卫星用来转播第十八届东京奥运会。

1965 年 4 月 6 日,国际通信卫星组织(IN-TELSAT)发射了第一颗实用商业通信卫星 Intelsat 1(Early Bird),如图 2.1.2 所示,设计寿命 3.5 年,采用两个转发器,通信容量约为 240 话路,第一次实现了跨洋实况转播电视。至此,卫星通信进入实用阶段。

至此,在经历了大约 20 年的时间后,人类完成了通信卫星的多次试验,并验证了卫星通信的实用价值。

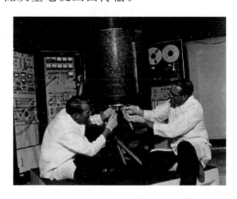

图 2.1.2 Intelsat 1(Early Bird)卫星

1970 年 4 月 24 日,我国成功地发射了自行研制的东方红一号卫星。

卫星自重 173 kg,采用自旋姿态稳定方式,初始轨道参数为近地点 439 公里,远地点 2 384 公里,倾角 68.5°,运行周期 114 min。卫星外为直径约 1 m 的近似球体的多面体,它以 20.009 MHz 频率播放《东方红》乐曲。"东方红一号"卫星设计工作寿命 20 天(实际工作寿命 28 天),期间把遥测参数和各种太空探测资料传回地面,至同年 5 月 14 日停止发射信号。按时间先后顺序,我国是继苏、美、法、日之后,世界上第五个用自制火箭发射国产卫星的国家。我国自 1972 年开始运行卫星通信业务。

东方红二号甲卫星是在东方红二号卫星基础上改进研制的中国第一代实用通信卫星。它也是一颗双自旋稳定的地球静止轨道通信卫星。该卫星 1988 年 3 月 7 日首次发射,现已发射 3 颗,分别定点于东经 87.5°、东经 110.5°、东经 98°,覆盖整个中国。此型号卫星主要用于国内通信、广播、电视、传真和数据传输。外形尺寸直径 2.1 m 高 3.68 m 的圆柱体卫星质量 441 kg,有效载荷 4 个 C 波段转发器,工作寿命 4 年半。

东方红三号卫星是中国迄今为止发射的通信卫星中,性能最先进、技术最复杂、难度最大的卫星,达到了国际同类卫星的先进水平。东方红三号卫星于 1997 年 5 月 12 日发射,5 月 20 日成功定点于东经 125°赤道上空。东方红三号卫星采用全三轴姿态稳定技术、双组元统一推进技术、碳纤维复合材料结构等先进技术,可满足国内各种通信业务的需要。

我国主要卫星系列简介如表 2.1.1 所示。

表 2.1.1　我国主要卫星系列简介

卫星系列	卫星数目	用　途
海洋卫星系列	海洋一号(2 颗)、海洋二号(3 颗)	主要用于海洋水色色素的探测,为海洋生物的资源开放利用、海洋污染监测与防治、海岸带资源开发、海洋科学研究等领域服务
气象卫星系列	风云卫星(13 颗)	广泛应用于天气预报、气候预测、灾害监测、环境监测、军事活动、气象保障、航天发射保障等重要领域,特别在台风、暴雨、大雾、沙尘暴、森林草原火灾等监测预警中发挥重要作用,增强我国防灾减灾和应对气候变化能力,为各级政府提供了准确的决策信息
陆地卫星系列	中巴资源卫星(4 颗)　高分系列(3 颗)	调查地下矿藏、海洋资源和地下水资源,监视和协助管理农、林、畜牧业和水利资源的合理使用,预报和鉴别农作物的收成,研究自然植物的生长和地貌,考察和预报各种严重的自然灾害(如地震)和环境污染,拍摄各种目标的图像,以绘制各种专题图,如地质图、地貌图、水文图等
环境卫星系列	环境减灾星座(2 颗)　HT 系列(3 颗)　HJ 系列(3 颗)	用于环境和灾害监测的对地观测
北斗导航定位卫星系列	北斗试验卫星(4 颗)　北斗卫星(14 颗)	向全球用户提供高质量的定位、导航和授时服务,包括开放服务和授权服务两种方式。开放服务是向全球免费提供定位、测速和授时服务,定位精度 10 m,测速精度 0.2 m/s,授时精度 10 ns。授权服务是为有高精度、高可靠卫星导航需求的用户提供定位、测速、授时和通信服务以及系统完好性信息
通信广播卫星系列	东方红卫星(14 颗)	为通信、广播、水利、交通、教育等部门提供了各种服务
实践科学探测与技术试验卫星系列	实践卫星(14 颗)	用于空间环境辐射探测、单粒子效应试验、空间流体科学试验以及卫星工程新技术试验

风云二号卫星是中国第一代地球静止轨道气象卫星,于 1997 年 6 月 10 日发射,定点于东经 105°赤道上空,它主要为提高中国气象预报的准确性、及时性及气象科研服务。卫星采用双自旋稳定方式,卫星上装载的多通道扫描辐射计及数据收集转发系统能取得可见光云图、红外云图和水汽分布图。它还可收集气象、海洋、水文等部门数据,收集平台的观测数据监测。

据统计,到 2014 年年底,我国总计发射了 266 颗卫星,其中在轨卫星数目达到 139 颗,超过了俄罗斯的 134 颗,成为世界第二。预计未来 5 年,我国还将发射约 120 颗卫星,其中包括通信卫星 20 颗左右、遥感卫星 70 颗左右、导航卫星 30 颗左右。

目前我国已拥有包括遥感卫星、导航卫星、通信卫星、空间探测卫星和技术试验卫星等多种类型的卫星,形成了海洋卫星系列、气象卫星系列、陆地卫星系列、环境卫星系列、北斗导航定位卫星系列、通信广播卫星系列等卫星系列和实践科学探测与技术试验卫星系列,基本构成了全方位的应用卫星体系,为卫星应用的发展奠定了坚实的基础。

2.1.2　卫星通信的特点

卫星通信与地面通信的对比如表 2.1.2 所示。

表 2.1.2　卫星通信与地面通信的对比

名　称	卫星通信	地面通信
覆盖范围	广泛	局部
传输方式	一跳或两跳	多结点接力
固定资费	低	高
传输质量	高	高
设备投资	低	低
端站搬迁	灵活搬动、自动开通	有限区域内搬动,申请之后开通

卫星通信与其他通信方式相比较,有以下几个方面的特点。

(1) 卫星通信距离远,且成本与通信距离无关

地球静止轨道卫星最大的通信距离为 18 100 km 左右,而且通信成本不因通信站之间的距离远近、两地球站之间地面上的恶劣自然条件而变化。这个特点让卫星在远距离通信上比微波、光缆、电缆、短波通信有明显的优势。

(2) 卫星通信采用广播方式工作,使用多址连接

卫星通信是以广播方式进行工作的,在卫星天线波束覆盖的区域里面,地球站可以放置在任意一个位置,地球站之间都通过该卫星来实现通信,实现了多址通信。

太空中的一颗在轨卫星,可以在一片范围内发射可以到达任一点的许多条无形电路,这些链路为设备组网提供了高效率和灵活性。

(3) 卫星通信频带宽,可以传输多种业务

卫星通信使用的频段与微波一样,可以使用的频带很宽,如 C 频段、Ku 频段的卫星带宽可达 500～800 MHz,而 Ka 频段可达几个吉赫兹。

(4) 卫星通信可以自发自收进行监测

在卫星通信过程中,发端地球站同样可以收到本身发出的信号,利用此机制,地球站可以监视并判断之前所发消息正确与否、传输质量的优劣等。

（5）卫星通信可以实现无缝覆盖

目前来说，我们利用卫星移动通信，不必被地理环境、气候条件和时间限制，可以建立覆盖全球的海、陆、空一体化通信系统。

（6）卫星通信可靠性高

卫星通信在应急场景的多次验证说明，在抗震救灾或光缆故障时，卫星通信是一种不可替代的重要通信手段。

1. 星蚀

每年春分、秋分前后各 23 天时，地球、卫星、太阳运行到同一直线上。当地球处于卫星与太阳之间时，地球会把阳光遮挡，导致通信卫星的太阳能电池无法正常工作，只能使用蓄电池工作，蓄电池只能维持卫星自转而不能支持转发器正常工作，这时会造成暂时的通信中断，我们把这种现象叫做星蚀，一般星蚀中断时间为 5～15 min 不等。

2. 日凌中断

在每年春分秋分前后，当卫星星下点进入当地中午前后时，卫星处在太阳和地球中间，天线在对准卫星的同时也会对准太阳，会因接收到强大的太阳热噪声而使通信无法进行，这种现象我们称之为日凌中断，一般每次持续约 6 天。出现中断的最长时间与地球站的天线直径及工作频率有关。

2.1.3 卫星通信在应急通信中的应用

卫星通信的应用范围很广，它可以应用在电话、传真、电视、广播、计算机、电视电话会议、医疗、应急通信、交通信息、船舶、飞机及军事通信等场景。卫星通信在登山保障中的应用如图 2.1.3 所示。

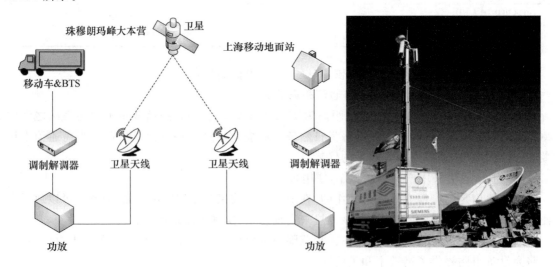

图 2.1.3 卫星通信在登山保障中的应用

卫星通信在我国公共安全领域占据着举足轻重的地位，主要用来实现指挥调度的通信保障、专业部门及救援队伍的通信等任务。卫星通信的特点决定了它在应急通信中占有举足轻重的位置，它可以实现应急现场与指挥部之间的通信，也可以实现现场单兵之间的通信。在遇到严重的自然灾害时，卫星通信会成为现场内单兵通信的主要手段，除此之外还可以使用到集群系统。卫星通信在应急通信系统中的位置如图 2.1.4 所示。

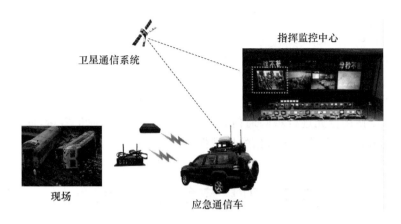

图 2.1.4　卫星通信在应急通信系统中的位置

2.1.4　卫星通信的发展

自从人类实现了使用卫星传送信息的梦想以来,卫星通信经历了以下几个阶段。

① 从 20 世纪 60 年代至 70 年代中期,此阶段卫星通信刚迈出第一步,成立了 Intelsat、In-marsat 等国际卫星通信组织,建立起多个国际卫星通信系统。

② 20 世纪 70 年代中期至 80 年代初期,是卫星通信在国内通信领域里得到应用的旺盛时期,许多国家都相继建立了自己的国内卫星通信系统,我国发射了东方红试验通信卫星。

③ 20 世纪 80 年代初期至 90 年代初期,卫星通信出现了革命性的变化,VSAT 系统得到大规模的推广。

④ 20 世纪 90 年代,卫星通信与移动通信相结合,出现了 LEO 和 MEO 移动卫星通信系统的大量应用,如铱星系统和全球星系统开始面向个人提供移动通信服务。同时,电视到用户及直播广播卫星业务也为广大民众提供了丰富多彩的电视节目。

⑤ 21 世纪初期,宽带卫星通信系统为我们提供了大容量、高速率的数据业务、因特网业务和多媒体业务等。

卫星通信在国防现代化建设、社会经济发展以及我国参与全球经济一体化活动等方面都占有重要地位。我国只有紧紧抓住这一有利时机,真正把发展卫星通信事业摆在重要地位,及时跟踪、赶超国外卫星通信的先进技术,才能使我国在新一轮的国际竞争中占据有利地位。

在目前的通信卫星中,已采用许多代表当今世界通信卫星的先进技术,如氙粒子发动机、高能太阳电池和蓄电池、大天线和多点波束天线、星上处理器以及功率按需分配等技术,这些技术的发展,对通信卫星和卫星通信的发展产生了深刻的影响。

(1)卫星星体尺寸向大、小两极发展

现在,通信卫星的发展趋势是星体正在向大型化和小型化两个方向发展。大型化的发展是为了实现一星多能、提高卫星的灵敏度和星上处理能力。大型化的卫星容易受到电磁干扰,目标太大,容易被反卫星武器攻击,小型化的卫星则可以规避大卫星的这种缺点,可以提高卫星系统的生存能力。

(2)卫星移动通信向个人通信方向发展

卫星移动通信指的是利用卫星来实现移动用户之间,或移动与固定用户之间的相互通信。随着扩频技术的引入,数字无线接入技术的大量应用,卫星通信在向卫星个人通信方向发展,用户可以使用手持机来实现与其他用户的双向通信。

（3）卫星通信向宽带化发展

卫星通信在向宽带化发展，为用户提供了高带宽。为了满足用户的带宽需求，卫星通信系统使用的频率已经向 Ka、Q 等波段发展，一些国家的卫星通信系统已拓展到 EHF 频段。

（4）卫星通信向激光通信发展

卫星之间可以使用激光进行星间通信，大大增加了卫星间的通信容量，同时还减小了通信设备的体积和重量，也提升了卫星通信的保密性。

2.2　卫星应急通信原理

卫星通信发生于地球上的地球站与人造地球卫星之间，它是地球上两个或多个地球站使用人造地球卫星为中继，由卫星转发或反射无线电波，在地球站之间进行的通信过程。卫星通信使用无线介质来实现通信过程，它承载的业务多种多样，是目前非常重要的一种通信手段，也是应急通信中举足轻重的通信手段。

2.2.1　卫星通信多址技术

在无线通信技术中，会遇到多个用户需要同时通话的情况，这时采用不同的移动信道分隔，来防止用户之间出现相互干扰，这种技术叫多址技术。在卫星通信当中，多址技术是指同一个卫星转发器可以与多个地球站实现通信，多址技术根据信号的频率、时间、空间等特征来分割信号和识别信号。

卫星通信中常见的多址方式有频分多址（FDMA）、时分多址（TDMA）、码分多址（CDMA）、空分多址（SDMA）及混合多址等。

1. 频分多址

（1）原理

频分多址（如图 2.2.1 所示）是相对来说比较简单的一种多址方式，它需要的技术和硬件结构与地面微波系统基本类似，这个技术也是最早使用的多址方式。频分多址是在多个地球站共用转发器的系统中，将卫星转发器的可用频带 W 分割成互不重叠的多个部分，再将每个部分分配给各地球站所要发送的载波使用。频分多址方式中载波的射频频率不同，信号发送的时间可以重合，但载波占用的频带是彼此严格分开的，同时相邻载波之间设置了保护间隔，用以保证信号的传输效果。卫星在使用频分多址方式时，只需要进行频率的转换。

频分多址技术又包括每载波多路信道的 MCPC-FDMA 方式和每载波单路信道的 SCPC-FDMA 方式。卫星通信中主要使用按申请分配的 SCPC 方式，SCPC 方式主要适用于业务量较小的、通信线路少的地球站，MCPC 方式主要用于业务量较大、通信对象固定的干线通信。SCPC 方式的地面站成本较高，设备利用率很低，转发器利用率也低。

（2）预分配（PA）和按申请分配（DA）

预分配：分为固定预分配（FPA）和按时预分配（TPA）技术。固定预分配将固定数量的频率半永久性地分配给地球站。每个地球站只能使用获得的频率，不得占用其他地球站的频率。按时预分配方式是按照业务量的变化规律来调整频率的分配。

按申请分配：按申请分配是一种分配可变的方式，所谓的可变是按照地球站的申请进行频率分配,在使用完成后,频率被收回。

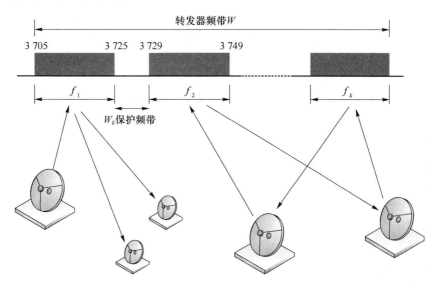

图 2.2.1　FDMA

（3）优缺点

对于频分多址方式,其优点主要是：

① 技术成熟,实现容易,建设成本低；

② 不需要网络定时；

③ 对单个载波的信号没有做出各种限制。

缺点有：

① 频分多址方式在多载波工作时会产生互调噪声,容易造成容量下降；

② MCPC-FDMA 方式信道分配不灵活,频带利用率低。

2. 时分多址

（1）原理

在时分多址系统中,一个时刻时卫星转发器中通常只有一条 TDMA 载波,将卫星转发器的工作时间分割成周期性的不重叠的时隙,再分配给每个地球站使用。各站的基带信号低速连续输入并存储在缓冲器里,在分配给它的时隙里以高速突发形式的脉冲串调制载波后发向卫星。任何时候都只有一个站发出的信号通过转发器,转发器始终处于单载波工作状态。由于在一个时隙内,只有一个载波在使用该卫星,不存在互调干扰等现象,卫星的输出功率最大。TDMA 可以应用于 GEO(静止轨道)、MEO(中轨道)、LEO(低轨道)系统中。TDMA 系统模型如图 2.2.2 所示。

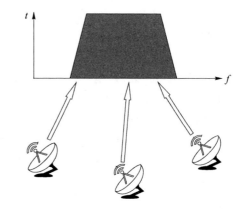

图 2.2.2　TDMA 系统模型

（2）卫星交换 TDMA 和多载波 TDMA

卫星交换 TDMA（SS-TDMA）是用来解决地球站可以接入不同波束的问题而产生的一种方法，SS-TDMA 系统一般有不止一个上行和下行链路波束，单个波束内都使用 TDMA 方式，都使用相同的频带，上行链路的发射时间必须与下行链路的波束存在对应关系，从而才能实现不同波束发来的 TDMA 载波交换。

多载波 TDMA（MC-TDMA）在 TDMA 系统中，采用许多条速率较低按照 TDMA 方式工作的载波，并非像以前只有一个高速载波。对于 MC-TDMA 模式来说，只有一条载波时，可以认为其就是传统 TDMA；有多条载波但是每载波只有一路信号时，可以认为就是 SCPC；有多条载波且有多路信号但由同一个站发送，可以认为就是 MCPC。

（3）优缺点

时分多址的优点主要有：

① 卫星的功率可以达到最大；

② 时隙分配灵活，方便扩大容量；

③ 方便实现数字综合业务。

缺点主要有：

① 模拟信号需要转为数字信号才能传输；

② 要求整网同步；

③ 时分多址系统较为复杂。

3. 码分多址

（1）原理

码分多址系统中，各站所发的信号在结构上各不相同并相互具有准正交性，以区别地址，而在频率、时间、空间上都可能重叠。地址码一般采用的是自相关性非常强且互相关性较弱的周期性码序列。各站所发载波受到两种调制，一种是基带信号（一般是数字的）的调制，一种是地址码的调制。对于某一地址码，只有与之完全对应的接收机才能检测出信号。

CDMA 系统需要有足够的相关性好的地址码来保证地球站分配到所需的码元，还必须要完成频谱扩展（直接序列扩频或跳频扩频），收发端还必须使用完全一致的地址码才能解出正确的信息码元。CDMA 可以应用于 GEO、MEO、LEO 系统中。详细的直接序列扩频技术介绍请见第 5 章第 5.2 节。

（2）优缺点

CDMA 的优点主要有：

① CDMA 抗多径衰落，是一种宽带传输的手段；

② 扩展频谱后的信号，具有良好的隐蔽性；

③ CDMA 系统允许不同卫星采用相同频率；

④ CDMA 系统具有扩频增益（详见第 5 章第 5.2 节）；

⑤ 应用于移动通信当中，CDMA 系统具有软容量；

⑥ CDMA 系统保密性好。

CDMA 的缺点主要有：

① CDMA 系统需要复杂的功率控制技术；

② CDMA 系统码同步时间较长。

由于以上优缺点，CDMA 主要在卫星移动通信系统中使用，目前我们遇到的有窄带 CD-

MA 系统和宽带 CDMA 系统。

4. 空分多址

（1）原理

空分多址指的是卫星天线有多个窄波束（又称点波束），分别指向不同区域的地球站，利用波束在空间指向上的差异来区分不同的地球站。某区域中一站的上行信号经卫星上的转换开关设备转到另一区域的下行波束上，从而传送到该区域的某站。一个通信区域内若有多个地球站，则他们之间的站址识别还要借助 FDMA 或 TDMA。

（2）优缺点

SDMA 的优点如下：

① 采用 SDMA 的卫星系统，其天线有高增益；

② SDMA 系统可以合理利用功率；

③ SDMA 技术可以扩大卫星通信系统的容量；

④ SDMA 技术降低了对地面系统的干扰，降低了对地球站的技术要求。

缺点如下：

① SDMA 技术提高了对卫星的技术要求，特别是稳定性、姿态控制系统的要求；

② 通信卫星的天线相对来说比较复杂，出现故障不易修复。

几种多址方式的比较如表 2.2.1 所示。

表 2.2.1　几种多址方式的比较

方　式	优　点	缺　点
频分多址	调制器工作速度低 不需复杂同步即可避免与其他站所发信号的干扰，易实现多址联接	每个转发器的传输容量小 不易适应各种速率的数字信号传输
时分多址	可最大限度地利用转发器的发信功能 可灵活处理各地球站电路容量的变化	需采取同步措施，基带处理电路复杂 发信功率需与每个转发器相对应
码分多址	可按需多发信号 抗干扰性能强	需要较宽的频带转发器 原采用的技术频谱利用率低

5. 竞争多址

竞争多址是指地球站以随机方式来争用信道，又称随机多址；该多址方式主要用于 VSAT 系统。对于 VSAT 系统的介绍，详见 2.2.5 节。

VSAT 系统采用星形拓扑，使用竞争多址来工作时，网络内各 VSAT 小站会依据通信需要随时向信道发送信息，中心站收到小站发出的信息后会使用时分复用 TDM 信道向 VSAT 系统发出确认信号。如果小站未接收到中心站发出的确认信号，说明由于信息碰撞出现丢失，此时中心站会重发一直到小站收到确认信息为止。

6. 采用时隙 ALOHA 预约的 DAMA

DAMA（Demand Assigned Multiple Access）为按需分配多路寻址，DAMA/TDMA 适用于大数据业务量的 VSAT 使用，特别是消息长度可变的情况。DAMA/时隙 ALOHA 方式的预约消息采用竞争多址的方式替代 TDMA 固定分配方式，可使预约的开销同实际支持的站数无关，从而使 DAMA 系统支持大量的 VSAT 站工作，具有良好的性能和处理混合交互/文件传递业务的能力。

2.2.2 卫星通信系统

卫星通信系统从总体上可以分为两部分：空间段和地面段。空间段包括通信卫星、跟踪遥测指令分系统（TT&C），地面段包括地球站及地面传输线路。

1. 卫星通信系统组成

卫星通信系统（如图2.2.3所示）主要由通信卫星和通信地球站两部分组成。通信卫星在系统中起着重要的作用，它完成无线中继站的功能，即把地球站发来的电磁波放大后再转发给其他地球站。通信地球站是卫星通信系统与地面通信网的接口，地面用户通过通信地球站与卫星通信系统形成链路。

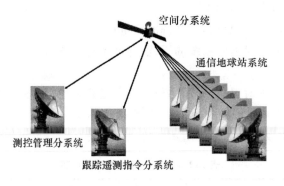

图 2.2.3　卫星通信系统组成

（1）卫星通信系统组成

一个完整的卫星通信系统，通常是由空间段的通信卫星、跟踪遥测指令站、地面段的地球站及地面传输线路组成，还应该包括监控管理分系统，如图2.2.4所示，卫星通信系统示意图如图2.2.5所示。

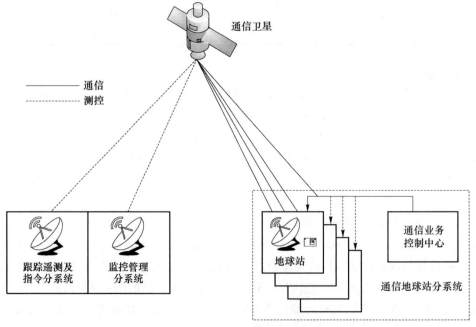

图 2.2.4　卫星通信系统链路

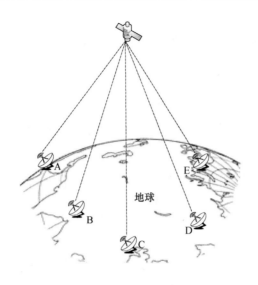

图 2.2.5　卫星通信系统示意图

① 通信卫星

通信卫星属于空间段,它主要起到无线电中继站的作用,包括空间平台和有效载荷。通信卫星的主体是通信装置,它由天线分系统、通信分系统(转发器)、跟踪、遥测与指令分系统、控制分系统和电源分系统组成。

② 监控管理分系统

监控管理分系统属于地面部分,它主要起到对定点的卫星在业务开通前、后进行通信性能的监测和控制作用(如对转发器功率、卫星天线增益、各地球站发射功率、带宽等参数进行监控)。

③ 跟踪遥测指令分系统

跟踪遥测指令分系统对卫星进行跟踪测量,控制其准确进入静止轨道上的指定位置,对在轨卫星的轨道、位置及姿态进行监视和校正。该系统接收卫星发来的信标和各种状态数据,经分析处理后向卫星发出指令信号,控制卫星的位置、姿态及各部分工作状态。

④ 地球站

卫星地球站是卫星通信中的地面通信设备,是微波无线电收发信站,地球站为用户提供接入通信卫星的通路,俗称地球站。它用于发射和接收用户信号,由基带处理、调制解调、发射机、接收机、天线和电源等设备组成。地球站可分为固定式地球站、可搬运地球站、便携式地球站、移动地球站以及手持式卫星移动终端。

(2) 卫星通信网络拓扑结构

卫星通信系统都按照一定的拓扑结构来组网,常见的拓扑结构有星形、网状网或混合形网络,如图 2.2.6 所示。

(3) 卫星通信系统工作过程

如图 2.2.7 所示,在一个完整的卫星通信系统中,包括卫星无线电线路、中频线路、射频线路。基带信号通过处理后由地球站发送给通信卫星,再由通信卫星转发给地球站,然后由一个可逆的过程再得到基带信号。

在通信过程中,不同地球站之间经过卫星的转发形成多条卫星通信线路。完整的一条卫星通信线路由发端地球站、上行线路、卫星转发器、下行线路和收端地球站组成。

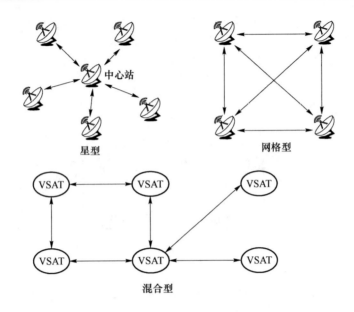

图 2.2.6　拓扑结构

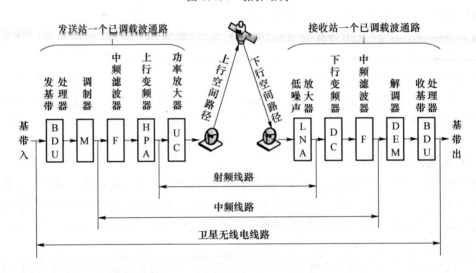

图 2.2.7　卫星通信系统工作过程

我们定义：上行线路指的是从发端地球站到通信卫星，下行线路指的是从通信卫星到收端地球站。上行线路和下行线路合起来就构成一条最简单的单工通信线路，如图 2.2.8 所示。

实际中，我们使用双工通信。这个过程中既要向通信卫星发射信号，也要接收到从通信卫星转发来的其他地面站发送给自己的信号。这时我们就要使用两条共用同一卫星，但传播方向相反的单工线路构成一条双工卫星通信线路。在双工线路中，每个地球站都有收、发设备和相应的信道终端，加上收、发共用天线。

如图 2.2.9 所示，当图左的用户要与图右的用户通信时，信道终端设备首先要把信号变成基带信号，经过调制器变为中频信号（70 MHz），再经上变频变为微波信号，经高功放放大后，由发端地球站 A 经天线使用 f_1 频率发向通信卫星（上行链路），卫星收到 f_1 频率的上行信号经放大、再生处理，再变频转换为下行 f_2 频率的微波信号。

收端地球站 B 收到从通信卫星传送来 f_2 频率的信号（下行链路），经低噪声放大、下变频、中频解调,再还原为基带信号,并分路后送到各用户。这就完成了图左 A 站到收端 B 站信号传输的工作过程。B 站发向 A 站的信号过程与此相同,只是上行使用 f_3、下行使用 f_4 的频率。(f_1、f_2、f_3、f_4 频率各不相同)

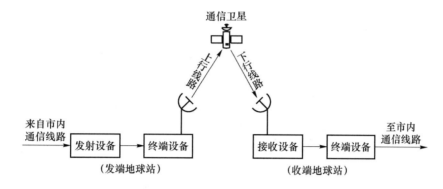

图 2.2.8　单工通信线路

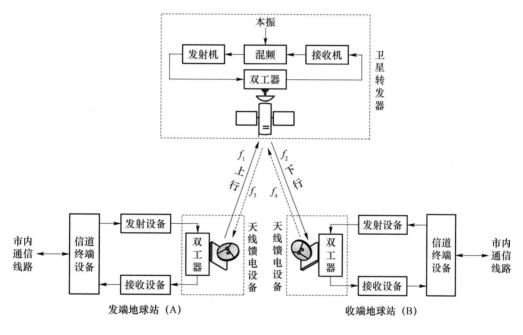

图 2.2.9　双工通信线路

（4）单跳与双跳线路

在卫星通信系统中,信号传输的线路有两种形式:单跳线路与双跳线路。

当发端站发送的信号只需要经过一次卫星转发后就被收端站接收,这种线路叫单跳线路。当发端站发送的信号需要经过两次卫星转发才被收端站接收,这种线路叫双跳线路。双跳线路一般会用在两种场景:

① 通信双方地球站分别位于两颗不同的卫星覆盖范围内,此时必须经过处于重叠覆盖区内的地球站中继转发,这种场景会使用双跳线路;

② 通信双方位于同一卫星覆盖区内的星形拓扑网络中,地球站 A 与地球站 B 之间需要经过中央主站的中继,两次都通过同一个通信卫星的转发,这种场景也会使用双跳线路。

双跳线路如图 2.2.10 所示。

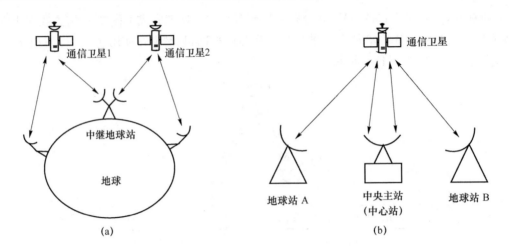

图 2.2.10　双跳线路

2. 卫星通信频段

通信卫星的位置在地球外层空间,电离层之外。卫星与地球站之间收发的电磁波必须穿透电离层(如图 2.2.11 所示),目前只有微波频段具备这一条件,大多数卫星通信系统选择在电波能穿透电离层的特高频或微波频段工作,如表 2.2.2 所示。主要频段有:

① UHF 波段(200/400 MHz);

② L 波段(1.5/1.6 GHz);

③ C 波段(4.0/6.0 GHz);

④ X 波段(6.0/7.0 GHz);

⑤ K 波段(12.0/14.0,11.0/14.0,20/30 GHz)。

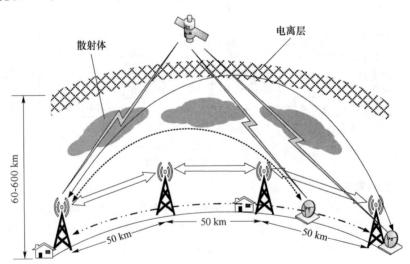

图 2.2.11　卫星通信穿透电离层

一般来说,上行频率会高于下行频率。因为发射频率高的载波,需要的代价大,而卫星载荷指标是有限的,所以将频率高的作为上行由地面站使用,而频率低的作为下行由卫星使用。常用频段上下行频率如表 2.2.3 所示。

由于 C 波段的频段较宽,又便于利用成熟的微波中继通信技术,且天线尺寸也较小,因此，卫星通信最常用的是 C 波段。

表 2.2.2　卫星通信频率划分

频率划分		频率范围	带　宽	应　用
UHF	L	200～400 MHz	47 MHz	军用
		1.5～1.6 GHz	47 MHz	商用
SHF	C	6/4 GHz	800 MHz	商用
	X	8/7 GHz	500 MHz	军用
	Ku	14/12 GHz	500 MHz	商用
	Ka	30/20 GHz	2 500 MHz	军用
			1 000 MHz	商用
EHF	Q	44/0 GHz	3 500 MHz	军用
	v	64/59 GHz	5 000 MHz	军用

表 2.2.3　常用频段上下行频率

频　段	上行频率	下行频率	简　称
C-band	5.925～6.425 GHz	3.7～4.2 GHz	6/4 G
Ku-band	14.0～14.5 GHz	10.95～11.2 GHz	14/11 G
		11.45～11.7 GHz	
Ka-band	26.5～31 GHz	16.7～21.2 GHz	30/20 G

2.2.3　通信卫星

1. 通信卫星概述

通信卫星是空间段中最关键的设备，如图 2.2.12 所示。我们可以把通信卫星理解为一个设在外层空间的微波中继站，主要完成接收发端地球站发来的上行信号，对其进行低噪声放大、混频，再把混频后的信号进行功率放大后返回给收端地球站的功能。为了避免在卫星通信天线中产生同频干扰，通信时的上下行信号采用不同的载波频率。

2. 典型的通信卫星轨道

通信卫星轨道指的是通信卫星运行的轨迹和趋势，近似于椭圆或圆形，地心就处在椭圆的一个焦点或圆心上，如图 2.2.13 所示。

通信卫星轨道按照高度可以分为 LEO、MEO、GEO、HEO。

LEO：低轨(Low Earth Orbit)(500～1 500 公里)。

MEO：中轨(Medium Earth Orbit)(10 000 公里)。

GEO：静止轨道(Geostationary Earth Orbit)。

HEO：高椭圆轨道(High Oval Orbit)(俄罗斯等国家使用)。

图 2.2.12　通信卫星示意图

按照轨道平面与赤道平面的夹角 φ(轨道倾角)的不同,通信卫星轨道又分为赤道轨道($\varphi=0°$)、极地轨道($\varphi=90°$)、倾斜轨道($0°<\varphi<90°$)。

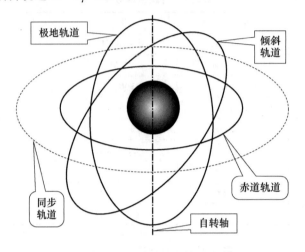

图 2.2.13　通信卫星轨道

当运行轨道倾角为 $0°$ 时,通信卫星的运行轨道平面与赤道平面重合,这种轨道叫赤道轨道。

当运行轨道倾角为 $90°$ 时,通信卫星的运行轨道平面通过地球两极,这种轨道叫极地轨道。

当运行轨道倾角为大于 $0°$,小于 $90°$ 时,通信卫星的运行轨道叫倾斜轨道。

当运行轨道高度为 35 786.6 公里时,且卫星在赤道上空,通信卫星的运行周期和地球的自转周期相同,从地面上看好像是静止的,这种轨道叫对地静止轨道,它是地球同步轨道的特例。

3. 通信卫星分类

通信卫星按运行轨道分为赤道轨道卫星、极地轨道卫星、倾斜轨道卫星。按卫星所处的高度分为低高度卫星($h<5\ 000\ \text{km}$)、中高度卫星($5\ 000\ \text{km}<h<20\ 000\ \text{km}$)、高高度卫星($h>20\ 000\ \text{km}$)。按卫星的结构可分为无源卫星和有源卫星。按卫星与地球上任一点的相对位置的不同可分为同步卫星、非同步卫星。

（1）无源卫星与有源卫星

无源卫星在 20 世纪 50—60 年代进行卫星通信试验时曾使用,它是运行在特定轨道上的球形或其他形状的反射体,没有任何电子设备,它是靠其金属表面对无线电波进行反射来完成信号中继任务的。

目前,几乎所有的通信卫星都是有源卫星,一般多采用太阳能电池和化学能电池作为能源。有源卫星装有收、发信机等电子设备,能将地面站发来的信号进行接收、放大、频率变换等其他处理,然后再发回地球。有源卫星可以部分地补偿在空间传输所造成的信号损耗。

（2）同步卫星

同步卫星是指在赤道上空约 35 786.6 km 高的圆形轨道上与地球自转同向运行的卫星。由于其运行方向和周期与地球自转方向和周期均相同,因此从地面上任何一点看上去,卫星都是"静止"不动的,所以把这种对地球相对静止的卫星简称为同步(静止)卫星,其运行轨道称为同步轨道,如图 2.2.14 所示。

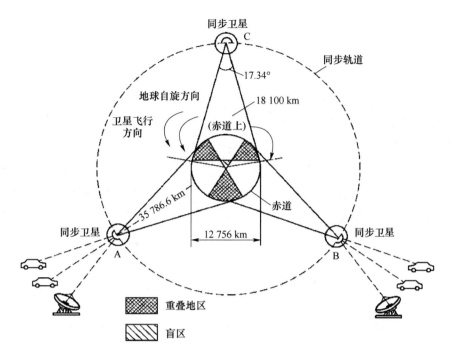

图 2.2.14　同步卫星

同步卫星有如下特点。

① 同步卫星距地面高达 35 786.6 km(在此位置离心力与地球对卫星的引力正好抵消),一颗卫星的覆盖区可达地球总面积的 40% 左右,地面最大跨距可达 18 100 km。因此只需 3 颗卫星适当配置,就可建立除两极地区(南极和北极)以外的全球性通信。

图 2.2.15 中,每两颗相邻卫星都有一定的重叠覆盖区,但南、北两极地区则为盲区。目前正在使用的国际通信卫星 (INTELSAT,IS)系统就是国际卫星通信组织按这个原理建立的,3 颗同步卫星分别位于太平洋、印度洋和大西洋上空,其中,印度洋卫星能覆盖我国的全部领土,太平洋卫星覆盖我国的东部地区,即我国东部地区处在印度洋卫星和太平洋卫星的重叠覆盖区中。

用同步卫星构成的全球通信网承担着大约 80% 的国际通信业务和全部国际电视转播业务。

② 同步卫星相对于地面静止,这样易于使地面站天线保持对准卫星,不需要复杂的跟踪系统;通信连续,不会出现信号中断;信号频率稳定,不会因卫星相对于地球运动而产生多普勒频移。

同步卫星也存在缺点:存在盲区,如两极地区;距离地球远,导致传输损耗、时延较大;同步轨道能容纳卫星的数量有限;还会受到星蚀和日凌中断影响。

(3) 非同步卫星

非同步卫星的运行周期与地球自转周期不等,其轨道倾角、轨道高度、轨道形状各不相同。从地球某一点看,非同步卫星相对于地球是按照一定的速度在运动,故又称为运动卫星。

非同步卫星的优缺点与同步卫星相反,但是由于非同步卫星系统的抗毁性较高,因此也有一定的应用。

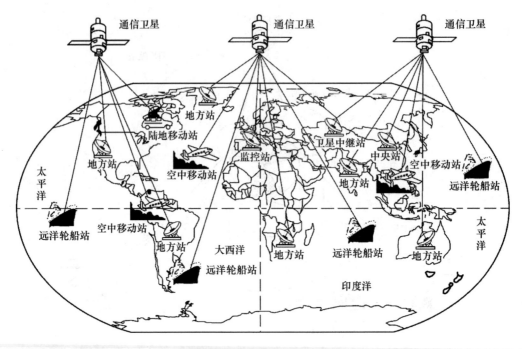

图 2.2.15 INTELSAT 系统

4. 通信卫星组成

一个通信卫星除星体外,主要由天线分系统、通信分系统、电源分系统、跟踪遥测与指令分系统、控制分系统五大部分组成,还应该有温控分系统,如图 2.2.16 所示。

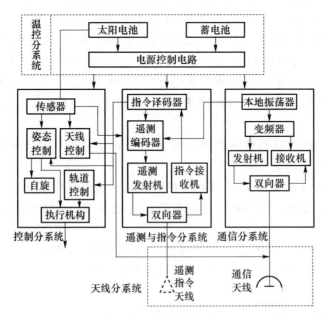

图 2.2.16 通信卫星组成

(1) 控制分系统

当通信卫星进入静止轨道的预定位置后,必须长期地对卫星进行各种控制。

在跟踪、遥测指令系统的指令控制下完成对卫星的各种控制,包括对卫星的位置控制、姿态控制、温度控制、各设备的工作状态控制及主备用切换等。

控制分系统由一系列机械的或者电子的可控调整装置组成,如各种喷气推进器、驱动装置、加热及散热装置、各种转换开关等。

位置控制系统用来消除"摄动"的影响,以便使卫星与地球的相对位置固定。

姿态控制是使卫星对地球或其他基准物保持正确的姿态。

姿态控制方法如下所示。

① 自旋稳定法(角度惯性控制)

自旋稳定法是早期静止卫星常用的姿态控制方法,卫星的天线要安装在一个平台上。

② 三轴稳定法

三轴稳定法是指卫星的姿态是由稳定穿过卫星重心的 3 个轴来保证的,如图 2.2.17 所示。

3 个轴分别在卫星轨道的切线、法线和轨道平面的垂线 3 个方向上,分别对应叫做滚动轴、偏航轴和俯仰轴。三轴可以采用喷气、惯性飞轮或电机等来直接分别控制每个轴保持稳定。

(2) 天线分系统

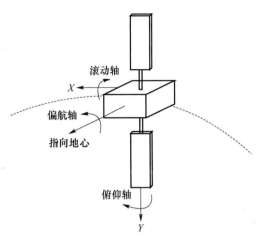

图 2.2.17　三轴稳定法

卫星天线主要完成接收上行信号、发射下行信号的功能。卫星天线有遥测指令天线和通信天线两种。遥测指令天线一般是高频或甚高频全向天线,通信天线一般为定向天线(如图 2.2.18 所示),根据频段和波束的要求,形状各不相同,要求对准所覆盖的区域。按覆盖面大小定向天线可以分为如下几种。IS-V 卫星太平洋覆盖区的波束配置如图 2.2.19 所示。

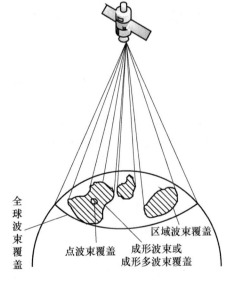

图 2.2.18　多种定向天线

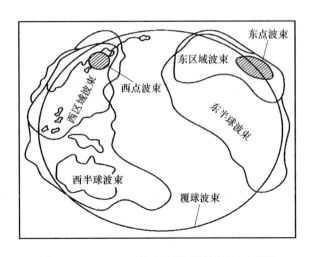

图 2.2.19　IS-V 卫星太平洋覆盖区的波束配置

① 全球波束天线:对于静止卫星而言,波束的半功率角为 17.4°,波束能覆盖卫星对地球的整个视区。

② 点波束天线:此波束很窄,覆盖地面某一限定的小区。

③ 赋形波束天线(区域波束天线):覆盖地球通信区域为一特定的区域,如一国国土范围。其覆盖区域可通过修改天线反射器的形状或使用多个馈源从不同方向照射。天线反射器,由反射器产生多个波束的组合来实现。

卫星上的各种天线如图 2.2.20 所示。

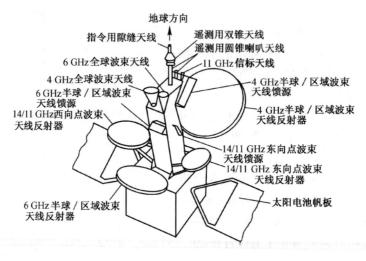

图 2.2.20　卫星上的各种天线

（3）通信分系统

卫星上的通信分系统一般称之为转发器或者中继器,转发器是收发信机,起着转发各地球站信号的作用,是通信卫星的主体设备。卫星通信载荷通常包含若干个转发器,每个转发器覆盖一定的频带。转发器会损害信号,产生附加噪声和失真。

对于转发器的基本要求一般是附加噪声和失真小、工作频带宽、总增益大、频率稳定和可靠性高。卫星转发器通常分为两大类:透明转发器、处理转发器。

① 透明转发器

透明转发器也称为弯管式转发器,分为一次(单)变频转发器、二次(双)变频转发器。目前大多数在轨的卫星通信系统使用的是透明转发器。

透明转发器接收到地球站发来的信号后,除进行低噪声放大、变频、功率放大外,不作任何处理,只是单纯地完成转发任务。也就是说,它对工作频带内的任何信号都是"透明"的通路。透明转发器如图 2.2.21 所示。

卫星上转发器的数量各不相同,通常把卫星的整个工作频带划分为多个信道,每个信道占用不同的频带,并且有各自的功放。信道数目就是该卫星的转发器数目。例如,IS-Ⅳ卫星把整个通信频带(500 MHz)划分为 12 个信道,因此该卫星共有 12 个转发器。

② 处理转发器

处理转发器是指除了信号转发外,还具有信号处理功能的转发器,如图 2.2.22 所示。与透明转发器相比,处理转发器在两级变频器之间增加了信号的解调器、处理单元和调制器。先将信号解调,便于信号处理,再经调制、变频、功率放大后发回地面。

卫星上的信号处理一般分 3 种情况,如下所示。

星上再生:对信号本身加工处理,对数字信号进行判决、再生使噪声不积累。

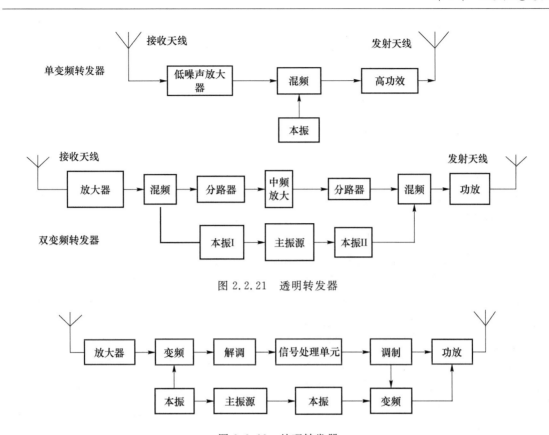

图 2.2.21　透明转发器

图 2.2.22　处理转发器

星上交换：在多个卫星天线波束之间进行信号交换与处理。

更高级处理：更复杂的星上处理系统，它包括了信号的变换、交换和处理等。

（4）跟踪、遥测、指令分系统

跟踪、遥测、指令分系统负责完成卫星跟踪、卫星状态检测及控制卫星的功能，该分系统需要星载 TT&C 系统外，还需要地面的卫星测控站配合工作。

① 跟踪部分

该部分向地球站发送信标信号（信标信号可以由通信卫星直接产生，也可以由某地球站产生，经过通信卫星转发），由 TT&C 地球站接收，供天线跟踪卫星用。跟踪对于卫星来说非常重要，可以检测出受摄动影响发生的漂移。

② 遥测部分

该部分监测卫星的位置、姿态和卫星上设备工作的数据，如电流、电压、温度、传感器信息、气体压力指令证实等信号，主要是通过各种传感器和敏感元件等器件来实现数据的采集、转换，这些数据经处理后送往地面的跟踪遥测指令站 TT&C。

③ 指令部分

指令部分用来完成卫星的位置及姿态的控制，设备中的部件转换，大功率电源开与关等动作。

指令部分的基本工作过程如下所示。

首先由遥测设备测得有关卫星姿态及星内各分系统设备工作状态的数据，经放大、多路复用、编码、调制等处理后，通过专用的发射机和天线发给地面的测控站。测控站接收并检测出卫星发来的遥测信号,转送给卫星监控中心进行分析处理;需要实施指令控制时,再将指令信号回送给测控站,由测控站向卫星发出有关姿态和位置校正、星体内温度调节、主备用部件切换、转发器增益调整等控制指令信号。

指令设备专门用来接收地面测控站发给卫星的指令,并进行解调和译码,然后将其暂时存储起来,同时又经遥测设备发回地面 TT&C 进行校对,地面测控站在核对无误后再发出"指令执行"信号。卫星指令设备收到"指令执行"信号后,将存储的指令送到控制分系统,使有关执行机构正确地完成控制动作。

（5）电源分系统

通信卫星的电源除了要求体积小、重量轻、效率高外,还要求能在卫星寿命期间内保持输出足够的电能。

电源分系统是用来给卫星上的各种电子设备提供电能的,由一次能源、二次能源及供配电设备组成。一次电源由硅光太阳能电池方阵组成,二次能源由化学能蓄电池组组成。电能主要由太阳能电池提供,辅助以化学电池或原子能电池,平时主要使用太阳能电池,同时蓄电池被充电。但太阳能电池的输出电压很不稳定,须经电压调节器后才能使用。为保证卫星上的设备供电,在卫星上特别设置了电源控制电路,在特定情况下进行电源的控制。

化学电池大多采用镍镉蓄电池,与太阳能电池并接。非星蚀期间,由太阳能电池给负载供电,并通过充电控制器给蓄电池充电;星蚀时,由于卫星进入地球阴影区,太阳辐射光不能直接照射到太阳能电池阵上,不能输出功率较大的电能。此时由蓄电池供电,保证卫星正常工作。

（6）温控分系统

卫星的空间平台一般由轻合金、复合材料组成,在外部还有保护层。外层空间中,卫星会受到太阳的辐射,也会受到太空的寒冷影响,温差较大,加上卫星里面的设备都处于密闭状态工作,会因为行产生热而温度上升。卫星上的设备,如本振设备,就要求温度恒定,必须对星上温度进行控制。

温控分系统的主要作用是控制卫星各部分的温度,从而保证卫星上设备的正常工作。卫星上的温度传感器,会随时监测温度并把信号送回监测站,如果发生了异常,地面通过遥控指令进行控制,以恢复保持预定的温度。

2.2.4 地球站

1. 地球站定义

卫星通信系统当中的地面通信设备,包括地面地球站、海洋舰载站、航空机载站,通称卫星地球站,也叫地球站（Earth Station）,使用微波频段工作。跟踪、遥测、指令地球站不属于该部分,属于空间段。地球站由天线分系统、发射放大分系统、接收放大分系统、通信设备分系统、接口及终端分系统和通信控制分系统以及电源分系统组成,如图 2.2.23 所示。

天线分系统是由天线、馈电、驱动及伺服跟踪设备组成,该系统主要用于发射、低损耗接收无线电信号,完成对卫星的高精度跟踪。小型地球站一般不设置伺服跟踪设备。

发射放大分系统主要由高功率放大器提供大功率发射信号,它主要由上变频器、RF 合路器和高功率放大器组成。该分系统要求输出功率要高,增益要大,工作稳定可靠。

接收放大分系统主要是由低噪声放大器对接收的微弱线号提供放大。它们也被称为射频单元,它主要由下变频器、RF 分路器和低噪声放大器组成。

地面通信设备分系统包括调制器、上变频器、下变频器和解调器。

接口及终端分系统完成地球站与传输线路的连接工作,如公网当中的基带信号需要重新变换为适合卫星信道传输的形式,同时也需要将接收到的卫星信号解调变换为地面线路传输的基带信号。

通信控制分系统主要完成对地球站各个分系统的工作状态的监测,从而在故障出现时能够提示告警,同时完成对设备的遥测控制,如切换主、备用设备,也可以提供标准时钟及勤务通信。一般来说,小型地球站不设置监控设备。

电源分系统为地球站提供电能,保证设备正常工作,地球站的电源要求不低于地面通信枢纽供电要求,一般要求专线供电,还要设置交流不间断电源和应急电源。

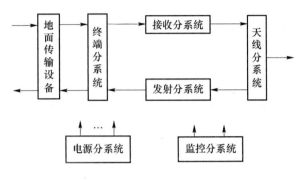

图 2.2.23　地球站系统框图

2. 地球站的分类

地球站可以按照很多种方法分类,如站址特征、天线口径、用途、传输信号的特征等。

① 按站址特征分类:可分为固定地球站、移动地球站(如舰载站、机载站和车载站等)、可拆卸地球站(短时间能拆卸转移地点的站)。

② 按天线口径分类:大型站(口径 12～30 m)、中型站(7～10 m)、小型站(3.5～5.5 m)、微型站(1～3 m)。

③ 按用途分类:可分为民用地球站、军用地球站、广播地球站、航海地球站、实验地球站等地面站。

④ 按传输信号的特征分类:可分为模拟通信站和数字通信站。

3. 地球站的性能指标

标准地球站有众多的性能指标,考虑实用性,只介绍 EIRP 与 G/T。

(1) 全向有效辐射功率(EIRP)

EIRP(Equivalent Isotropic Radiated Power)指的是地球站天线发射功率 P 和天线增益 G 的乘积,写成公式为 EIRP=PG。

如果用 dB 单位,公式变为

$$EIRP(dB/W) = P(dB/W) + G(dB/W)$$

式中,EIRP 表示了发射功率 P 和天线增益 G 的联合效果,代表为了使接收天线接收到相同的功率,一个各向同性天线必须发射的等效功率。EIRP 一般的误差不允许超过规定值的±0.5 dB。

(2) 品质因数(G/T)

地球站的品质因数 G/T 是地球站的接收天线增益与接收系统等效噪声温度之比。

它反映的是地球站接收系统的接收能力。G/T 值越大,说明地球站接收性能好。T 的高低会严重影响接收信号的实际效果,因此必须在 G 中减去 T 的影响才能正确反映接收系统的

实际质量，G/T 值的计算公式为

$$G/T = G(dB) - 10 \lg T(dB/K)$$

4. 地球站的组成设备

典型的地球站由天线分系统、发射分系统、接收分系统、通信设备分系统、接口及终端分系统和通信控制分系统以及电源分系统组成，如图 2.2.24 所示。

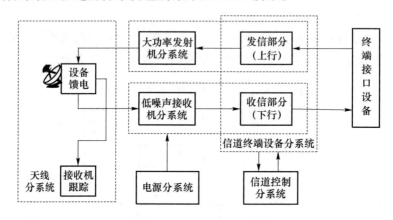

图 2.2.24 地球站框图

（1）天线分系统

地球站天线分系统是实现信号发射与接收的重要部分，主要包括天线、馈线和跟踪设备 3 个部分。天线分系统完成发射上行射频信号、接收下行射频信号和跟踪通信卫星的任务。

① 天线

天线较为昂贵，它是地球站射频信号的发射和接收的通道。目前地球站天线主要采用性能较好的卡塞格伦天线（Cassegrain）、偏置型天线和环焦天线。

卡塞格伦天线是双反射面天线的一种，包括一个抛物面形主反射面、一个双曲面形副反射面和一个喇叭天线（馈源喇叭），副反射面位于主反射面的焦点处，如图 2.2.25 所示。

由馈源喇叭辐射出来的电磁波，先射到双曲面形副反射面上，再反射到抛物面形主反射面上，由于抛物面的焦点和双曲面的虚焦点重合，波束会变成平行波束辐射出去，显著地增加了方向性。

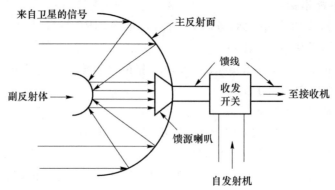

图 2.2.25 卡塞格伦天线

但是实际当中，我们一般使用修正型的卡塞格伦天线，可以提高效率，且使能量分布均匀。

除了卡塞格伦天线之外，我们还会用到偏置型天线和环焦天线，分别如图 2.2.26 和图

2.2.27 所示。

　　偏置型天线可以改善效率和副瓣电平的性能,它是把馈源喇叭或者副反射面移出主反射面的辐射区,又叫偏馈天线。一般用于尺寸较小的场合,如 VSAT 地球站。

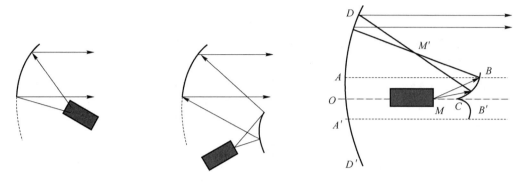

<table>
<tr><td>图 2.2.26　偏置型天线</td><td>图 2.2.27　环焦天线</td></tr>
</table>

　　环焦天线又叫偏焦轴天线,同样由一个抛物面形主反射面、一个副反射面和一个馈源喇叭组成,区别在于副反射面由椭圆弧 $\overparen{CB}$ 绕主反射面轴线 OC 旋转一周构成。环焦天线大量地应用于 VSAT 地球站,它口面较小,G/T 较高,缺点是主反射面的利用率低。

　　② 馈电设备

　　馈电设备是把发射机输出的射频信号送到天线,而将天线接收到的射频信号送到接收机。馈电设备存在于天线与发射机和接收机之间,由极化变换器、信标分离器、双工器和馈源喇叭组成。

　　卫星通信使用的电磁波多为圆极化波,但是在波导当中传送的是线极化波,所以需要极化变换器把天线收到的圆极化波转换为适合波导传输的线极化波,再把沿波导传输的线极化波转换为圆极化波。

　　双工器可以实现收、发共用一个天线,尽量保证收、发信号有较好的隔离。

　　信标分离器主要是为了从卫星信号中提取跟踪信号传送给跟踪接收机,一般由带通滤波器及带阻滤波器组成。

　　馈源喇叭为喇叭形的天线,主要完成空间的自由电磁波和馈线上的约束电磁波之间的相互转换功能,实际中我们常使用波纹喇叭。

　　③ 跟踪设备

　　同步卫星实际上并非完全静止,由于受到众多因素的作用,虽然星上有位置控制设备,但还是存在一定的漂移。地球站天线波束很窄,卫星漂移会导致天线瞄准的方向与最佳方向出现偏差,减弱卫星收到的信号能量。为了使地球站天线始终准确地朝着卫星方向,需要给地球站安装伺服跟踪设备。

　　跟踪设备通常由信标跟踪接收机、伺服控制装置和驱动装置组成。跟踪接收机放大天线接收到的信号,对应于射频信号的强弱将其变换为直流信号。伺服控制装置按照跟踪系统发来的误差控制信号来驱动天线使其波束对准卫星。

　　地球站天线跟踪卫星有 3 种方法:手动跟踪、程序跟踪和自动跟踪。

　　手动跟踪是用人来按时调整天线指向,调整的依据是预知的卫星轨道位置数据随时间变化的规律。

程序跟踪是根据卫星轨道预报的数据(主要是方位角等随时间变化的数据)和从天线波束指向信息,使用计算机运算得出角度差值,然后按此值驱动天线一直对准卫星。

自动跟踪是根据地球站接收到卫星所发的信标信号/导频信号,驱动跟踪系统使天线自动对准卫星。

由于卫星位置受影响的因素太多,无法长期预测卫星轨道,目前大中型地球站都采用自动跟踪为主,手动跟踪和程序跟踪为辅的方式,也可以使用较简单的步进跟踪方式。

（2）发射分系统

地球站发射分系统的主要作用是将基带信号进行中频调制,经过上变频、功率放大后由天线发往通信卫星。发射分系统主要由调制器、中频放大器、上变频器、载波合成器、激励器和高功率放大器等组成。

上变频器完成低频率信号到高频率的变换。上变频可以使用一次变频,也可以使用二三次变频。一次变频在小容量的地球站中使用较多,二次变频主要使用在大中型地球站。

载波合成器最简单的形式是方向耦合器,也可以采用双接头滤波器合成器。

高功率放大器(HPA)的作用是使地球站发射的载波达到规定的 EIRP 值。常用 HPA 有3 种类型:速调管放大器(KLYA)、行波管放大器(TWTA)和场效应管放大器(SSPA)。行波管放大器在卫星地球站中使用较多。

对地球站发射分系统的主要要求有:输出功率大、工作频带宽度在 500 MHz 以上、增益稳定性高以及功率放大器的线性度高。

（3）接收分系统

地球站接收分系统的主要作用是对通信卫星转发的信号放大、下变频,解调处基带信号送至基带处理设备。由于卫星距离远,信号衰减大,故接收分系统的灵敏度要求较高,噪声比较低,才能正常接收信号。

地球站接收分系统主要由低噪声放大器、载波分离器、下变频器、中频放大器和解调器组成。

地球站一般采用液态氮的低温制冷参量放大器、半导体热偶制冷的常温参量放大器和不需物理制冷的低噪声场效应管放大器。

下变频器将来自低噪声放大器的信号变换至中频。它也可以采用一、二、三次变频。一次变频时中频取 70 MHz 或 140 MHz。

对接收分系统的基本要求包括:工作频带要在 500 MHz 以上、噪声温度低、增益稳定、相位稳定、动态范围要大、失真要小等。

地球站接收分系统的噪声可分为内部噪声和外部噪声两大类。接收分系统的内部噪声主要来自于馈线、放大器和变频器等部分。

在卫星通信线路中,地球站接收的信号极其微弱,同时还有多种噪声进入接收分系统。由于地球站使用了低噪声放大器,接收机的内部噪声影响已经很小,因此,我们必须考虑其他各种外部噪声。

（4）接口及终端分系统

接口及终端分系统的作用是把经由地球站上行或下行的信号(电报、电话、传真、电视、数据等)进行变换,变成适合卫星信道传输的基带信号给发射系统,也要把解调输出的基带信号进行相反的处理,然后经地面接口线路送到各有关用户。

（5）通信控制分系统

通信控制分系统由监控装置和测试装置组成。

监控装置监测设备的故障情况、工作参数是否正常,从而及时处理故障、维护管理设备。

测试装置主要是测试仪表,可以指示地球站各部分的状态,也可以进行环路测试。

地球站相当复杂和庞大,为了保证各部分正常工作,必须在站内集中监视、控制和测试。为此,各地球站都有一个中央控制室,通信控制分系统就配置在中央控制室内。

（6）电源分系统

电源分系统要提供地球站的所有设备需要的电能,特别是大型地面站(国际、国内卫星网站)。为了保证卫星通信的质量,要求电源分系统供电必须是电压稳定、频率稳定、可靠性高、不中断且有多种供电方式。

① 应急电源设备,当主用电源发生重大故障,或由于地球站增添设备使电力不足,将会采用应急电源。应急电源设备一般由两台全自动控制的柴油发电机组成,并辅助以高压配电房和并联控制等设备。

② 地球站市电供电,一般都要求不停电的专网供电,也可由几条线供电。

③ 交流不间断电源设备(UPS)是向地球站不间断、高稳定性地提供定频率、定电压的电源设备。它主要有两种形式:一种是双电机式不间断电源;另一种是静止器式不间断电源。

④ 蓄电池一般使用碱性镉镍蓄电池,平时可以储存电能,停电时可以保持 10 min 左右供电,超出 10 min 要使用发电装置。

2.2.5　VSAT 卫星系统

1. VSAT 系统概述

VSAT 是 20 世纪 80 年代中期由美国开发的一种卫星通信系统。VSAT(Very Small Aperture Terminal)一般翻译为甚小口径天线终端,天线口径一般小于 2.5 m。

VSAT 系统采用复杂的主站技术,以星形网络拓扑来连接远端小站,从而构成了灵活的通信网络。VSAT 系统一般工作在 14/11 GHz 的 Ku 频段以及 C 频段,可以传输数据、语音、视频、传真等多种信息。它一般用来进行 2 Mbit/s 以下低速率数据的双向通信,近年来有宽带化的趋势。

VSAT 系统由众多的 VSAT 小站、一个或少数几个大的主站组成。

主站也称为中心站或枢纽站,它是一个较大的地球站,具有全网的出、入站信息传输、交换和控制功能。VSAT 小站也叫 VSAT 终端,通常指天线尺寸小于 2.5 m 由主站应用管理软件高度监测和控制的小型地面站。VSAT 系统的网络管理系统设在主站内。

2. VSAT 系统分类及技术特点

（1）VSAT 网络拓扑

VSAT 网络拓扑也分为星形网、网状网和混合网。

① 星形网

星形网采用集中控制方式,以数据包的分组交换为基础。各远端的小站(VSAT 站)与处于中心城市的枢纽站间,通过卫星建立双向通信信道。星形网用于点到多点的单向广播 VSAT 网络和点到多点的双向通信 VSAT 网络。

点到多点的单向广播 VSAT 网络主要用于由主站向远端 VSAT 小站传输信息,不需要小站向主站回传,所以只需要一个出站链路载波。点到多点的双向通信 VSAT 网络用于主站与小站需要信息交互的场合,它以主站为中心,与各个远端 VSAT 小站构成星状通信网。最典型的常用结构是采用双跳方式,当各小站内要进行双向通信时,必须首先通过内向信道与枢纽站联系,然后枢纽站再与另一小站通过外向信道联系。

② 网状网

网状网系统中,各站可以通过单跳方式,不一定经过主站,可以直接进行双向通信。

(2) VSAT 系统的特点

VSAT 系统具有以下特点。

① VSAT 系统虽然初期以传输低速率数据为主,但是由于宽带化进程加快,目前已能够承担高速数据业务。其出站链路速率较高,目前可达 10 Mbit/s,入站链路速率低于出站速率。这个是由业务特性决定的。(出站链路数据流是连续的,入站链路是突发的,业务量不对称)

② VSAT 系统的网络利用率与拥有的远端小站数目成正比,单个小站承担的费用与数目成反比。为了降低成本,VSAT 小站数至少应大于 300 个,最多可达到 6 000 多个。

③ 在 VSAT 系统设计时,VSAT 主站的技术功能必须完善,并设置网络管理中心。网管中心完成 VSAT 全网的信道分配、业务量统计、小站工作状态监测和控制、告警指示、自动计费等功能。

④ 为了提高 EIRP,VSAT 主站天线口径都比较大。

⑤ VSAT 系统以传输数据业务为主,信道响应时间也是 VSAT 网络资源。当前我国大多数用户都要求以话音为主,该业务占用信道时间较长,这样会降低 VSAT 网络的效率。

⑥ VSAT 系统建造成本低,覆盖范围广,安装方便,集成性好,容易组成点对点的网络而不受公网的制约,通信质量好,抗干扰能力强。

3. VSAT 系统

VSAT 系统由主站和小站构成,如图 2.2.28 所示。主站通过基带信号处理器、通信控制器与其他子网接口,通过网管中心监测管理全网的运行状态。主站通常与主计算机放在一起。

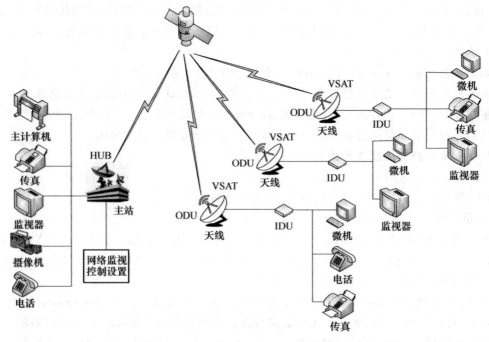

图 2.2.28　VSAT 系统

VSAT 系统与一般的卫星网络不同,它是不对称网络。内向、外向业务量不对称,内向、外向信号强度不对称,主站发射功率大、接收灵敏度高(适应 VSAT 小站天线小的要求),VSAT 小站发射功率小。

(1) VSAT 系统传输方式

① 外向(Outbound)传输方式

外向传输方式指的是从主站向外发射数据,即主站通过卫星向小站方向传输。外向信道一般是按照时分复用(TDM)或统计 TDM 技术连续性向外发射。这种发射方式首先由主计算机对发射数据进行分组格式化,组成 TDM 帧,再发射给卫星,卫星以广播方式传输给 VSAT 小站。

② 内向(Inbound)传输

内向传输方式指的是 VSAT 小站通过卫星向主站传输。在 VSAT 系统中,用户终端采用随机突发方式产生信号,小站之间采用信道共享协议,一个内向信道供给多个小站使用,小站数据速率高,所容纳的站数少,速率低则站数多。

(2) VSAT 系统的多址方式

VSAT 系统天线口径小、发射功率低,加上组网及业务的要求,对多址方式也有特殊的要求:时延短、信道共享效率高、信道稳定性高、支持分组交换传输。VSAT 系统可使用前面介绍的 FDMA、TDMA、CDMA 等方式的来组网。但是按照传输数据速率高低,多址协议也有所不同。一般对于以传输话音、大块数据业务为主的高速率 VSAT 系统来说,多址协议固定;以传输交互式数据业务为主的 VSAT 系统,多址协议可以变化。

① 高速率 VSAT 系统

高速 VSAT 系统分为 4 种情况:

a. 主站与远端小站之间均采用 SCPC(Single Channel Per Carrier)方式,SCPC 指的是单路单载波技术,对信道的利用率不高,但是 SCPC 的可靠性比 MCPC 要高,因此 SCPC 多用于应急通信。在 SCPC 方式中,地球站硬件设备需要配置微波频率综合器,这样做会使远端小站结构复杂、成本提高。

b. 主站到小站使用 TDM 广播式载波,小站到主站使用 SCPC 方式,系统中的小站都通过通信卫星接收来自主站的同一个 TDM 载波,从该载波中获取属于自己的信息。

c. 主站到小站使用 TDM 广播式载波,小站到主站使用 CDMA 扩频多址方式。

d. 主站到小站使用 TDM 广播式载波,小站到主站使用 FDMA/TDMA(多载波 TDMA)多址方式。

在 VSAT 系统中,FDMA/TDMA 会结合频率跳变(FH)来使用,可以增强保密性。

② 交互式数据业务 VSAT 系统

交互式数据业务采用存储-转发机制,数据会划分成控制段和数据段组成的消息分组来传输。该种系统的多址方式可以采用随机多址接入、预约可控多址接入等。比较有代表性的多址方式有如下几种。

a. 非时隙争用随机多址协议:主要用于业务量不大且小站速率低的场景,常见的多址方式有 C-ALOHA(捕获效应 ALOHA)、非时隙 RA-CDMA、到达时间 CRA、SREJ-ALOHA(选择重发 ALOHA)、SREJ-ALOHA/FCFS。

b. 时隙争用多址协议:S-ALOHA、树形 CRA。

c. 预约可控多址协议:时隙预约(TDMA/DAMA)、自适应时分多址(AA/TDMA)、非时隙自同步预约多址协议。

（3）VSAT 系统组成

① 通信卫星

通信卫星可以自行发射，通常是租用 INTELSAT 卫星或者其他卫星的转发器。我国交通专用 VSAT 通信网的空间部分采用的是亚太一号卫星（6A 转发器），上行射频频率为 6 145～6 163 MHz（中频从 70～88 MHz），合计 18 MHz 带宽。为了适应 TDMA 及其跳频方式，将 18 MHz 的转发器带宽平均分配给 4 个载波（CXR0、CXR1、CXR2、CXR3）使用，每个载波的带宽为 4.5 MHz。其中 CXR3 一般用作测试使用。

② 主站（Master Station）

VSAT 系统的主站由本地操作控制台（LOC）、TDMA 终端、接口部分、电视电话会议终端、数据通信设备、射频设备、馈源及天线构成。主站完成全网的出、入站信息传输，分组交换以及控制功能，如我国交通专用 VSAT 通信网的主站就设置在北京。

③ 网络控制中心

网络控制中心是主站用来管理、监控 VSAT 系统的重要设备。网络控制中心由工作站、外置硬盘等设备构成，一般使用 UNIX 操作系统。网络控制中心的主要功能：管理、监视控制、配置、维护整个 VSAT 系统，显示监控整个系统的状态及报警情况，升级小站软件，统计整网业务量。

④ VSAT 小站

VSAT 小站指的是用户终端设备，可以分为固定式和便携式两种。VSAT 小站给用户终端提供信息传输的通道，它分为天线、室外单元（ODU）和室内单元（IDU）三部分，如图 2.2.29 所示，可以连接电话机、交换机、计算机等设备。

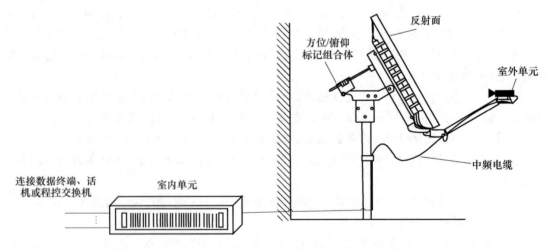

图 2.2.29　VSAT 小站

VSAT 天线（如图 2.2.30 所示）一般采用线尺寸小、性能好（增益高、旁瓣小）的偏馈天线。

ODU 是射频单元，放置于室外，一般采取挂装方式安装于天线反射器背面。ODU 包括固态功放（SSPA）、低噪声放大-变频组件（LNC）、上变频器等，它为用户终端提供公用传输通道，提供信号的上、下变频功能，发送小站信号给卫星，接收主站信号，如图 2.2.31 所示。

图 2.2.30　VSAT 天线　　　　　　　　　　图 2.2.31　ODU

　　IDU 是室内单元,安装在室内,主要由调制解调器、监视控制单元和基带处理单元组成,它完成数字信号处理、多址接入规程变换的功能。

　　IDU 与 ODU 之间使用同轴电缆连接,IDU 传送中频信号和供电电源,如图 2.2.32 所示。

图 2.2.32　IDU

4. VSAT 业务类型

　　VSAT 系统的业务种类非常多,除了宽带业务外,VSAT 系统可以支持如语音、数据、传真、LAN 互连、电视电话会议、图像、电视等业务类型,如表 2.2.4 所示。

表 2.2.4　VSAT 系统业务

业务类型	应　用
广播和分配业务:数据、图像、音频、视频(电视单收、商业电视)	数据库、气象资料、新闻、股票、公债、商品信息价格表、库存、零售额、遥控、远地印刷品传递等 传真(Fax) 新闻、音乐节目、音乐演出、广告、空中交通管制等 文娱节目接收 教育、培训、资料检索等
收集和监控业务:数据、图像、视频	输油管线、气象资料、新闻、监测等 图表资料、凝固图像 高度压缩的监视图像
交互型业务(星形拓扑):数据	信用卡验证、银行转账、零售商店、数据库业务、CAD/CAM、票证、预定、图书馆等
交互业务(点对点):数据、话音、视频	CPU-CPU、DTE-CPU、LAN 互连、电子邮件、用户电报等 稀路由话音、应急话音通信 远程电视会议(图像压缩)

2.3 "动中通"技术

2.3.1 "动中通"技术概述

"动中通"(Satcom on the Move，SOTM)是一个新兴概念，可以称之为移动中的卫星通信，是一个卫星移动通信名词，它是一种车载、机载、舰载卫星通信系统，可以保证载体移动过程中使天线始终对准卫星，从而不断地传输语音、数据、动态图像、传真等多媒体信息，满足军用、民用应急通信的多媒体通信需求。

1. "静中通"与"动中通"概述

"静中通"是一种将小口径天线固定安装在车辆上，在固定地点可以自动寻星从而进行通信的车载卫星通信站。它与动中通有区别，不能在移动状态下进行通信。"静中通"通信保障车如图 2.3.1 所示。

图 2.3.1 "静中通"通信保障车

"静中通"的车载卫星天线具有自动寻星功能，自动寻星需要预先给天线伺服跟踪系统输入卫星的位置参数。当车辆处于静止状态时，给系统加电，根据操作人员输入的对星信息，自动采集天线姿态、天线经纬度信息，然后通过程序控制并驱动伺服跟踪设备完成对星操作，建立通信信道实现通信。在车辆处于行驶状态时，天线扣在车顶处于收藏态。

在同步卫星通信系统中，固定站在安装好之后，地球站的天线对准卫星后，后期很少需要操作。但"静中通"车载站与固定站不同，其位置不固定，所以每到一个地址就需要重新对星。车载站天线为了方便收藏，一般都比较小，多使用 Ku 波段通信，对星难度比 C 波段大，时效性要求高，所以，对星的速度和准确度便成为"静中通"车载站的一个重要指标。快速、准确地对星就成为衡量车载卫星站应用性能的重要指标之一。通常"静中通"卫星天线展开时间需要少于 5 min，对星时间少于 3 min。

"动中通"是指可以在载体移动过程中使天线始终对准卫星，保证通信不会中断的卫星通信天线系统。一般"动中通"采用 0.6 m、0.8 m、0.9 m、1.2 m 的环焦天线、柱面天线或相控阵天线，天线安装在防风罩内，便于运动中进行卫星通信链路的建立。"动中通"对伺服跟踪系统的要求很高，多采用指向跟踪、单脉冲跟踪、信标极值跟踪、惯性导航跟踪方式等，舰载"动中通"一般使用圆锥扫描跟踪。

传统的抛物面天线技术成熟,性能稳定,适合于对天线增益要求高、高度及重量要求低的场合。我国地域宽广,不同地区的天线 EIRP 差异较大,"动中通"对天线增益要求较高,所以目前"动中通"天线仍然大多采用抛物面天线产品。考虑行进中的风阻等因素,"动中通"可采用强度高的碳纤维材料来制作。目前的"动中通"产品可以做到捕获卫星时间 3 s,丢失后再捕获时间少于 1 s。

2. "静中通"与"动中通"的对比

"静中通"与"动中通"主要有以下不同:

① "静中通"在静止状态时通信,"动中通"在运动状态中通信;

② "静中通"天线口径一般比"动中通"天线大一些;

③ "静中通"的功放功率比"动中通"的功放功率要小;

④ "动中通"的设备成本与"静中通"相比要高;

⑤ 由于可以在运动中通信,"动中通"的机动性、隐蔽性都优于"静中通",可实现点对点、点对多点、点对主站移动卫星的通信;

⑥ "动中通"卫星车比较适合于突发事件的应急通信保障,如在奥运会火炬传递等大型活动。"静中通"卫星车适合应用在一些大型集会活动中,场所一般比较固定,业务数据量较大,如在电视直播、集会场所的动态监控数据传输等。

根据以上比较,"动中通"卫星车适合于机动性强的应急通信保障任务,应用范围比"静中通"更广,更适合作为应急通信保障车。

2.3.2 "动中通"原理

国际电联(ITU)定义过传统意义上的卫星通信业务,将其分为卫星固定业务(FSS)和卫星移动业务(MSS)两类,并且划分了通信的频段。FSS 的频段是 C、Ku、Ka 频段等,具有传输带宽大、速率高、适合固定传输等特点。MSS 的频段是 L、S 频段,具有传输带宽小、速率低、适合移动传输等特点。

"动中通"技术是无法简单划分到 FSS 或 MSS 的,它是一种为了满足移动过程中传输高速率信息的新技术,可以使用同步卫星的 Ku 频段,是对 FSS、MSS 优势的一种综合。

"动中通"系统(如图 2.3.2 所示)主要包括卫星自动跟踪系统、卫星通信系统,核心是卫星自动跟踪系统。

1. 卫星自动跟踪系统

"动中通"系统最主要的部件就是卫星自动跟踪系统,它是用来保证卫星发射天线在载体运动时始终对准卫星的。它在初始静态情况下,由 GPS、经纬仪、惯导系统测量出航向角、载体位置的经纬度及初始角,然后根据数据自动确定以水平面为基准的天线仰角,在保持仰角对水平面不变的前提下转动方位,并以通信信号极大值方式自动对准卫星。卫星自动跟踪系统中的设备按照跟踪方式的不同而不同,以下按照惯性导航跟踪系统来介绍。

(1)天线控制装置

天线控制装置主要用来减小运动过程中天线传动时的负载惯量(以物质质量来度量其惯性大小的物理量)。

(2)闭环伺服装置

闭环伺服装置包括三轴转台、电机及其驱动器、位置传感器等,主要作用是控制天线始终对准通信卫星,实现运动过程中的不间断通信。闭环伺服装置一般采用位置环或速度环控制方式,使用模拟硬件提高系统响应速度,从而降低跟踪系统的动态滞后误差。

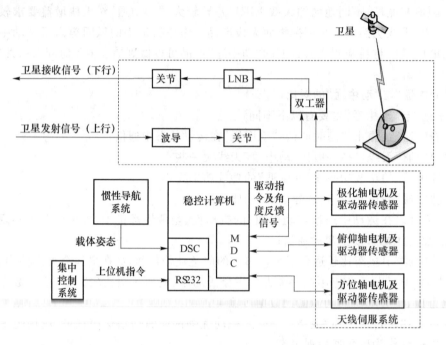

图 2.3.2 "动中通"系统组成

（3）数据处理平台

数据处理平台是一个计算平台,它获取从导航装置来的状态、位置、误差信息,对这些动态信号进行处理,从而得出发给天线的控制信号。

（4）载体测量及导航装置

载体测量及导航装置主要包括陀螺与加速度计,用来获取和提供车辆状态信息及地理位置信息等,可以实时地测量载体航向、姿态和速度,具有对准、导航和航向姿态参考基准等多种工作方式,用于移动载体的组合导航和定位,同时为随动天线的机械操控装置提供准确的数据。

2. 卫星通信系统

卫星通信系统的作用与前面介绍的功能相同。完成信号上行传输,接收转发器下行信号。其主要设备有编/解码器、调制/解调器、上/下变频器、高功率放大器、双工器和低噪声放大器。"动中通"中最重要的部分在于其天线,常见的有抛物面天线、阵列/赋形/缝隙反射面天线、相控阵天线,主流的"动中通"天线如图 2.3.3 所示,"动中通"通信车如图 2.3.4 所示。

图 2.3.3 "动中通"天线

图 2.3.4　"动中通"通信车

传统抛物面天线外形尺寸大、带宽高、增益高、安装复杂,但技术成熟,适合用于舰船、大型应急通信车上。阵列/赋形/缝隙反射面天线外形尺寸小、轮廓高度低、重量适中,采用机械调整姿态,适应高速移动场景。相控阵天线体积更小、轮廓低于 10 cm,采用电调式姿态调整,适合用于机载、舰载和车载场景。

2.3.3　"动中通"技术应用

为了建立和完善应急通信指挥体系,进一步提高应急指挥能力,确保在发生重大事件时,调度指挥工作能迅速开展。应用"动中通"技术可以快速搭建应急移动指挥部,建立与地面指挥中心、现场之间的语音、数据和图像传输网络,实现应急移动指挥部所与地面指挥中心及现场的一体化指挥调度系统,保证应急救援过程中的指挥命令顺利传达到位。

"动中通"技术可以大量地应用于各种灾害救援现场、突发事件处置现场、重大集会现场等场合,来应对抢险救灾、处置恐怖袭击等突发事件以及集会现场控制等任务。

2.4　常用卫星通信系统

2.4.1　海事卫星通信系统

1. INMARSAT 概述

INMARSAT(International Mobile Satellite Organization)的前身是国际海事卫星组织 INMARSAT(International Maritime Satellite Organization),成立于 1979 年 7 月,是在原美国 MARISAT 系统和欧洲 MARECS 卫星系统的基础上建立的,总部设在英国伦敦,中国是创始成员国之一。国际海事卫星通信系统是世界上第一个全球性的移动业务卫星通信系统,国际海事卫星 C 系统网络覆盖图如图 2.4.1 所示。

从建立海事卫星通信系统以来,目前已经发展到第五代。第一代租用了美国通信卫星公司的 3 颗卫星的一部分转发器,以及欧洲宇航局的两颗卫星及国际通信卫星组织的部分转发器,在 1982—1990 年使用。第二代在 1990—1996 年使用,有独立的 4 颗卫星进行全球波束覆盖。第三代从 1996—2008 年使用,有独立的 5 颗卫星。第四代从 2007—2013 年投入使用。

第五代从 2013 年至今,仍然在进行不断的建设。在整个系统的发展过程中,海事卫星通信系统先后推出了 INMARSAT-A、C、B/M、Mini-M、M4、F、BGAN 等多种类型的通信终端。详细的内容可以参考 http://www.inmarsat.com/。

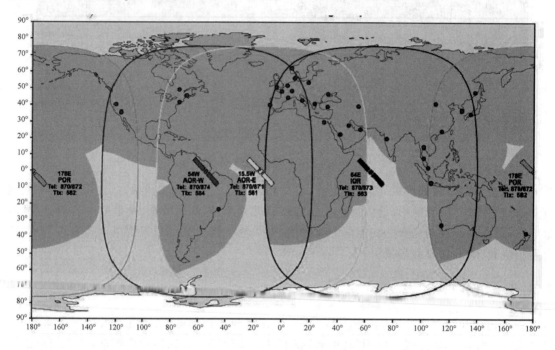

图 2.4.1 国际海事卫星 C 系统网络覆盖图

注:国际海事卫星通信系统利用 L 波段中的 1 535~1 542.5 MHZ 和 1 636.5~1 644 MHZ 实现移动终端通信,实现对全球南北纬 75°范围内的通信覆盖。

2. INMARSAT 系统组成

(1) INMARSAT 系统组成

INMARSAT 系统主要由空间段、网络控制中心(NOC)、网络协调站(NCS)、陆地地球站(LES)和移动地球站组成。

其中空间段由位于赤道上空静止轨道的 4 颗工作卫星和 4 颗备用卫星组成。每颗工作卫星包含点波束模式和全球覆盖模式,覆盖的特定区域为大西洋东区(AOR-E)、大西洋西区(AOR-W)、太平洋区(POR)和印度洋区(IOR)。不同区的区号按照系统的不同也有不同,如下所示。

海事卫星 A:大西洋东区 8711、太平洋区 8721、印度洋区 8731、大西洋西区 8741。

海事卫星 B:大西洋东区 8713、太平洋区 8723、印度洋区 8733、大西洋西区 8743。

海事卫星 M:大西洋东区 8716、太平洋区 8726、印度洋区 8736、大西洋西区 8746。

每个洋区分别有一个岸站兼作网络协调站(NCS),该岸站作为接线员对本洋区的移动地球站(MES)与陆地地球站(LES)之间的电话信道进行协调、控制和监视。

此处以 INMARSAT-C 为例来介绍其信道组成和通信流程,如图 2.4.2 所示。其他系统的工作原理和过程以此为参考即可。

(2) INMARSAT 系统功能

INMARSAT 系统有多个标准系统,详细的功能介绍如表 2.4.1 所示。

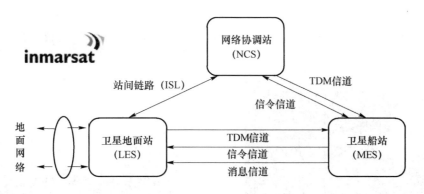

图 2.4.2　海事卫星 C 系统信道组成

表 2.4.1　海事卫星系统基本功能

序　号	系　统	功　能
1	A	满足 GMDSS(全球海上遇险与安全系统)要求的遇险电传和遇险电话呼叫;提供电话业务功能;提供传真数据业务功能;提供电传业务功能;提供缩位拨号业务功能;拨号上网和使用 Rydex 高速数据通信系统进行高速 Email 通信
2	B	16 kbit/s 数字电话业务;9.6 kbit/s G3 传真业务;9.6 kbit/s 数据业务;64 kbit/s 高速数据业务;50 Baud 电传业务
3	C	存储转发消息;海事遇险告警;陆地移动告警;轮询和数据报告;增强性群呼(EGC);陆地告警
4	F	共享 64 K 包交换数据业务,并按数据流量计费;标准 ISDN 业务,支持宽带数据传输或大数据量传输;全球波束覆盖的 4.8 K 话音业务;9.6 kbit/s G3 传真;64K ISDN 数据业务;9.6 kbit/s 数据和传真
5	Mini-M	4.8 kbit/s 语音电话业务;2.4 kbit/s 传真业务;2.4 kbit/s 数据传输;缩位拨号功能;拨号上网
6	FB	语音(4 kbit/s AMBE+2,3.1 kHz 音频);传真(3.1 kHz 音频信道 G3 传真);手机短信,标准文本短信,每条最多 160 字符;数据、电路交换、标准 IP 和 Streaming IP;多连接同时在线,语音和数据、传真和数据、数据和数据、短信和数据

INMARSAT-C 系统是一种低速率、双向全球卫星移动数据通信系统,其通信速率为 1.2 kbit/s,INMARSAT-C 系统主要的业务包括存储转发报文、海事遇险呼叫、增强型群呼、数据报告和询呼。目前 INMARSAT-C 系统在远洋船舶和渔船监控等领域都得到了大范围的应用。

2003 年 12 月起,INMARSAT 新发展的 Mini-C 系统投入使用,该系统用于车船等移动体的定位、跟踪、短信服务,开发有多种灵活应用和接口,如农业部渔政指挥中心的中国渔业船舶监测指挥系统就是在 Mini-C 系统(如图 2.4.3 所示)上建设完成的。

INMARSAT Mini-M 使用点波束技术,该系统终端体积小、重量较轻、携带方便、使用灵活,如图 2.4.4 所示,Mini-M 使用数字技术,通话效果好,接通时间短,保密性高。

INMARSAT Mini-M 业务功能包括 4.8 kbit/s 语音电话业务,2.4 kbit/s 传真业务, 2.4 kbit/s数据传输,缩位拨号和拨号上网等,还可以利用该终端实现使用 Rydex 高效数据信息通信系统。

INMARSAT-F 系统源于 Mini-M 系统,如图 2.4.5 所示,是一种增强型的海用全球区域网络。INMARSAT-F 系统使用增强型信令系统,可以兼容 INMARSAT-4 代卫星,改善遇险呼叫处理功能,应用了更先进的 EIRP 控制和点波束选择,通信安全性和效率都更高。利用 INMARSAT-F 系统终端能实现导航、船间通信、传真、电报、电视电话会议、数据传输和 GPS 校正等日常工作。

图 2.4.3　Mini-C 系统

图 2.4.4　INMARSAT Mini-M 系统

INMARSAT FB 系统是工作在第四代海事卫星系统上的,可以为船舶提供语音电话、按数据流量计费的标准 IP 数据通信业务(最高速率可以达到 432 kbit/s)、流媒体 IP 数据通信(最高速率可达 256 kbit/s)和 64K ISDN 等多种船岸间通信功能,真正实现了全球宽带覆盖和船舶 24 小时多业务同时在线。海事卫星 FB 系统如图 2.4.6 所示,其系统功能如表 2.4.2 所示。

图 2.4.5　INMARSAT-F 系统

图 2.4.6　海事卫星 FB 系统

表 2.4.2　INMARSAT FB 系统功能表

功　能	FB 150	FB 250	FB 500
覆　盖	全球	全球	全球
语　音	4 kbit/s AMBE+2	4 kbit/s AMBE+2 3.1 kHz 音频	4 kbit/s AMBE+2 3.1 kHz 音频
传　真	无	3.1 kHz 音频信道 G3 传真	3.1 kHz 音频信道 G3 传真
手机短信	标准文本短信,每条最多 160 字符	标准文本短信,每条最多 160 字符	标准文本短信,每条最多 160 字符
电路交换数据	无	无	Euro ISDN:64 kbit/s

续　表

功　能	FB 150	FB 250	FB 500
标准 IP 数据	最高 150 kbit/s	最高 284 kbit/s	最高 432 kbit/s
Streaming IP 数据	无	32 kbit/s,64 kbit/s,128 kbit/s	32 kbit/s,64 kbit/s,128 kbit/s,256 kbit/s
多连接同时在线	语音和数据、传真和数据、数据和数据、短信和数据	语音和数据、传真和数据、数据和数据、短信和数据	语音和数据、传真和数据、数据和数据、短信和数据
接口	RJ-11,Ethernet/PoE	RJ-11,RJ-45 ISDN,Ethernet/PoE	RJ-11,RJ-45 ISDN,Ethernet/PoE

　　INMARSAT BGAN 系统即海事卫星移动宽带系统,它是第一个通过手持终端向全球同时通过语音和宽带业务的卫星通信系统,可以在几乎全球提供高达 492 kbit/s 速率的数据传输业务。该系统于 2005 年投入使用,调制方式使用 16QAM/QPSK,Turbo 编码,卫星转发器功率为 14 kW,具体的参数详见表 2.4.3。

表 2.4.3　BGAN 系统参数

服务范围　业务类型	陆地	海上	空中
服　务	BGAN	FleetBroadband	Swift Broad band
标准 IP	在一个共用通道上最高达 429 kbit/s	在一个共用通道上可高达 432 kbit/s	每条通道上最高达 432 kbit/s;每个终端 2 条通道
流媒体 IP	保障高达 256 kbit/s 的数据传输速率	保障高达 256 kbit/s 的数据传输速率	保障数据传输速率高达128 kbit/s
语　音	带语音邮件和其他 3G 服务的语音电话	带语音邮件和其他 3G 服务的语音电话	带语音邮件和其他 3G 服务的语音电话
ISDN	64 kbit/s 标准 ISDN	64 kbit/s 标准 ISDN	—

　　Global Xpress 网络是 INMARSAT 提出的第五代宽带无线网络,可以提供无缝的全球覆盖。INMARSAT-5 使用的是 Ka 频段,Global Xpress 网络定位高端用户,服务于海事、航空市场。目前的 Global Xpress 终端采用双天线工作,用于 Ka 和 L 频段,可以工作在所有气象条件下,业务速率比现在的 Ku 频段的 VSAT 业务更快,终端速率下行最高为 50 Mbit/s,上行最高为 5 Mbit/s。

3. INMARSAT 服务范围及应用

　　INMARSAT 已将通信服务范围扩大到陆地移动车辆和空中航行的飞机,成为唯一的全球海上、空中和陆地商用及遇险安全卫星移动通信服务的提供者。

　　INMARSAT 航空卫星通信系统主要提供飞机与地球站之间的地对空通信业务,由卫星、航空地球站和机载站 3 部分组成,如图 2.4.7 所示。目前,INMARSAT 的航空卫星通信系统已能为旅客、飞机操纵、管理和空中交通控制提供电话、传真和数据业务。从飞机上发出的呼叫,通过 INMARSAT 卫星送入航空地球站,然后通过该地球站转发给世界上任何地方的国际通信网络。

INMARSAT 在我国应急通信保障任务中起着关键作用。例如,在 1998 年的特大洪灾,多次南极科考,珠峰登山活动,2008 年年初的南方特大雪灾救助现场,四川汶川特大地震灾害的抗震救灾等。

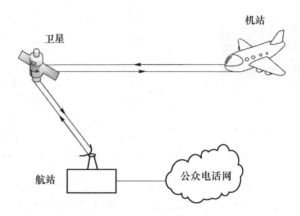

图 2.4.7　INMARSAT 航空卫星通信系统

在 2008 年,汶川地震震中地区的公网通信全部中断,海事卫星电话在受灾地区成为主要通信手段,特别是在抗震救灾指挥部与现场的联络、消息的传递上发挥了不可替代的作用。

2.4.2　铱星系统

1. 铱星系统概述

铱星系统是美国摩托罗拉公司(Motorola)于 1987 年提出的低轨道(LEO)全球个人卫星移动通信系统,铱星一代系统于 1990 年 5 月 25 日提出,1996 年开始发射,1998 年 11 月 1 日正式向用户提供服务。铱星二代系统原计划于 2015 年发射。它与现有通信网结合,可实现全球数字化个人通信。该系统原设计为 77 颗小型卫星分别围绕 7 个极地圆轨道运行,因卫星数与铱(Ir)原子的电子数相同而得名。后来改为 66 颗低轨道卫星围绕 6 个 780 km 左右的极地圆轨道运行,每个轨道平面分布 11 颗在轨运行卫星及 1 颗备用卫星,每颗卫星约重 689 kg,运行周期为 100 min 28 s。铱星系统卫星及其示意图分别如图 2.4.8、图 2.4.9 所示。

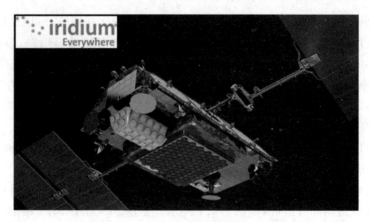

图 2.4.8　铱星系统卫星

目前的铱星通信公司(Iridium Communications Inc.)是一家上市企业,总部位于弗吉尼亚州麦克莱恩市(McLean),约有 170 名员工。铱星移动语音及数据通信解决方案适用于各种行业,由唯一真正的全球通信网络提供支持,这一网络覆盖整个地球,包括海洋航线、空中航线以及极地地区。铱星系统管理着几个运营中心,包括美国亚利桑那州滕比(Tempe)的主网管站和弗吉尼亚州利兹堡(Leesburg)。美国国防部通过自有的专用网关,依靠铱星进行全球通信。更详细的信息可以参考 https://www.iridium.com/。

2. 铱星系统组成

铱星系统主要由空间段、系统控制段(SCS)、用户段、12 个关口站(GW)四部分组成,其网络结构如图 2.4.10 所示。它的星座设计能保证全球任何地区在任何时间至少有一颗卫星覆盖。铱星系统星座网提供手机到关口站(GW)的接入信令链路,关口站(GW)到关口站(GW)的网络信令链路,关口站(GW)到系统控制段(SCS)的管理链路。

图 2.4.9　铱星系统卫星示意图

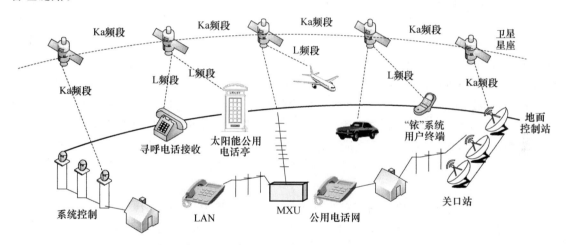

图 2.4.10　铱星系统网络结构

对于铱星系统来说,卫星上的每个天线可提供 960 条语音链路,一个卫星最多能有两个天线指向一个关口站(GW),故而一个卫星最多提供 1 920 条话音链路。卫星向地面投射 48 个点波束,形成了 48 个小区,单个小区直径约为 689 km,所有波束组合起来构成直径约 4 700 km 的覆盖区。铱星系统用户看到一颗卫星的时间约为 10 min。该系统的卫星采用三轴稳定技术,设计寿命 5~8 年,采用了 FDMA＋TDMA＋SDMA 多址方式。星间链路使用 Ka 波段,频率为 23.18~23.38 GHz。卫星与地球站之间的链路也采用 Ka 波段,上行为 29.1~29.3 GHz,下行为 19.4~19.6 GHz。卫星与用户终端的链路采用 L 波段,频率为 1 616~1 626.5 MHz。

系统控制段(SCS)是铱星系统的控制中心,它提供卫星星座的运行、支持和控制,把卫星跟踪数据交付给关口站,利用寻呼终端控制器(MTC)进行终端控制。

SCS 包括遥测跟踪控制(TTAC)、操作支持网(OSN)和控制设备(CF)三部分。SCS 有空间操作、网络操作、寻呼终端控制三方面功能。SCS 有两个外部接口:一个接口到关口站;另一个接口到卫星。

用户段指的是使用铱星系统业务的用户终端设备,主要包括手持机(ISU)和寻呼机(MTD),将来也可能包括航空终端、太阳能电话单元、边远地区电话接入单元等。ISU 是铱星系统移动电话机,包括两个主要部件:SIM 卡及无线电话机,它可向用户提供话音、数据(2.4 kbit/s)、传真(2.4 kbit/s)。

关口站是提供铱星系统业务和支持铱星系统网络的地面设施。它提供移动用户、漫游用户的支持和管理,通过 PSTN 提供铱星系统网络到其他电信网的连接。一个或多个关口站提供每一个铱星系统呼叫的建立、保持和拆除,支持寻呼信息的收集和交付。

3. 铱星系统应用

铱星系统由于其可以实现 5 W 通信,被广泛地应用于各行各业的多种场景中,如我国的南北极科考队员之间的联络就曾使用铱星电话。1999 年 9 月 21 日,我国台湾省大地震救援时,铱星电话起到了重要的作用,代替了已经损毁的公网。1999 年土耳地震救援时,铱星电话也发挥了极大的作用。

2.4.3 GPS 系统

1. GPS 系统概述

GPS 系统(Global Positioning System,全球定位系统)起源于 1958 年美国军方项目子午仪卫星定位系统(Transit),该系统于 1964 年投入使用。20 世纪 70 年代,美国海军研究实验室(NRL)提出了名为 Tinmation 的用 12~18 颗卫星组成 10 000 km 高度的全球定位网计划,接着 1973 年美国国防部牵头的卫星导航定位联合计划局(JPO)领导美国陆海空三军联合研制了新一代卫星定位系统 GPS,主要目的是为陆海空领域提供实时、全天候和覆盖全球的导航服务,并用于情报搜集、核爆监测和应急通信等一些军事目的,经过 20 余年的研究实验,耗资 300 多亿美元,在 1994 年布设完成全球覆盖率高达 98% 的 24 颗 GPS 卫星星座。该方案将 21 颗工作卫星和 3 颗备用卫星工作在互成 60°的 6 条轨道上,这也是 GPS 卫星所使用的工作方式。

截至 2015 年年底,GPS 系统已经发展了两代 6 个型号卫星,至 2016 年年初,美国空军将完成第二代 GPS 卫星最后一个型号——GPS-2F 卫星——全部 12 颗卫星的发射,第三代 GPS-3 卫星的发射进入倒计时。目前,美国正在发展第三代 GPS 系统。详细的信息参考 http://www.gps.gov/。

GPS 具有全球全天候定位、定位精度高、观测时间短、测站间无须视通、仪器操作简便、可提供全球统一的三维地心坐标等特点。利用 GPS 定位卫星,可以在世界范围内为民间用户提供不间断的定位、导航和定时服务,而且对所有人免费。任何人只要有一个接收机,这个系统就可以为他提供位置和时间。GPS 可在任何气候条件下,在白天或夜间,在世界任何一个地方为无限数量的人提供准确的位置和时间信息。

2. GPS 系统原理

GPS 系统是以全球 24 颗定位人造卫星为基础的,向全球各地全天候地提供三维位置、三维速度等信息。GPS 卫星(如图 2.4.11 所示)从空间发射可由接收机收到和识别的信号,每个接收机可以给出三维位置(经度、纬度和海拔)外加时间。

GPS 系统由三部分构成,一是地面控制部分,由主控站、地面天线、监测站及通信辅助系统组成,主控制站位于美国科罗拉多州春田市(Colorado Springfield),地面控制站负责收集由卫星传回之讯息,并计算卫星星历、相对距离、大气校正等数据。二是空间部分,由 24 颗发射单向信号的卫星组成,分布在 6 个轨道平面。三是用户装置部分,由 GPS 接收机和卫星天线组成。

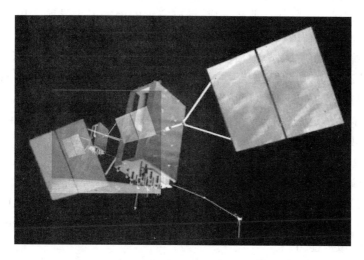

图 2.4.11 GPS 卫星

GPS 定位的基本原理是测量出某个位置已知的 GPS 卫星到用户接收机之间的距离(通过记录卫星信号传播到用户所经历的时间,再将其乘以光速得到),然后综合多颗卫星的数据就可知道接收机的具体位置。目前已经实现单机导航精度约为 10 m,综合定位的精度可达厘米级和毫米级,民用开放的精度约为 10 m。

3. GPS 系统应用

GPS 系统在实际当中的应用较广,特别是在应急救援和定位导航中。

(1)GPS 在救援车辆管理系统中的应用

对于管理救援车辆,现在大多数是采用 GPS 导航仪采集车辆的位置数据来完成该任务的。救援车辆管理系统可以结合 GPS 位置实时监控考察车辆的救援任务完成情况,通过各车辆距离事发关键点的距离和车辆当前的状态自动进行可调度车辆的选取。最终结合车辆分析和周密的统计报表,行成可计划、可执行、可评价的救援车辆监控调度方案。

(2)GPS 在救援导航中的应用

GPS 在应急救援中还可以完成出行路线规划、三维导航任务,不管飞机、轮船、车辆以及徒步救援都可以利用 GPS 进行导航,特别是在遇到路线不熟或路线毁坏严重需要绕路时,GPS 可以发挥它重要的作用。

GPS 是具有开创意义的技术之一,GPS 全天候覆盖全球的导航定位、授时、测速优势已经在诸多领域中得到越来越广泛的应用。GPS 采用的是只发不收的单向通信机制,目前开放的民用部分是免费的,民码精度比美国军方使用的军码差别非常大。虽然 GPS 目前在全球已经形成了巨大的市场,但是他国一旦形成依赖,便会带来更大的问题,所以我国必须要发展本国的定位导航系统。

2.4.4 北斗卫星导航系统

1. 北斗卫星导航系统概述

GNSS(全球导航卫星系统)4 个会员分别是美国 GPS、欧洲伽利略 GALILEO、俄罗斯

GLONASS、中国北斗 COMPASS。北斗卫星导航系统 BDS(BeiDou Navigation Satellite System)是中国自行研制的全球卫星定位与通信系统,是继美、俄和欧盟之后的第四个成熟的卫星导航系统。系统建设目标是:建成独立自主、开放兼容、技术先进、稳定可靠的覆盖全球的北斗卫星导航系统,促进卫星导航产业链形成,形成完善的国家卫星导航应用产业支撑、推广和保障体系,推动卫星导航在国民经济社会各行业的广泛应用。

北斗卫星导航系统由空间段、地面段和用户段三部分组成,空间段包括 5 颗静止轨道卫星和 30 颗非静止轨道卫星,地面段包括主控站、注入站和监测站等若干个地面站,用户段包括北斗用户终端以及与其他卫星导航系统兼容的终端。可在全球范围内全天候、全时段为各类用户提供高精度、高可靠定位、导航、授时服务,并具短报文通信能力。详细的信息请参考 http://www.beidou.gov.cn/。

(1)北斗卫星导航系统规划实施步骤

北斗卫星导航系统按照三步走的总体规划分步实施,如下所示。

第一步,1994 年启动北斗卫星导航试验系统建设,2000 年形成区域有源服务能力。

第二步,2004 年启动北斗卫星导航系统建设,2012 年形成覆盖亚太地区的定位、导航和授时以及短报文通信服务能力。

第三步,2020 年形成覆盖全球的北斗卫星导航系统。

2000 年分别发射北斗卫星导航试验系统第一颗、第二颗卫星,2003 年发射第三颗卫星,建成区域有源卫星导航系统,使我国成为世界上第三个拥有自主卫星导航系统的国家。该系统可为我国及周边地区的中低动态用户提供快速定位、短报文通信和授时服务。

2004 年,启动北斗卫星导航系统建设工作。

表 2.4.4 为目前北斗导航系统所发射的卫星。

表 2.4.4 北斗导航系统卫星发射记录

卫　星	发射日期	运载火箭	轨　道
第 1 颗北斗导航试验卫星	2000-10-31	CZ-3A	GEO
第 2 颗北斗导航试验卫星	2000-12-21	CZ-3A	GEO
第 3 颗北斗导航试验卫星	2003-05-25	CZ-3A	GEO
第 4 颗北斗导航试验卫星	2007-02-03	CZ-3A	GEO
第 1 颗北斗导航卫星	2007-04-14	CZ-3A	MEO
第 2 颗北斗导航卫星	2009-04-15	CZ-3C	GEO
第 3 颗北斗导航卫星	2010-01-17	CZ-3C	GEO
第 4 颗北斗导航卫星	2010-06-02	CZ-3C	GEO
第 5 颗北斗导航卫星	2010-08-01	CZ-3A	IGSO
第 6 颗北斗导航卫星	2010-11-01	CZ-3C	GEO
第 7 颗北斗导航卫星	2010-12-18	CZ-3A	IGSO
第 8 颗北斗导航卫星	2011-04-10	CZ-3A	IGSO
第 9 颗北斗导航卫星	2011-07-27	CZ-3A	IGSO
第 10 颗北斗导航卫星	2011-12-02	CZ-3A	IGSO
第 11 颗北斗导航卫星	2012-02-25	CZ-3C	GEO
第 12、13 颗北斗导航卫星	2012-04-30	CZ-3B	MEO
第 14、15 颗北斗导航卫星	2012-09-19	CZ-3B	MEO

续　表

卫　星	发射日期	运载火箭	轨　道
第 16 颗北斗导航卫星	2012-10-25	CZ-3C	GEO
第 17 颗北斗导航卫星	2015-03-30	CZ-3C	IGSO
第 18、19 颗北斗导航卫星	2015-07-25	CZ-3B	MEO
第 20 颗北斗导航卫星	2015-09-30	CZ-3B	IGSO
第 21 颗北斗导航卫星	2016-02-01	CZ-3C	MEO
第 22 颗北斗导航卫星	2016-03-30	CZ-3A	IGSO

（2）北斗卫星导航系统组成及功能

北斗卫星导航系统由空间段、地面段和用户段三部分组成。空间段由 5 颗静止轨道卫星和 30 颗非静止轨道卫星组成。

空间段提供开放服务和授权服务（北斗二代）两种服务方式。开放服务是在卫星覆盖区内免费提供定位、测速和授时服务。开放定位的精度为 10 m，授时的精度为 50 ns，测速精度 0.2 m/s。授权服务（北斗二代）是向授权用户提供更好的定位，更精确的测速、授时和通信服务。

北斗卫星导航系统提供短报文通信、精密授时、定位等功能。北斗卫星导航系统用户终端具有双向报文通信功能，用户可以一次传送 40～60 个汉字的短报文信息。系统容纳的最大用户数为 540 000 户/h。

2. 北斗卫星导航系统组成

空间段由 5 颗 GEO 卫星和 30 颗 Non-GEO 卫星组成，控制段由主控站、上行注入站和监测站组成，如图 2.4.12 所示。用户段由北斗用户终端以及与其他 GNSS 兼容的终端组成，北斗卫星导航系统的用户终端如图 2.4.13 所示。

图 2.4.12　北斗卫星导航系统控制段

图 2.4.13　北斗卫星导航系统的用户终端

3. 北斗卫星导航系统的特点

北斗卫星导航系统的工作频段为：B1 为 1 559.052～1 591.788 MHz；B2 为 1 166.22～1 216.37 MHz；B3 为 1 250.618～1 286.423 MHz。北斗卫星系统的区域服务信号如表 2.4.5 所示，其全球服务信号如表 2.4.6 所示。

表 2.4.5　北斗卫星系统的区域服务信号

信　号	中心频点(MHz)	码速率(Chip/s)	带宽(MHz)	调制方式	服务类型
B1(I)	1 561.098	2.046	4.092	QPSK	开放
B1(Q)		2.046			授权
B2(I)	1 206.14	2.046	24	QPSK	开放
B2(Q)		10.23			授权
B3	1 267.52	10.23	24	QPSK	授权

表 2.4.6　北斗卫星系统的全球服务信号

信　号	中心频点(MHz)	码速率(chip/s)	数据/符号速率（bit/s 或 symbol/s）	调制方式	服务类型
B1-CD	1 575.42	1.023	50/100	MBOC(6,1,1/11)	开放
B1-CP			No		
B1-A		2.046	50/100	BOC(14,2)	授权
			No		
B2aD	1 191.795	10.23	25/50	AltBOC(15,10)	开放
B2aP			No		
B2bD			50/100		
B2bP			No		
B3	1 267.52	10.23	500	QPSK(10)	授权
B3-AD		2.557 5	50/100	BOC(15,2.5)	授权
B3-AP			No		

　　北斗时(BDT)溯源到协调世界时 UTC(NTSC)，与 UTC 的时间偏差小于 100 ns。BDT 的起算历元时间是 2006 年 1 月 1 日零时零分零秒(UTC)。BDT 与 GPS 时和 Galileo 时的互操作在北斗设计时间系统时已经考虑，BDT 与 GPS 时和 Galileo 时的时差将会被监测和发播。北斗卫星导航系统采用中国 2000 大地坐标系(CGS2000)，CGS2000 与国际地球参考框架 ITRF 的一致性约为 5 cm。北斗卫星导航系统采用的是主动式双向测距二维导航，地面中心控制系统解算，供用户三维定位数据。

习　　题

1. 什么是卫星通信？
2. 星蚀、日凌中断分别指什么？
3. 卫星通信常用的多址方式有哪些？
4. 通信卫星如何分类？
5. 通信卫星由哪些分系统组成？各自的功能是什么？
6. 地球站有哪些分系统组成？各自的功能是什么？
7. 什么是 VSAT 系统？它支持哪些业务？
8. 什么是"动中通"技术？

9. 北斗卫星导航系统可以应用在哪些方面？

参 考 文 献

[1]　储钟圻. 数字卫星通信. 北京:机械工业出版社,2006.

[2]　孙学康. 微波与卫星通信. 北京:人民邮电出版社,2007.

[3]　王秉钧. VSAT 小型站卫星通信系统. 天津:天津科学技术出版社,1992.

[4]　吕洪生. 实用卫星通信工程. 成都:电子科技大学出版社,1994.

[5]　王秉钧. 卫星通信系统. 北京:机械工业出版社,2004.

[6]　吴诗其. 卫星移动通信新技术. 北京:国防工业出版社,2001.

[7]　马刈非. 卫星通信网络技术. 北京:国防工业出版社,2003.

[8]　丁龙刚. 卫星通信技术. 北京:机械工业出版社,2006.

[9]　裴斗生. 卫星通信体制及其多址联接方式. 当代通信,2000(20):52-53.

第3章　微波应急通信

知识结构图

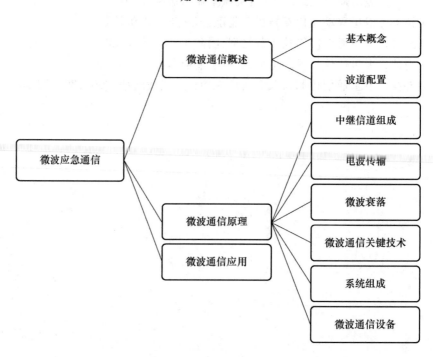

重难点

重点:微波通信设备。

难点:微波电波传播。

3.1　微波通信系统概述

3.1.1　微波通信基本概念

1. 微波通信定义

　　微波是指频率在 300 MHz~300 GHz 范围内的电磁波,是全部电磁波频谱的一个有限频段。根据微波传播的特点,可视其为平面波。平面波沿传播方向是没有电场和磁场纵向分量的,电场和磁场分量都是和传播方向垂直的,所以称为横电磁波,记为 TEM 波。

数字微波通信是指利用微波携带数字信息,通过电波空间,同时传输若干相互无关的信息,并进行再生中继的一种通信方式。微波的绕射能力很差,所以是视距通信。因为是视距通信,所以传输距离是有限的,如果我们要长距离地传输,那就需要接力,一个站一个站接起来,所以叫微波中继通信。

2. 微波通信的特点

微波通信系统,特别是数字微波通信系统有下列优点:

① 具有可快速安装的能力;

② 具有可重复利用现有的网络基础设施的能力;

③ 具有容易穿越复杂地形(跨江、湖及山头)的能力;

④ 具有在偏僻的山头利用点对多点微波传输结构的能力;

⑤ 具有在自然灾害发生后快速恢复通信的能力;

⑥ 具有用于混合的多传输媒质的保护的能力。

3. 微波通信发展史

微波通信是 20 世纪 50 年代的产物。由于其通信的容量大、投资费用省、建设速度快、抗灾能力强等优点而取得迅速的发展。20 世纪 40 年代到 50 年代产生了传输频带较宽、性能较稳定的微波通信,成为长距离大容量地面干线无线传输的主要手段。

PDH(准同步数字体系)是 20 世纪 60 年代由 ITU 的前身 CCITT 提出的。模拟微波系统每个收发信机可以工作于 60 路、960 路、1 800 路或 2 700 路通信,可用于不同容量等级的微波电路。中国在 1957 年就开始了 60 路及 300 路模拟微波通信系统的开发研究工作。1964 年开始 600 路微波的研究工作。1966 年开发 960 路微波系统。1979 年我国建设了第一条干线 PDH 微波电路。1986 年我国自行研制的 4 GHz 34 Mbit/s PDH 微波系统建于福建省福州与厦门之间。1987—1989 年建设了京沪 6 GHz 140 Mbit/s PDH 微波电路。1992 年我国自行研制的 6 GHz 140 Mbit/s PDH 微波系统建于湖北省武昌与阳逻之间。1995 年以后,由于移动覆盖的需要中小容量的 PDH 微波得到了快速发展,一种安装拆卸容易、小型化的分体设备逐渐取代全室内设备。

数字微波系统应用数字复用设备以 30 路电话按时分复用原理组成一次群,进而可组成二次群 120 路、三次群 480 路、四次群 1 920 路,并经过数字调制器调制于发射机上,在接收端经数字解调器还原成多路电话。最新的微波通信设备,其数字系列标准与光纤通信的同步数字系列(SDH)完全一致,称为 SDH 微波。这种新的微波设备在一条电路上 8 个束波可以同时传送 3 万多路数字电话电路,总传输容量达 2.4 Gbit/s。

中国第一条 SDH 微波电路是在 1995 年由吉林广电厅负责引进并建造的,1995—1996 年原邮电部开始引进并建设 SDH 微波电路,1997 年我国自行研制的 6 GHz SDH 微波电路在山东通过鉴定验收,2000 年后信息产业部已原则上停建国家干线公网用 SDH 微波电路,我国专网,如广电、煤炭、石油、水利和天然气管道行业,由于行业的特点及自身的需求,已成为 SDH 微波建设的主力军。

中国的大容量 SDH 微波电路首推 1998 年建设的京汉广干线微波,占用 2 个频段,按 $2 \times 2 \times (7+1)$ 配置,总传输容量达 4.8 Gbit/s。

SDH 小型化分体微波设备也开始在移动、应急和城域网中应用。近年来我国开发成功点对多点微波通信系统,其中心站采用全向天线向四周发射,在周围 50 公里以内,可以有多个点放置用户站,从用户站再分出多路电话分别接至各用户使用。其总体容量有 100 线、500 线和 1 000 线等不同容量的设备,每个用户站可以分配十几或数十个电话用户,在必要时还可通过中继站延伸至数百公里外的用户使用。这种点对多点微波通信系统对于城市郊区、县城至农村村镇或沿海岛屿的用户及对分散的居民点也十分适用,较为经济。

俄罗斯的运营部门"俄罗斯电信"建设了一条非常长的 SDH 数字微波接力系统的长途路由,总长度超过 8 000 km。该网络利用现有的基础设施,总容量为 8 个射频波道,其中 6 个主用波道和 2 个保护波道,每个波道承载 155 Mbit/s。

微波通信由于其频带宽、容量大,可以用于各种电信业务的传送,如电话、电报、数据、传真以及彩色电视等均可通过微波电路传输。再者,微波通信具有良好的抗灾性能,对水灾、风灾以及地震等自然灾害,微波通信一般都不受影响。所以,国外发达国家的微波中继通信在长途通信网中所占的比例高达 50% 以上。据统计美国为 66%,日本为 50%,法国为 54%。在当今世界的通信革命中,微波通信仍是最有发展前景的通信手段之一。

3.1.2　微波通信波道配置

微波传输常用频段包括 7 GHz/8 GHz/11 GHz/13 GHz/15 GHz/18 GHz/23 GHz/26 GHz/32 GHz/38 GHz(由 ITU-R 建议规定),具体频率范围如表 3.1.1 所示。

表 3.1.1　微波频段划分

2 GHz 频段	1.7~1.9 GHz;1.9~2.3 GHz;2.4 GHz;2.49~2.69 GHz
4/5 GHz 频段	3.4~3.8 GHz;3.8~4.2 GHz;4.4~5.0 GHz;5.8 GHz
6 GHz 频段	5.925~6.425 GHz;6.430~7.110 GHz
7 GHz 频段	7.125~7.425 GHz;7.425~7.725 GHz
8 GHz 频段	7.725~8.275 GHz;8.275~8.5 GHz;8.50~8.75 GHz
11/13 GHz 频段	10.7~11.7 GHz;12.75~13.25 GHz
15/18 GHz 频段	14.50~15.35 GHz;17.7~19.7 GHz
23 GHz 频段	21.955 5~23.544 5 GHz
38 GHz 频段	37.061 5~39.434 5 GHz

微波频段使用的选择原则如下:

① 对于长站距的 PDH 微波电路,距离在 15 km 以外,建议采用 8 GHz 频段;若站距不超过 25 km 也可考虑采用 11 GHz 频段,具体视当地的气候条件和微波传输断面而定;

② 对于短站距的 PDH 微波电路,距离在 10 km 以内,可考虑采用 11 GHz、13 GHz、14 GHz、15 GHz 和 18 GHz 频段;

③ 对于长站距的 SDH 微波电路,距离在 15 km 以外,建议采用 5 GHz、6 GHz、7 GHz 和 8 GHz 频段;若站距不超过 20 km 也可考虑采用 11 GHz 频段,具体视当地的气候条件和微波传输断面而定。

在决定采用微波频段之后,就要进行射频波道的配置。射频波道是将一特定的频段细分为许多更小的频带,以适应发射机所需要发射的频谱,这些被细分的频带我们称之为"波道"。波道频带宽度主要取决于所传送的信号的频谱,即取决于容量和所采用的调制方法。每个波道包含中心频率、波道带宽、收发间隔等参数,如图 3.1.1 所示。

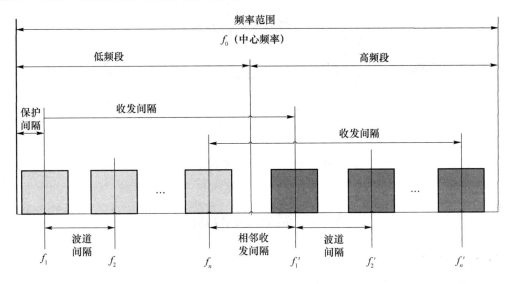

图 3.1.1　微波通信波道

在微波站,每一套微波收发信机都工作在自己的射频波道上。在一条微波线路只有一个波道的情况下,频率分布可采用二频制方案。如图 3.1.2 所示,两个方向的发信使用同一个射频频率,两个方向的收信使用另一个频率。每个中间站的两个方向的发信频率相同,两个方向的收信频率也相同,但收信和发信频率逐站更换。

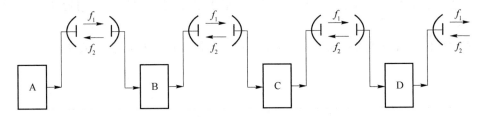

图 3.1.2　单波道二频制方案

按照频率配置中收信和发信频率,微波线路上收信频率比发信频率高的站,称为"高"站,否则称为"低"站。

当微波线路有多个波道同时工作时,可采用分割制。如图 3.1.3 所示,频率 f_1、f_2、$\cdots$、f_6 集中在低频段,频率 f_1'、f_2'、$\cdots$、f_6' 集中在高频段。相邻波道的发信或收信频差可以较小(如 f_1 与 f_2 的频差较小),同一波道的收发频率可以间隔较大(如 f_1 与 f_1' 间隔较大),容易达到收发隔离的要求。更重要的是,收发频率分集排列使得发射天线和接收天线只需在半个频段内做到阻抗匹配,当同时工作的波道不多于 3 个时,发射天线和接收天线还可以共用。

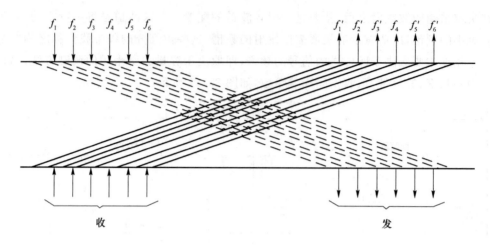

图 3.1.3 6 波道分割制方案

3.2 微波通信原理

3.2.1 微波通信中继信道组成

1. 微波中继系统

一条微波中继信道是由终端站、中间站和再生中继站、终点站及电波空间组成,如图 3.2.1 所示。

终端站是位于微波链路两个终端的站,其特点是只向一个方向通信,一般都要上下话路。

中继站是位于微波链路任意两个站之间的站,其特点是只向两个方向通信,可以上下话路,亦可不上下话路。

枢纽站是位于微波链路中间的站,其特点是向 3 个以上方向通信,一般要上下话路。

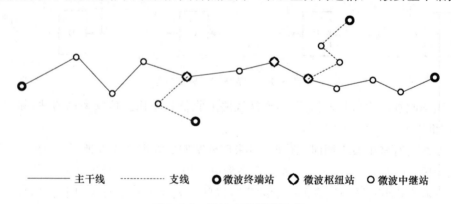

────── 主干线 ‑‑‑‑‑‑‑‑‑ 支线 ●微波终端站 ◇微波枢纽站 ○微波中继站

图 3.2.1 微波中继信道组成

终端站的任务是将复用设备送来的基带信号或由电视台送来的视频及伴音信号,调制到微波频率上并发射出去;或者反之,将收到的微波信号解调出基带信号送往复用设备,或将解调出的视频信号及伴音信号送往电视台。

2. 中继站

微波波段频率较高,微波波束基本上沿直线传播,遇到障碍物时其绕射能力较差。因此,两点通信之间,在视距范围内应无障碍,否则就必须在障碍点或其他合适的地方增设一个微波中继站以连通两通信点。微波中继站大致可以分为两类:无源中继站和有源中继站。

(1) 无源中继站

无源中继站如同一个波束换向器,它使微波波束超过障碍点而形成通路。无源微波中继站通常有两种形式:一种是由两个抛物面天线背对背地用一段波导管连接而组成;另一种是由一块或两块表面具有一定的平滑度,且在适当的有效面积并相对于两通信点有合适的角度和距离的金属板,也是一个微波无源中继站。

双抛物面无源中继站原理如图 3.2.2 所示。

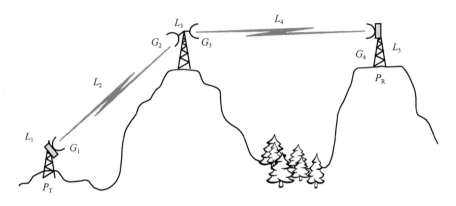

图 3.2.2　双抛物面无源中继站示意图

图 3.2.2 中,P_T 为发射机输出功率;P_R 为接收机输入功率;L_1 为发射机到天线的馈线损耗;L_2、L_4 为无源中继站至两通信点的自由空间损耗;L_3 为无源中继站天线间的馈线损耗;L_5 为接收天线至接收机间的馈线损耗;G_1、G_2、G_3、G_4 为 4 个微波天线的增益。

当微波设备的型号选定之后,微波发射机的输出功率和接收机的灵敏度都是一定的。当发射天线与发射机的相对位置、接收天线与接收机的相对位置固定后,其馈线损耗也是定值。因此,要提高接收功率,就只有提高 4 个抛物面天线的增益,减少两段自由空间损耗并尽量使无源中继站两抛物面天线靠近。

一般,无源中继站采用大直径的抛物面天线,但无限制地加大抛物面天线的口面直径,会使无源中继站的造价很高,安装架设也较困难;同时,也会使抛物面天线射束半功率角很小,使天线安装工艺复杂,也很难精确调整。因此,一般地面微波无源中继站不宜采用直径太大的抛物面天线。

无源中继站总的自由空间损耗与无源中继站距两通信点的相对位置有关。所以,为了提高无源中继站的效率,最好使无源中继站至两通信点中任何一点间的距离尽可能地缩短,最不利的情况是无源中继站的位置在两通信点的正中间,此时其总的自由空间损耗最大。

反射板式无源中继站是一块表面具有一定的平滑度,且在适当的有效面积并相对于两通信点有合适的角度和距离的金属板,也是一个微波无源中继站。利用金属板的反射作用改变微波波束的传播方向,同时可以绕过障碍物达到通信的目的。

双抛物面式无源中继和反射板式无源中继的比较如下所示。

① 反射板式无源中继方式的效率高,这是由于反射板的增益收、发共用了两次。这是此

种方式的突出优点。

② 双抛物面式无源中继站安装简单、调整方便、工作稳定,而反射板式无源中继站由于反射面积大,一般在几十平方米左右,不易安装和调整。风大时,工作的稳定性易受影响。

③ 双抛物面式无源中继站一般不受收、发两路径在中继站夹角的限制。反射板式无源中继站则受此夹角的限制,当此夹角大于 100°时,一般需采用双反射板式。这就给选用场地和安装与调整带来更大的困难。

④ 双抛物面式无源中继站可利用极化选择器将前站传来的水平极化波和垂直极化波在中继站进行极化转换,以此来减小传播条件的变化而引起的衰落。特别是无源中继站处于线路路径的直线上时,极化的转换可减少线路的多径衰落。

⑤ 根据传送信号的需要和合适的地形条件,可以建立三抛物面无源中继分支站。而反射板式无源中继站是无法做到这一点的。

⑥ 从经济角度考虑,双抛物面无源中继站比反射板式无源中继站便宜。特别是和双反射板式相比较,这一点更为突出。当采用双反射式无源中继站时,对场地的要求更严格,还要考虑风负荷的问题等,不得不增加投资来保证工作的稳定。

(2)有源中继站

微波通信的有源中继站有射频直放站和再生中继站两种通用类型。

射频直放站是一种有源、双向、无频移射频中继系统。由于它直接在射频上将信号放大,所以称之为射频直放站。射频直放站的应用范围很广,可直接用作微波系统中不需上下话路的中继站;可用于解决高山、大型建筑等阻挡问题;还可以插在新建或已经建设的微波线路中增加衰落储备等。

射频直放站的应用可行性较高,主要体现在以下几个方面。

① 射频直放站的增益大、传输性能好。

② 射频直放站可靠性高、通用性强,能与任何厂家的终端设备相配合。

③ 射频直放站可采用多种能源供电,如交流电、直流电、太阳能、风力、热力等供电方式。

④ 射频直放站造价低、选址灵活,一般均安装于室外的防风雨箱内,通常挂在天线附近的铁塔上以缩短馈线长度,无须建机房、架设电力线、修建道路。它的综合造价比再生中继站低 50%~80%。此外,设计选址时只需考虑传输的最佳位置而不必考虑交通、供电等因素。

⑤ 射频直放站安装维护简单、扩容变频容易。

再生中继站是一种高性能的高频率转发器。再生中继站类似背对背终端站,包括有再生微波信号的全套射频单元。它同时延长信号传输路径和偏转传输方向以绕过障碍物,但不具备上下话路的能力。它可以用来扩大微波通信系统的距离限制,或者用来偏转传输方向,以绕过视线障碍物,不会引起信号质量恶化。接收的信号经过完全的再生和放大,然后转发。

3.2.2 微波通信电波传播

1. 自由空间传播损耗

自由空间又称为理想介质空间,它相当于真空状态的理想空间。在这空间里电波不受阻挡、反射、绕射、散射和吸收等因素影响。

电波在自由空间传播时,会因能量向空间扩散而衰耗,距离光源越远的地方,单位面积上的能量就越少。这种电波的扩散衰耗就称为自由空间损耗。自由空间电波的传播损耗的计算公式:

$$L(\mathrm{dB}) = 92.4 + 20\lg d + 20\lg f L_S \qquad \text{（式 3.2.1）}$$

式 3.2.1 中：L_S 为自由空间损耗（dB），d 为电波发源射源到接收点间距离（km），f 为电波工作频率（GHz）。

2. 地面反射对电波传播的影响

不同的中继段由于地面的地形不同，对电波的影响也不同，主要的影响有反射、绕射和地面的散射。由于地面散射对电波的主射波影响不大，可以不考虑。

在传播途径中遇到大障碍物时，电波会绕过障碍物向前传播，这种现象叫做电波的绕射。

反射是指地面可以把天线发出的一部分信号能量反射到接收天线，与直射波产生干涉，并与直射波在收信点进行矢量相加，其结果是，收信电平与自由空间传播条件下的收信电平相比，也许增加，也许减小。当微波电波在光滑地面或水面传播时，反射的能量更大些。

（1）菲涅尔半径

根据惠更斯原理，光和电磁波都是一种振动，其周围的媒质是具有弹性的，因此一点的震动可通过媒质传递给邻近的质点，并依次向外扩展，而成为媒质中传递的波。由此，可以认为一个点源的震动传递给邻近的质点后，就形成了二次波源、三次波源等。而空间任一点的辐射场都是由波阵面上的各点的二次波源发出的波在该点相互干涉、叠加的结果。显然，随着波阵面上的二次波源到达接收点的远近不同，接收点信号场强的大小发生变化。

在研究微波接力通信系统的微波传播时，常应用菲涅尔绕射理论。菲涅尔区及其半径如图 3.2.3 所示。T 为波源，R 为接收点，以 T、R 为焦点旋转椭球面所包含的空间区域被称为菲涅尔区。

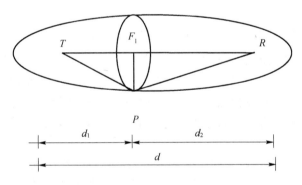

图 3.2.3　菲涅尔区及其半径

半径为 F_1 的圆所在区域称为第一菲涅尔区域，F_1 为第一菲涅耳区半径，第一到第 N 个菲涅耳区半径表达式如式 3.2.2 所示：

$$\begin{cases} F_1 = \sqrt{\lambda d_1 d_2 / d} \\ F_2 = \sqrt{2\lambda d_1 d_2 / d} \\ \quad\vdots \\ F_n = \sqrt{n\lambda d_1 d_2 / d} \end{cases} \qquad \text{（式 3.2.2）}$$

相邻菲涅耳区在收信点 R 处产生的场强的相位相反，也就是说第二菲涅耳区产生的场强与第一菲涅耳区产生的场强相反；第三菲涅耳区产生的场强与第二菲涅耳区产生的场强相反；若以第一菲涅耳区为参考，则奇数区产生的场强是使接收点的场强增强，偶数区产生的场强是使接收点的场强减弱。收信点的场强则是各菲涅耳区在收信点的矢量合。

在实际中由于各菲涅耳区朝向接收点的倾斜程度不同,故各区相互干涉,在接收点的矢量叠加。叠加的结果是:收信点的场强在自由空间从所有菲涅耳区得到的场强仅近似等于第一菲涅耳半径区的空间在该点产生的场强。

（2）余隙

在实际微波传播路径中,有时会受到建筑物、树木、山峰等的阻挡,如果障碍物的高度进入第一菲涅耳区域时,则可能会引起附加损耗,使接收电平下降,影响传输质量。为了避免这种情况的发生,因此引入了余隙的概念。

如图 3.2.4 所示,障碍点到 AB 线段的垂直距离叫做路径上障碍点的余隙,为方便总是用障碍点的垂直于地面的线段 h_c 近似表示余隙。若该点的第一菲涅尔半径为 F_1,则称 h_c/F_1 为该点的相对余隙。$h_c/F_1 = 0.577$ 时的余隙称为自由空间余隙,用 h_0 表示。它的表达式为:

$$h_0 = 0.577 F_1 = \left(\frac{\lambda d_1 d_2}{d} \right)^{1/2} \qquad (式 3.2.3)$$

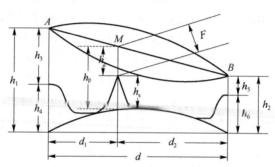

图 3.2.4　余隙的定义示意图

（3）路径上刃形障碍物的阻挡损耗

在实际的微波工程中,常会遇到刃形障碍物阻挡传输路径的情况,这时刃形障碍物不可能阻挡所有的菲涅耳区,所以在收信点仅有一部分菲涅尔区的能量绕过,使接收点多少有一定电平数,而这个数值一定低于自由空间电平。这个由于刃形障碍物的阻挡而增加的损耗我们称之为附加损耗。

当障碍物的尖锋正好落在收发两端的连线上,即 $h_c = 0$ 时,附加损耗为 6 dB;当障碍物的顶峰超过收发两端的连线时,即 $h_c < 0$ 时,附加损耗将很快增加,如图 3.2.5 所示;当障碍物的顶峰在收发两端的连线以下时,附加损耗将在 0 dB 上下少量变动。这时路径上传输损耗将与自由空间数值接近。

（4）非刃形障碍物的阻挡损耗

在实际的微波通信工程线路中,总是将收发天线对准,以便接收端收到较强的直射波。但是根据惠更斯原理总会有部分电波射到地面,所以在接收点除直射波外还有经地面反射的反射波,收到的是直射波与反射波的合成波。合成波的合成场强 E 与自由空间场强 E_0 的比,称为考虑地面影响时的衰落因子 V,表示为:

$$V = E/E_0 \qquad (式 3.2.4)$$

用 dB 表示:

$$V_{dB} = 20 \lg V \qquad (式 3.2.5)$$

在考虑地面的影响后,实际的收信点电平为:

$$P_R(dBm) = P_{R0}(dBm) + V_{dB} \qquad (式 3.2.6)$$

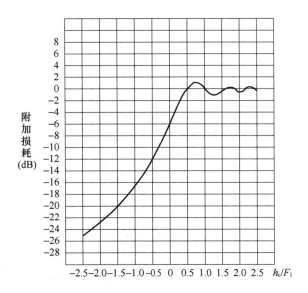

图 3.2.5　刃型障碍物的阻挡损耗

衰落因子 V 与相对余隙 h_c/F_1 有固定的定量关系,对此,工程上已做成 V_{dB} 与 h_c/F_1 的关系曲线,可以大大简化计算由于地面反射引入的附加损耗。

(5)微波线路的分类

通常在视距微波通信中,根据中继线路的余隙 h_c 将中继线路分为 3 类:

① $h_c \geqslant h_0$ 称为开路线路,可直接查 V_{dB} 与 h_c/F_1 的关系曲线;

② $0 < h_c < h_0$ 称为半开路线路;

③ $h_c \leqslant 0$ 称为闭路线路。

半开路线路和闭路线路、衰落因子有下述 3 种情况:

① 在 $h_c = h_0 = 0.577F_1$ 时,$V_{dB} = 0$;

② 在 $h_c = 0$ 时,$V_{dB} = -6$ dB;

③ 在 $h_c < h_0$ 时,

$$V_{dB} = V_{0dB}\left(1 - \frac{h_c}{h_0}\right) \tag{式 3.2.7}$$

式 3.2.7 中,V_{dB} 为考虑绕射时的衰耗因子,h_0 为自由空间余隙,$h_0 = 0.577F_1$,h_c 为中继电路主射线余隙(m),V_{0dB} 为自由空间余隙为 $h_c = 0$ 时衰耗因子的电平值。它的计算办法是通过反映障碍物地形的参数 μ 来计算的。

$$\mu = 2.02\left[\frac{K(1-K)}{L}\right]^{2/3} \tag{式 3.2.8}$$

式中 $K = d_1/d$,L 为作平行于 RT 连线,按 $(\lambda d)^{1/2}/2$ 高做过障碍物的切割线,切出障碍物的宽度。

计算地形参数 μ 的断面如图 3.2.6 所示。V_{0dB} 与 μ 的关系曲线见图 3.2.7 所示。

3. 对流层对电波传播的影响

对流层对电波的影响最明显的就是大气折射对电波传播的影响。

(1)大气折射率

大气从地面向上可分为 6 层,依次为对流层、同温层、中间层、电离层、超离层、逸散层。对流层是从地面算起,垂直向上大约 10 km 范围的低空大气层,当大地受太阳照射时,地面温度上升,地面放出的热量使低温大气受热膨胀,结果使大气密度不均,于是产生了大气的对流,故由此称为对流层。

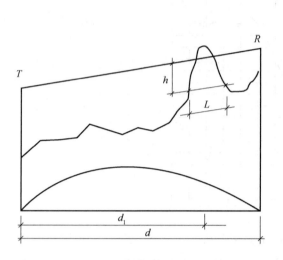

图 3.2.6 确定地形参数 μ 的关系曲线

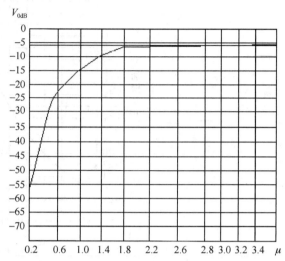

图 3.2.7 V_{0dB} 与 μ 的关系曲线

微波信号是在对流层中传播的,当空间环境是均匀的情况时,无论电波是直射还是反射,都不产生折射。但实际上,对流层中大气成分、压强、温度和湿度都随高度和地区的变化而变化,当电波在不均匀的大气中传播时,就会产生折射。

电波在自由空间是以光速传播的,在实际的大气中,电波在大气中传播的速度为:

$$v = \frac{c}{\sqrt{\varepsilon'}} \qquad (式 3.2.9)$$

式中 ε' 称为相对介电系数。

大气折射率 n 是电波在自由空间中速度 c 与电波在大气中的传播速度 v 之比,记为:

$$n = \frac{c}{v} = \sqrt{\varepsilon'} \qquad (式 3.2.10)$$

n 通常在 $1.0 \sim 1.00045$ 之间。在大气中,由于随高度的不同大气将受到不同的压力、温度、湿度的影响,而使大气随高度的变化而不同。

为说明不同高度上的大气压力、湿度和温度等对折射率的影响,引入折射率梯度,它是指折射率随高度的变化率,用 dn/dh 来表示。当 $dn/dh > 0$ 时,n 与 h 为正比变化,使电波传播射线向下弯曲;当 $dn/dh < 0$ 时,n 与 h 为反比变化,使电波传播射线向下弯曲。

(2) 等效地球半径系数

因为折射的影响,实际的微波通信电波不是按直线传播,这样很难计算和设计微波接力线路。

为了方便研究分析对于电波传输受到的影响,引入等效地球半径的概念。这个概念引入后,将电波视为直线,而将地球的实际半径 a 等效成 a_e;等效的规则是等效前后射线与地面间的余隙不变,如图 3.2.8 所示。

定义 K 为等效地球半径系数,K 与折射率的关系为:

$$K = \frac{1}{1 + a \dfrac{dn}{dh}} \qquad (式 3.2.11)$$

式中, a 为地球半径, K 是反映对流层气象条件变化对电波传播影响的重要参数,在微波工程中必须考虑。

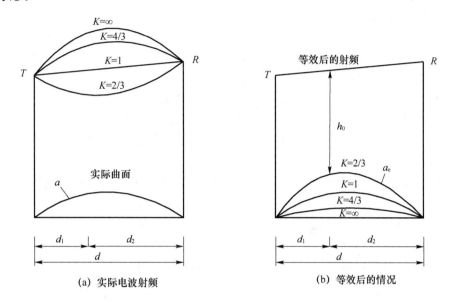

(a) 实际电波射频　　　　　　　　　(b) 等效后的情况

图 3.2.8　地球等效前后地球面和射线示意图

（3）折射分类

按 K 值的不同可将折射分为 3 类,如图 3.2.9 所示。

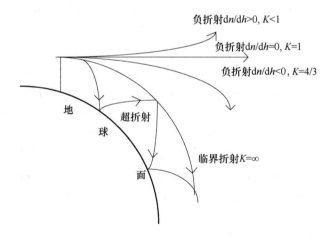

图 3.2.9　折射的分类示意图

无折射: $dn/dh=0$,此时电波传播轨迹为直线,所以 $K=1$ 或 $a=a_e$

负折射: $dn/dh>0$,此时电波传播轨迹向上弯曲, $K<1$ 或 $a>a_e$,电波射线弯曲反向与地球的弯曲相反,因此称为负折射。

正折射: $dn/dh<0$,此时电波传播轨迹向下弯曲, $K>1$ 或 $a<a_e$,电波射线弯曲反向与地球的弯曲同相,因此称为正折射。

在温带地区,根据大量的测试结果得到折射率梯度为: $dn/dh=-1/4a$,所以 $K=1/(1+a-1/4a)=4/3$,一般称此时的大气为标准大气, $K=4/3$ 时折射为标准折射, $a_e=4a/3$ 称为标准等效地球半径。在赤道,等效地球半径系数 K 的取值范围为 $2/3\sim4/3$ 。

在工程计算时,中国选用 K 标准为 4/3、K 负折射为 2/3、考虑越站干扰时按 $K=\infty$ 计算,即不计地球凸起的高度对电波干扰传播的影响。

（4）K 值在工程设计中的意义

K 值在工程上用于控制天线的高度。在工程中为了使余隙合理,需根据 K 值去规划:

① $\Phi \leqslant 0.5$,Φ 为反射系数的模,即地面反射系数较小的电路,如山区、城市、丘陵地区这种地形,主要防止过大的绕射。

a. $K=2/3$,一般障碍物时,需控制收发天线高度,使余隙 $h_c \geqslant 0.3F_1$。

b. 刃形障碍物时,需使余隙 $h_c \geqslant 0$,这种情形产生的绕射衰落不大于 8 dB。

② $\Phi > 0.7$,Φ 为反射系数的模,即地面反射系数较大的电路,如平坦、水网地区,这种地形主要防止过大的反射衰落。

a. $K=2/3$ 时,一般障碍物时,需控制收发天线高度,使余隙 $h_c \geqslant 0.3F_1$;刃形障碍物时,需使余隙 $h_c \geqslant 0$。

b. $K=4/3$ 时,$h_c \approx F_1$。

c. $K=\infty$ 时,$h_c \leqslant 1.35F_1$。

如果收费天线高度控制不能满足余隙要求,那就改变路由。

3.2.3 微波衰落

微波传播介质是地面上的低空大气层和路由上的地面、地物。当时间（季节、昼夜等）和气象（雨、雾、雪等）条件发生变化时,大气的温度、温率、压力和地面反射点的位置、反射系数等也将发生变化。这必然引起接收点场强的高低起伏变化。这种现象叫做电波传播的衰落现象。

1. 衰落的类型

（1）快衰落和慢衰落

衰落可按持续时间的长短分为慢衰落和快衰落两种。持续时间长的叫慢衰落,其持续时间一般长达数分钟到几小时。持续时间短的叫快衰落,一般发生在几秒到几分钟之间。慢衰落随时间变化缓慢,往往是慢慢形成,又慢慢消失,它常由一个较大地区范围内的大气折射的缓慢变化所引起。因为在一个较大的地区范围内（如一段中继电路）,大气折射条件的变坏与恢复,不是在较短时间内发生的,所以形成慢衰落。快衰落与大气中存在的大气波导的薄层、湍流等引起的多径传播密切相关,在微波范围内,只要上述多径传播的每条射线之间路径稍有变动,它们在接收点合成的信号就会产生明显的起伏,形成快衰落。

（2）上衰落和下衰落

衰落也可以按接收点场强的高低分类。高于自由空间电平值的叫上衰落,低于自由空间电平值的叫下衰落。

（3）闪烁衰落和多径衰落

按衰落发生的物理成因,也可把衰落分为闪烁衰落和多径衰落。

闪烁衰落主要是因为大气局部微小扰动引起电波射束散射所造成的,各散射波的振幅小,相位着大气变化而随机变化。结果它们在接收点的合成振幅变化很小,对主波影响不大,因此,这种衰落对视距微波接力电路的稳定性影响不大。

多径衰落主要是由于多径传播造成的,它是视距传播信道深衰落的主要原因。多径传播就是电波离开发射天线后,电波沿着多条路径传向接收点,由于不均匀的位置,界面和形状是随机变化的,所以各路电波之间存在着由行程差异引起的相位差,以及由不同的反射条件而引起的振幅差也是随机变化的,于是在接收点合成的干涉场也就产生大幅度的起伏变化,这就是多径衰落。

引起多径传播的原因很多。例如,在有地面反射的路径上,接收天线除了接收来自发射天线的直射空间波外,还接收来自地面的反射波。另外在一定气象条件下,大气中出现各种不均匀体,如出现逆率层而产生大气波导时,或出现突变层产生反射时接收天线还收到折射波,这都是引起多径传播的原因。在微波波段,因为波长很短,由行程差异变化引起的相位差变化很大,故多径衰落是很显著的。

2. 对流层带来的衰落

（1）大气吸收衰耗

任何物质的分子都是由带电粒子组成的,这些粒子都有其固定的电磁谐振频率,当通过这些物质的微波频率接近它们的谐振频率时,这些物质对微波就产生共振吸收。大气中的氧分子具有磁耦极子,水蒸气具有电偶极子,它们都能从电磁波中吸收能量,产生吸收衰耗。

水蒸气的最大吸收峰在波长 1.3 cm（$f=22.2$ GHz）处,氧的最大吸收峰在波长 0.57 cm（$f=57$ GHz）处。

图 3.2.10 为大气对电磁波的吸收衰耗图。图中曲线显示,当微波频率为波长等于 2.5 cm（12 GHz）时,大气吸收衰耗大约为 0.02 dB/km,若微波站距为 50 km,一个中继段的衰减为 1.0 dB。因此,微波频段小于 12 GHz 时,和自由空间传播损耗相比,可以忽略不计。

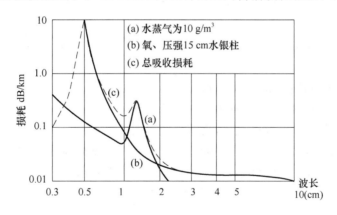

图 3.2.10　水蒸气和氧的吸收损耗

（2）雨雾引起的散射衰耗

由于雨、雾、雪中的小水滴能吸收电波能量,并能形成散射造成衰耗,衰耗大小与频率、雨雾强度有关。当微波频段在 6 GHz（即 5 cm）以上时,这种衰耗有明显作用,低于此频率的可不考虑。一般情况 10 GHz 以下频段,雨雾衰落还不太严重,通常在两站间的这种衰落仅有几个分贝。但 10 Hz 以上频段,中继段间的距离将受到降雨衰耗的限制,不能过长。图 3.2.11 为雨雾散射衰耗曲线。

（3）K 型衰落

这是一种由多径传输引起的干涉型衰落,它是由于直射波与地面反射波到达接收点由于相位不同相互干涉造成的衰落。其干涉的程度与行程差有关。因为在对流层中行程差是随 K 值而变化的,所以称为 K 型衰落。这种衰落在线路经过水面、湖泊或平滑地面时更为严重,所以在选择路由时要尽量避免,不可能回避时一定要采用高低天线技术使反射点靠近一端减少反射波的影响,或采用高低天线加空间分集技术来克服多径反射的影响。

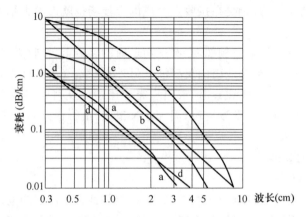

注: 图中a表示1 mm/h雨量；b表示4 mm/h雨量；c表示16 mm/h雨量；
d表示0.3 g/m³的雾(能见度120 m)；e表示2.3 g/m³的雾(能见度30 m)。

图 3.2.11　雨雾的散射损耗曲线

（4）波导型衰落

由于昼夜、季节等气象条件的影响，地面上空的温度会周期性地构成逆温结构，在一定范围内气温随高度而增加，形成大气波导层。当电波通过大气波导层时，将产生超折射现象，形成大气波导。这种情况发生时只有靠工程经验解决。对具体问题采用不同措施解决。

3. 衰落规律

根据大量的传播测试试验结果，发现 10 GHz 以下频段微波传播的衰落现象常遵循以下几条规律：

① 波长越短，距离越长，衰落越严重；

② 跨越水面、平原的路径比跨越山区的路径衰落严重；

③ 夏秋季节比冬春季节衰落频繁，衰落深度也大；

④ 晴天和白天，接收的信号场强一般比夜间稳定。昼夜交替时，例如，早晨五点至九点左右，夜间七点至九点前后，以及午夜凌晨三点之间，常出现深衰落；

⑤ 阴雨、大雾及刮风天气比晴天、宁静天气接收信号稳定，雨过天晴及雾散时，又常出现快衰落。

3.2.4　微波通信关键技术

1. 调制解调

未经调制的数字信号叫做数字基带信号，由于基带信号不能在无线微波信道中传输，必须将基带信号变换成频带信号的形式，即用基带信号对载波进行数字调制。调制之后得到的信号是中频信号。一般情况下，上行中频信号的频率是 350 MHz，下行中频信号的频率是 140 MHz，也有上行中频信号的频率是 850 MHz，下行中频信号的频率是 70 MHz。

要通过微波传输，还需通过上变频将其变为射频信号。上变频就是将中频信号与一个频率较高的本振信号进行混频的过程，然后取混频之后的上边带信号。下变频是上变频的逆过程，原理是一样的，只是取的是本振信号与微波信号的不同组合而已，取的是混频之后的下边带信号。本振信号频率轻微漂移将引起发射信号和接收信号频率较大的漂移，因此它们的频率稳定度主要取决于本振信号的频率稳定度。

相移键控(PSK)是目前中小容量数字微波通信系统中采用的重要调制方式,它具有较好的抗干扰性能,并且这种调制方式比较简单,性价比较高。目前中小容量数字微波通信系统中采用的是四相移相键控(4PSK 或 QPSK)的调制,典型的生产厂家有 NEC、爱立信和诺基亚等。

移频键控(FSK)也是目前中小容量数字微波通信系统中采用的重要调制方式,但它的抗干扰性能和解码门限没有移相键控好,同时它所占的微波带宽也较 PSK 调制大。目前中小容量数字微波通信系统中采用 4FSK 调制,典型的生产厂家有 DMC 和哈里斯等。

多进制正交调幅(MQAM)是在大容量数字微波通信系统中大量使用的一种载波键控方式。这种方式具有很高的频谱利用率,在调制进制较高时,信号矢量集的分布也比较合理,同时实现起来也较方便。

在 PDH 微波系统中主要采用 PSK、4PSK(4QAM)及 8PSK,也有采用多值正交调幅(MQAM)技术的,如 16QAM;在 SDH 微波系统中,最广泛采用的是多值正交调幅(MQAM)技术,常用 32QAM,64QAM 或 128QAM 及 512QAM 等调制方式;QAM 调制的频带利用率比较高。

2. 自适应均衡

在数字微波系统中由于多径效应而导致信号失真甚至中断,为了减小码间干扰,提高通信质量,通常在系统中接入一种可调整滤波器用以减小码间干扰的影响,改善系统传输的可靠性。这种起补偿作用的可调整滤波器称为均衡器。

均衡可以分为频域均衡和时域均衡两大类。频域均衡是利用可调整滤波器的频率特性去补偿实际信道的幅频特性和相频特性,使总特性满足一定的规定值。时域均衡是从时间响应的角度考虑,使均衡器与实际传输系统总和的冲击响应接近无码间干扰的条件。

由于微波信道具有随机性和时变性,这就要求均衡器必须能够实时地跟踪移动通信信道的时变特性,这种均衡器被称为自适应均衡器。根据工作频率及工作位置不同,可以将均衡器分为两种类型。

① 频域均衡器(AFE):在接收机的中频(IF)级进行,用以控制信道的传递函数。

② 时域均衡器(ATE):在时域工作,直接减小由传递函数不理想而产生的码间干扰。

与 AFE 相比,ATE 的均衡能力要强得多,因此有些 SDH 微波系统不再使用 AFE,而只用 ATE。但是,大多数 SDH 微波系统中,AFE 和 ATE 联合使用,会有一些联合效应。

3. 自适应发信功率控制

发信功率控制就是指在一定范围内,调整发信机的发射功率,使发信机输出功率在绝大多数时间内工作于正常值或最小值,从而减少整个系统的干扰,并可节约功耗。

自适应发信功率控制(ATPC)是指,微波发信机的输出功率在控制范围内,根据自动跟踪的接收端接收电平的变化而变化。在正常的传播条件下,发信机的输出功率固定在某个比较低的电平上,如比正常电平低 10～15 dB。当发生传播衰落时,接收机检测到传播衰落并小于规定的最低接收电平时,立即通过微波辅助开销(RFCOH)字节控制对端发信机提高发信功率,直到发信机功率达到额定功率。一般来说严重的传播衰落发生的时间率是很短的,一般不足 1%,在采用了 ATPC 装置后,发信机 99% 以上的时间均在比额定功率低 10～15 dB 的状态下工作。

4. 分集接收

分集技术(Diversity Techniques)是一种利用多径信号来改善系统性能的技术。其理论基础是认为不同支路的信号所受的干扰具有分散性,即各支路信号所受的干扰情况不同,因而,有可能从这些支路信号中挑选出受干扰最轻的信号或综合出高信噪比的信号来。

其基本做法是利用微波信道的多径传播特性,在接收端通过某种合并技术将多条符合要求的支路信号按一定规则合并起来,使接收的有用信号能量最大,从而大大降低多径衰落的影响,改善传输的可靠性。对这些支路信号的基本要求是:传输相同信息,具有近似相等的平均信号强度和相互独立衰落特性。

分集接收就是将相关性较小,即具有相互独立衰落特性不同时发生传输质量恶化的、两路以上的收信机输出信号进行选择或合成,来减轻由衰落所造成的影响的一种措施。分集接收技术主要有下面几类。

(1)空间分集

一般空间的间距越大,多径传播的差异也越大,接收场强的相关性就越小。因此,在接收端利用天线在不同垂直高度上接收到的信号相关性极小的特点,在若干支路上接收载有同一信息的信号,然后通过合并技术再将各个支路信号合并输出,以实现抗衰落的功能。

如图 3.2.12 所示,在空间不同的垂直高度上设置几副天线,同时接收一个发射天线的微波信号,然后合成或选择其中一个强信号,这种接收方式称为空间分集。为了保证多个接收天线的相关性小,天线在空间应该相隔一定的距离。

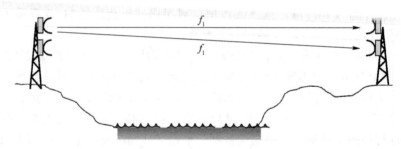

图 3.2.12 空间分集示意图

空间分集需要在同一铁塔上设置几个天线,确定上下接收天线中心间的垂直间距(S)时,首先要分析特定路由上的多径衰落主要是由大气层产生的还是由地面反射产生的。当路径余隙很小,路径长度比较长,频率比较低,两端天线高度相差比较大时,按 $S \geqslant (100 \sim 200)\lambda$ 选取适当的值;当路径余隙很大,路径长度比较短,频率比较高时,按 $S \geqslant (100 \sim 200)\lambda$ 作为参考,但最好是"半瓣距"的整数倍。

一般工程运用来说,空间分集间距对于数字微波可取 $8 \sim 12$ m,一般可取 10 m。

空间分集可以有效地解决主要由地面反射波与直射波干涉引起的 K 型衰落和由对流层反射引起的干涉型衰落,对接收功率降低和信号失真都有相当大的改善。空间分集的优点是节省频率资源。缺点是设备复杂,需要两套或两套以上天馈线。

(2)频率分集

在一定范围内两个微波频率的频率间距越大,同时发生深衰落的相关性越小,也就是在两个频率上同时发生瞬断的概率比较低。因此,采用两个或两个以上具有一定频率间隔的微波频率同时发射和接收同一信息,然后进行合成或选择,可以减轻衰落的影响,这就是频率分集。

SDH 微波系统中,造成电路中断的原因不是信号电平的下降,而是出现频率选择性衰落,频率分集对数字微波系统的改善比模拟微波系统要大得多。

频率分集要求载波间隔 Δf 要大于相关带宽 ΔF,即 $\Delta f \geqslant \Delta F$,$\Delta F = 1/L$,其中 L 为接收信

号时延功率谱的宽度。因此,在频率分集系统中,同频段分集采用的频率间隔为工作频率的2%时,才能取得分集改善效果。

频率分集的优点是效果明显,只需要一副天馈线,缺点是频段利用率不高。

（3）极化分集

两个在同一地点极化方向相互正交的天线发出的信号呈现互不相关的衰落特性。利用这一特性,在发端同一地位置分别装上垂直极化和水平极化天线,在收端同一地位置分别装上垂直极化和水平极化天线,就可得到两路衰落特性不相关的信号。由于与其他分集相比,极化分集的效果较小,几乎没有实用的例子。

（4）角度分集

由于地形、地貌和建筑物等环境的不同,到达接收端的不同路径的信号可能来自于不同的方向,采用方向性天线,分别指向不同的信号到达方向,则每个方向性天线接收到的多径信号是不相关的。这样,在同一位置利用指向不同方向的两个或更多的有向天线实现分集的措施,即角度分集。

如图 3.2.13 所示,收信机从指向不同方向的两个天线射束取得分集信号。第二个射束可以由单独的天线提供,也可以由具有双馈源的同一天线提供。

两天线角度分集结构由两个并排安装的天线组成,它们有不同的仰角或有不同的方向性图。主天线对准主射线方向,而分集天线射束上仰角为 θ。

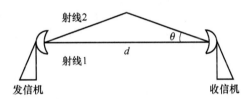

图 3.2.13　角度分集示意图

3.2.5　微波通信系统构成

微波通信系统由发信机、收信机、天馈线系统、多路复用设备及用户终端设备等组成。

发信机由调制器、上变频器、高功率放大器组成。在发信机中调制器把基带信号调制到中频再经上变频变至射频,也可直接调制到射频。在模拟微波通信系统中,常用的调制方式是调频;在数字微波通信系统中,常用多相数字调相方式,大容量数字微波则采用有效利用频谱的多进制数字调制及组合调制等调制方式。发信机中的高功率放大器用于把发送的射频信号提高到足够的电平,以满足经信道传输后的接收场强。

收信机由低噪声放大器、下变频器、解调器组成。收信机中的低噪声放大器用于提高收信机的灵敏度;下变频器用于中频信号与微波信号之间的变换以实现固定中频的高增益稳定放大;解调器的功能是进行调制的逆变换。

天馈线系统由馈线、双工器及天线组成。微波通信天线一般为强方向性、高效率、高增益的反射面天线,常用的有抛物面天线、卡塞格伦天线等,馈线主要采用波导或同轴电缆。

用户终端设备把各种信息变换成电信号。

多路复用设备则把多个用户的电信号构成共享一个传输信道的基带信号。在地面接力和卫星通信系统中,还需以中继站或卫星转发器等作为中继转发装置。

3.2.6 数字微波设备

微波设备由室内单元(IDU)、室外单元(ODU)、天线、馈线系统和网管系统组成。

天线和ODU之间一般用波导管连接,IDU和ODU之间通过中频电缆连接。中频电缆用于IDU和ODU之间的中频业务信号和IDU/ODU通信控制信号的传输,并向ODU供电。

1. 微波天线

天线的作用是把发信机(ODU)发出的微波能量定向辐射出去,把接收下来的微波能量传输给收信机(ODU)。常用微波天线有抛物面天线和卡塞格仑天线。国产微波天线直径一般分为0.3 m、0.6 m、1.2 m、1.6 m、2.0 m、2.5 m、3.2 m等;进口微波天线的直径一般分为0.3 m、0.6 m、1.2 m、1.8 m、2.4 m、3.0 m等。

在微波接力系统中,对天线的基本要求是天线效率高,旁瓣电平低,交叉极化去耦高,电压驻波比低,工作频带宽。它的主要参数如下所示。

(1) 天线增益

增益是指面式天线与无方向性天线在某点产生相同电场的条件下,无方向性天线的输入功率 P_{io} 与面式天线的输入功率 P_i 之比。微波天线的天线增益为:

$$G = \frac{P_{in}}{P_i} = \left(\frac{\pi D}{\lambda}\right)^2 \eta \qquad \text{(式 3.2.12)}$$

式中,D 为抛物面天线直径,λ 为工作波长,η 为口面利用系数,它决定天线的加工精度和有功损耗,通常取值在 0.45～0.6 之间。

增益是天线的一重要参数。在天线尺寸一定的情况下,天线增益大小直接反映了天线效率的高低。一般天线指标中给出的是最大辐射方向的增益,用 dBi 表示。

$$G(\text{dB}) = 10\lg G \qquad \text{(式 3.2.13)}$$

(2) 半功率角

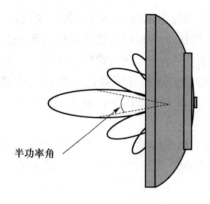

半功率角

图 3.2.14 天线半功率角

半功率角也被称为 3 dB 波束宽度。从主瓣方向向两边偏离,当偏离至功率下降一半的点,该点称为半功率点。两个半功率点之间的夹角为半功率角,如图 3.2.14 所示。

当面天线口径一定时,工作频率越高,半功率角越小,能量集中程度越高;当工作频率一定时,天线口径越大,半功率角越小。

(3) 交叉极化去耦

使用双极化微波天线时,由于天线本身结构的不均匀和不对称,垂直极化和水平极化可在天线中相互耦合,互为干扰。交叉极化去耦(XPD)是指当发射天线只发射一个极化的信号时,在接收天线所接收到的同极化信号电平和正交极化信号电平之比,如式 3.2.14 所示。

$$\text{XPD} = 10\lg\left(\frac{P_o}{P_x}\right) \qquad \text{(式 3.2.14)}$$

式中,P_o 为对正常极化波的接收功率,P_x 为对异极化波的接收功率。

SDH微波系统广泛应用同频正交极化频率复用技术来提高通信容量和节省频谱资源,需要抑制来自正交极化信号的干扰,所以对 XPD 的要求很严格,一般要求 XPD 大于 40 dB。

在实际微波电路上,由于存在多径传播效应及降水的效应,XPD 会劣化。在 10 GHz 以下频段,引起 XPD 劣化的主要原因是多径传播效应。由于两个正交极化信号到达通信的到达角不同,以及地理气象条件对两个正交极化的影响是不完全相关的,造成在实际地理上 XPD 是变化的,即使在没有衰落时间内测得的 XPD 也是呈对数正态规律分布,而不是一个固定值。

（4）天线防卫度

天线防卫度是指天线对某方向的接收能力相对于主瓣方向的接收能力的衰减程度。接力通信对 180°方向的防卫度也叫前/背比。

在同一个微波站中,采用二频制时,两个方向的接收机工作在同一频率,所以,天线防卫度在微波通信中是一个很主要的指标。

（5）电压驻波比

天线与馈线的连接,最佳情形是天线输入阻抗是纯电阻且等于馈线的特性阻抗,这时馈线终端没有功率反射,馈线上没有驻波,天线的输入阻抗随频率的变化比较平缓。匹配的优劣一般用一个参数来衡量,即电压驻波比,驻波比 VSWR 定义式为:

$$\text{VSWR} = \frac{\sqrt{\text{发射功率}} + \sqrt{\text{反射功率}}}{\sqrt{\text{发射功率}} - \sqrt{\text{反射功率}}} \qquad (\text{式 3.2.15})$$

它的值在 1 到无穷大之间。驻波比为 1,表示完全匹配;驻波比为无穷大表示全反射,完全失配。一般要求微波天线的驻波比在 1.05～1.2 之间。

2. 馈线系统

馈线系统是连接分路系统与天线的馈线和波导部件。

（1）馈线

在微波接力系统中,使用的频率不同,使用的馈线也不同。常用馈线如图 3.2.15 所示,目前较常用的是椭圆软波导。

(a) 椭圆波导管 (Elliptical Waveguide)　　　(b) 矩软波导 (Flexible Twist Waveguide)

图 3.2.15　常用馈线

整个馈线系统包括椭圆软波导、椭矩变换、密封节、充气波导段等。为了保护馈线,馈线中必须充以干燥气体。

椭圆软波导单位长度损耗较小,适宜长馈线使用;一般用于 2～11 GHz 的频段,是目前最常用的微波馈线。现在,在 4～15 GHz 频段,广泛采用椭圆软波导作为馈线,因为它便于设计馈线的布局和便于安装。

矩软波导用做 ODU 和天线的连接,安装方便,又能保证连接精度,具有扭转的功能,缺点是损耗大。

(2) 馈线元件

从天线到收发信机并不是一根直的馈线,需要有弯波导段和直波导段。为了连接不同截面形状的波导,需要矩形-圆形波导、矩形-椭圆波导过渡器;为了分离不同计划的微波信号,需要极化分离器。这些原件统称为馈线元件。

常用的有 E 弯和 H 弯或者软波导。另外,目前接入层常用的便携式 PDH/SDH 微波,采用室内/室外型结构。其室内单元和室外单元(收发信机)采用中频电缆连接,室外单元和天线采用法兰口的硬连接,这样可以减少馈线损耗,或者采用 0.6~0.9 m 的软波导连接。图 3.2.16 是便携式 PDH/SDH 微波天线和室外单元(收发信机)连接的实例图。

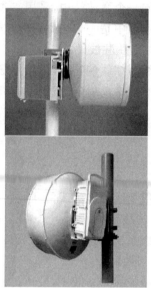

图 3.2.16　天线与室外单元连接实例图

3. 分路系统

一般情况下,微波通信总是几个波道共用一套天馈线系统,则就需要分路系统把它们分开。分合路系统由环形器、分路滤波器、终端负载及连接用波导段组成。分路滤波器装在机架内。

分路滤波器是由带通滤波器构成,它只允许设计的某个频带通过,通频带以外的频率都不能通过。终端负载均用于发射波的吸收。环形器使信号按一定的方向前进。

4. 室外单元

ODU 用于实现中频、射频信号转换,射频信号处理和放大。ODU 规格和射频频率相关,与传输容量无关。由于一个 ODU 无法完整覆盖一个频段,因此通常情况下一个频段会被划分为 A、B、C 3 个子频段,不同的子频段对应不同的 ODU,不同的收发间隔也对应不同的 ODU,高低站 ODU 也不同。

ODU 的安装分为两种形式:直扣式安装和分离式安装。直扣式安装不需要馈线,直接把 ODU 接到天线上,而分离式安装就是用馈线把 ODU 与天线连接起来,如图 3.2.17 所示。

(1) 数字微波发信机

数字微波发信机工作原理如图 3.2.18 所示。由调制器送来的中频已调信号经发信机的中频放大器放大后,送到发信混频器,经发信混频,将已调中频信号变换到射频频带的某一频率上。由单边滤波器取出混频后的一个边带。微波功放用以将发信混频器输出的电平微弱的信号(常为－50～ －30 dBm)放大到所需要的电平。再经分波道滤波器送至分路系统和天、馈线。公务信号是采用复合调制方式传送的。

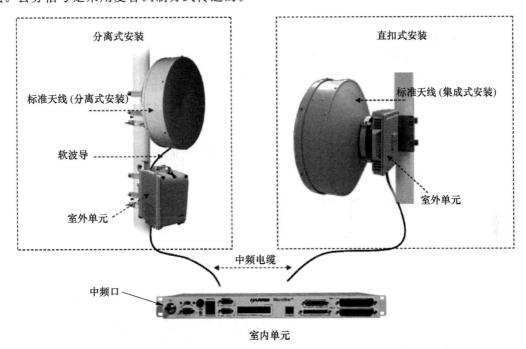

图 3.2.17 室外部分的安装

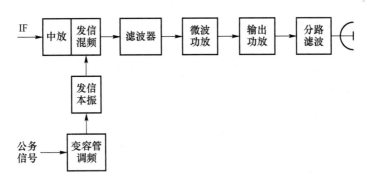

图 3.2.18 发信机的系统框图

数字微波发信机主要考虑以下性能指标。

① 工作频段

目前我国干线微波使用的工作频段主要是 4 GHz 和 6 GHz,7 GHz、8 GHz 和 11 GHz 频段常用于支线,13 GHz 以上频段一般用于接入层,如基站接入。

② 输出功率

输出功率是指发射机输出端口处的功率大小,一般输出功率为 15～30 dBm。

③ 频率稳定度

发射机的每个波道都有一个标称的射频中心工作频率,工作频率的稳定度取决于发信本振源的频率稳定度。若发信机工作频率不稳定,有漂移,将使解调的有效信号幅度下降,误码率增加。目前微波设备的本振频率稳定度一般在 $3\times10^{-6}\sim10\times10^{-6}$。

④ 发送频谱框架

发送信号的频谱必须符合一定的限制,以避免占用过宽的带宽,对邻近波道产生过大干扰。这种对频谱的限制范围叫频谱框架。

(2)数字微波收信机

数字微波收信机的原理如图 3.2.19 所示。分别来自上天线和下天线的直射波和经多径传播到达接收点的电波,经过两个相同的信道,分别经带通滤波器、低噪声放大器、抑镜滤波器、收信混频器、前置中放,然后进行合成,再经主中频放大器后输出中频已调信号。

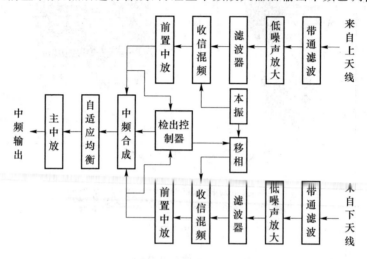

图 3.2.19 收信机的系统框图

数字微波收信机主要考虑以下性能指标。

① 工作频段

收信机与发信机相互配合工作。对于一个二频制中继段而言,前一个微波站的发信频率就是本站收信机的收信频率。

② 收信本振的频率稳定度

收信本振的频率稳定度的要求与发信机基本一致,通常在 $3\times10^{-6}\sim10\times10^{-6}$。

③ 噪声系数

数字微波收信机的噪声系数一般为 2.5～5 dB,比模拟微波收信机的噪声系数小 5 dB左右。

④ 通频带

为了有效地抑制干扰,获得最佳信号传输,应该选择合适的通频带和通频带的幅频特性。接收机通频带特性主要由中频滤波器决定,一般数字微波设备的通频带可取传输码元速率的1～2 倍。

⑤ 选择性

为保证接收机只接收本波道信号,要求对通频带以外的各种信号干扰具有较强的抑制能力,尤其是要抑制邻近波道干扰、镜像干扰和本机收发之间的干扰等。

⑥ 自动增益控制范围

以自由空间传输条件下的收信电平为基准,当接收电平高于基准电平时,称为上衰落;低于基准电平时,称为下衰落。假定数字微波的上衰落为 $+5$ dB,下衰落为 -40 dB,其动态范围为 45 dB。自动增益控制的要求是当收信电平在该范围内变化时,收信机的额定输出电平不变。

5. 室内单元

IDU 完成业务接入、业务调度、复接和调制解调等功能。

6. 天线方位角调整

天线安装好了之后,关键是天线方位角和俯仰角的调整。

在天线俯仰或水平调整过程中,会出现如图 3.2.20 所示的电压波形。一旦发现这种情况,其电压最大点位置,即为俯仰或水平方向的主瓣位置,该方向无须再作大范围调整,只需把天线微调到电压最大点位置即可。天线的俯仰及水平的调整方法是一样的。当天线对得不太准时,有可能在一个方向上只能测到一个很小的电压,这种时候需要两端配合,进行粗调,把两端天线大致对准。

在天线俯仰或水平调整过程中,一旦发现接收信号指示电压最大点位置,即为俯仰或水平方向的主瓣位置,该方向无须再作大范围调整,只需把天线微调到电压最大点位置即可。天线的俯仰及水平的调整方法是一样的。当天线对得不太准时,有可能在一个方向上只能测到一个很小的电压,这种时候需要两端配合,进行粗调,把两端天线大致对准,然后再进行细调。天线调整过程中常出现的错误如图 3.2.21 所示,即把天线对到副瓣上,使得收信电平达不到设计指标。在两端天线对准之后,都会稍微向上仰,牺牲 $1\sim2$ dB,这是为了防止反射干扰。

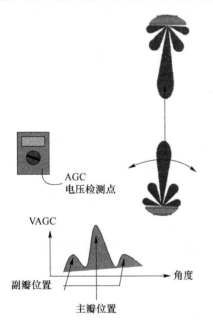

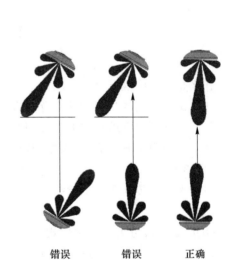

图 3.2.20　天线调整过程的电压波形　　　　图 3.2.21　天线调整过程中常出现的错误

3.3　微波通信应用

微波的主要运用场景有以下几个方面。

（1）移动基站回程传输

野外的移动基站在接收无线信号之后，要将信号回传到 BSC 以进入核心网进行传输，这个过程就叫做移动基站的回程传输。

（2）光网络补网

在传输光网络和 BSC 之间，由于地理位置等其他原因，不便于铺设光缆，则需要采用微波传输的方式。

（3）重要链路备份

在两个主要传输站点之间，为了防止在光缆断裂的情况下，将对信息传输的影响降到最低点，将微波传输作为光传输的一种备份。

（4）企业专网

由于某些特殊行业的限制，如石油传输管道，或者电视信号在野外的中继，由于条件限制，不能铺设光缆，则需要采用微波传输。

（5）大客户接入

在大的企业集团的总部和分支机构之间，由于成本限制，不可能大面积地铺设光缆，则也需要采用微波传输。

目前，移动基站回程传输是运用得比较多的。在宽带无线接入的组网中，应根据实际需要选择拓扑结构。基于 PMP 的点对多点的拓扑结构，传统且常用，网络形式可能会是环网，非常类似于环形光网络中的中心站和端站的关系；基于 TDM/IP 微波环网的拓扑结构，新型且有效。这两种结构各有特点，各自有其应用的环境，可以互为补充。微波环网拓扑结构也称连续点（Consecutive Point）拓扑结构。

习 题

1. 什么是微波中继通信？
2. 什么是微波站的二频制频率分布方案？
3. 什么是微波中继站？有哪些类型的微波中继站？
4. 通常在视距微波通信中，根据中继线路的余隙 h_c 将中继线路分为哪 3 类？对应的衰落因子有哪 3 种情况？
5. 根据大量的传播测试试验结果，发现 10 GHz 以下频段微波传播的衰落现象常遵循哪些规律？
6. ODU 的安装分为哪两种形式？
7. 说明微波天线的方位角调整方法。

参 考 文 献

[1] 杨有为. 数字微波中继通信及设备. 南京：东南大学出版社，1992.

[2] 房少军. 数字微波通信. 北京：电子工业出版社，2008.

第4章 数字集群应急通信

知 识 结 构 图

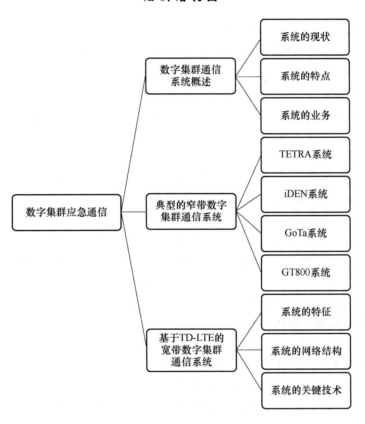

重难点

重点：4种典型的窄带数字集群通信系统组成。

难点：基于 TD-LTE 的宽带数字集群通信系统网络结构和关键技术。

4.1 数字集群通信系统概述

集群通信系统是按照动态信道分配的方式实现多用户共享多信道的无线电移动通信系统。该系统一般由终端设备、基站和中心控制站等组成,具有调度、群呼、优先呼、虚拟专用网、漫游等功能。

集群通信系统诞生于 20 世纪 70 年代末、80 年代初。它主要为户外作业的移动用户从事生产调度和指挥控制等业务提供通信服务,是一种特色通信服务。该服务由于具有易用性、建立通信速度快以及保密性好等优点,在铁路运输、野外作业、抢险救灾、公安、电力、石油等领域得到了广泛应用。

最早的集群通信是模拟系统,20 世纪 90 年代后期,随着数字集群通信技术的日益成熟,集群通信由模拟走向数字成为大势所趋。数字集群通信技术改变了模拟集群系统功能单一、技术陈旧、效率低下等弊端,它具有全新的技术体制、灵活的通信构架和强大的服务功能,能提供话音、数据、图像等多种通信服务,因而渐渐成为市场的主流。

4.1.1 数字集群通信系统的现状

1. 国外数字集群通信发展情况

从全球范围来看,集群通信大部分情况下仍是作为应急指挥调度通信专网使用,其用户量相对较小。国外集群通信主要采用 TETRA 和 iDEN 两个技术体制。

(1) TETRA 系统

数字集群领域最著名的标准当属欧洲的 TETRA(Terrestrial Trunked Radio System,陆地集群无线电系统),它是一种基于数字 TDMA 技术的集群通信系统,是由 ETSI(欧洲电信标准组织)制定的标准。由于 TETRA 系统的开放程度较低,异厂家的 TETRA 产品互联互通存在一定的问题。另外,TETRA 系统的终端价格和建网成本都比较高,这些都在一定的程度上制约了 TETRA 系统的进一步发展。

(2) iDEN 系统

iDEN(integrated Digital Enhanced Network,综合数字增强型网络)是由 MOTOROLA 公司研发的一种数字集群通信系统,主要市场在美洲和亚洲。由于 iDEN 系统是由 MOTOROLA 公司独家研制,接口不开放,因此终端成本和建网投资都比较高。而且 iDEN 系统由于研发的年代比较早,其对新业务、新功能的支持能力相对较弱。

2. 国内数字集群通信现状

从数字集群通信的发展现状来看,无论是 TETRA 系统还是 iDEN 系统,其标准的开放性不高,iDEN 系统为摩托罗拉独家垄断,而 TETRA 系统虽然在空中接口可以做到兼容,但各个厂商的系统之间不能互联互通,从而影响了 TETRA 系统的发展。这种状况造成最直接的问题是终端和系统设备价格较高,或者是系统维护、升级和扩容的成本较高,这在很大程度上限制了数字集群通信在我国的发展。

由于我国的集群通信存在着相当规模的市场和发展潜力,因此国内的多个电信设备制造商(如中兴、华为和大唐)都在大力研发数字集群通信设备,并已经相继研制出符合集群通信要求的数字集群系统设备。目前,国内能够提供完整的数字集群系统设备和终端的有华为开发的基于 GSM 的数字集群通信系统(GT800 系统)、中兴开发的基于 CDMA 的数字集群通信系统(GoTa 系统)。

(1) GoTa 系统

GoTa 系统是中兴通讯公司提出的基于集群共网应用的集群技术,是世界上第一个基于 cdma2000 技术的集群通信体制,具有中国自主知识产权。GoTa 系统具备信道共享、快速接续、频谱利用率高、物美价廉等特点,适合大规模覆盖,有利于运营商建设共网集群网络,在性能和容量上更能满足集群共网应用的需要。

（2）GT800 系统

GT800 系统是华为公司提出的以 GSM 技术和 TD-SCDMA 技术为基础的数字集群技术，同样具有中国自主知识产权，可以满足用户对高速数据业务的需求。GT800 系统主要是面向国内数字集群市场，通过对 GPRS 和 TD-SCDMA 进行创新融合，为用户提供大容量、高速率、高性能的集群业务和附加功能，适用于城市应急联动、集群公网运营、专网应用等。

3. 集群通信技术发展趋势分析

（1）目前数字集群系统的不足

在我国，目前的数字集群通信系统主要支持语音和低速的数据通信。iDEN 系统和 TET-RA 系统采用的频道间隔为 25 kHz，GoTa 系统频率带宽为 1.25 MHz，GT800 系统频率带宽为 200 kHz，都属于窄带通信技术。目前窄带集群通信仍然比较落后，在数据传输能力和多媒体应用的支持方面不能满足新的集群通信需求。另外，在覆盖、容量和频谱利用率方面，窄带集群通信都无法很好地满足需求，也制约了集群通信技术的发展。

（2）集群通信系统发展趋势

随着移动互联网的快速发展，宽带化和 IP 化成为移动通信的发展趋势。一方面，集群通信在技术上也逐渐趋向数据宽带化、应用多样化、架构全 IP 化、终端多模化等方向。从多媒体应用的具体方面来看，包括多媒体集群调度、协同作业、移动办公、视频监控、城市应急联动等。另一方面，集群通信系统的发展趋向更高的频谱利用率、更丰富的应用、更大的系统容量、更快的传输速率、更好的传输性能、更低的建网成本、更便宜的终端等，并能够实现平滑演进。

4.1.2　数字集群通信系统的特点

1. 应用上的特点

（1）频谱利用率高

模拟的集群移动通信网可实现频率复用，从而增加系统容量，但是随着移动用户数量的急剧增长，模拟集群网所能提供的容量已不能满足用户需求，问题的关键是模拟集群系统频谱利用率低，模拟调频技术很难进一步压缩已调信号频谱，从而限制了频谱利用率的提高。

与此相比，数字系统可采用多种技术来提高频谱利用率，如果用低速语音编码技术，在信道间隔不变的情况下就可增加话路，还可采用高效数字调制解调技术，压缩已调信号带宽，从而提高频谱利用率。另外，模拟网的多址方式只采用频分多址（FDMA），即一个载波话路传一路话音。而数字网的多址方式可采用时分多址（TDMA）和码分多址（CDMA），即一个载波传多路话音。尽管每个载波所占频谱较宽，但由于采用了有效的语音编码技术和高效的调制解调技术，总的看来，数字网的频谱利用率比模拟网的利用率提高很多，频谱利用率高，可进一步增加集群系统的用户容量。

（2）信号抗信道衰落的能力提高

数字无线传输能提高信号抗信道衰落的能力。对于集群移动系统，信道衰落特性是影响无线传输质量的主要原因，需采用各种技术措施加以克服。在模拟无线传输中主要的抗衰落技术是分集接收，在数字系统中，无线传输的抗衰落技术除采用分集接收外，还可采用扩频、跳频、交织编码及各种数字信号处理技术。由此可见，数字无线传输的抗衰落技术比模拟系统要强得多，也就是说数字集群移动通信网比模拟集群移动通信网的话音质量好。

（3）保密性好

数字集群移动通信网的用户信息传输时的保密性好。由于无线电传播是开放的，容易被窃听,无线网的保密性比有线网差,因此保密性问题长期以来一直是无线通信系统设计者重点关心的问题。模拟集群系统中,保密问题难以解决。当然模拟系统也可以用一些技术实现保密传输,如倒频技术或是模/数/模方式,但实现起来成本高、语音质量受影响。由此,模拟系统保密非常困难。

利用目前已经发展成熟的数字加密理论和实用技术,对数字系统来说,极易实现保密。采用数字传输技术,才能真正达到用户信息传输保密的目的。

(4) 支持多种业务

数字集群移动通信系统可提供多业务服务。也就是说除数字语音信号外,还可以传输用户数据、图像信息等。在模拟集群网中,虽也可传输数据,但是是占用一个模拟话路进行传输的。首先在基带对数据信息进行数字调制形成基带信号,然后再调制到载波上形成调频信号进行无线传输,用这种二次调制方式,数据传输速率一般在 1 200 bit/s 或是 2 400 bit/s。这么低的速率远远满足不了用户的要求。

(5) 网络管理和控制更加有效和灵活

数字集群移动通信网能实现更加有效、灵活的网络管理与控制。在模拟集群系统中,管理与控制依靠网内所传输的各种信令,模拟集群网的管理与控制信令是以数字信号方式传输的,而网内的用户信息是模拟信号,这种信令方式与信号方式的不一致,增加了网络管理与控制的难度。在数字集群网中,用户话音比特源中插入控制比特是非常容易实现的,即信令和用户信息统一成数字信号,这种一致性克服了模拟网的不足,给数字集群系统带来极大的好处。总而言之,全数字系统能够实现高质量的网络管理与控制。

2. 功能上的特点

(1) 故障弱化功能

当基站与交换节点连接失效/失败时,基站能够自动切换至故障弱化(Fallback)模式。在故障弱化模式下,支持移动台临时登记、移动台的转组;支持进入 Fallback 状态后漫游至基站覆盖区的移动台的登记和转组;支持组呼迟后加入功能。在 Fallback 模式下集群用户的操作方式与集群工作方式相同。当故障恢复正常时基站能够自动返回正常工作模式。

(2) VPN 虚拟专网功能

VPN 虚拟专网是利用公用网资源为客户构成符合自己需求的专用网的一种业务。它不是一个独立的物理网络,而是一种逻辑上的专用网络。它通过特殊的加密协议以保证数据的真实性、数据的完整性和通道的机密性。VPN 可以实现信息认证和身份认证;可以提供安全防护措施和访问控制,不同的用户有不同的访问权限。因此虚拟专网具有安全性高、扩展性强、控制灵活、管理功能强大等特点,可向用户提供专用网络所具有的功能、安全级别和优先级。数字集群通信系统具有先进的虚拟专网功能,可使多个用户组(如行车调度、工务调度、站务、公安等)共享一个数字集群系统网络,网络中所有的服务和功能合理地分配给每一个用户组,以满足每个用户组的需求。该功能还提供多个不同用户组之间相互独立的工作模式,网络中所有的用户组在各自的虚拟网内进行通信和工作调度时,对自己的用户具有高度的控制权限,不会产生干扰和失密。

(3) 双向鉴权和加密功能

双向鉴权功能包括网络基础设施对移动台的鉴权、移动台对网络基础设施的鉴权。对移动台进行鉴权的目的是为了防止非法移动台接入网络;对网络基础设施进行鉴权的目的是为了识别合法的网络基础设施,从而防止移动台接入非法的数字集群网络。

空中接口加密用于对基站和移动台间无线信道上的信息数据和信令进行加密保护,并保证不被重播。端到端加密是 TETRA 的显著特点,它实现集群系统内从发端用户到收端用户间信息的全程通信保密。

（4）直通工作模式

移动台在不需要系统的模式下仍能直接发生通信。当移动台超出场强覆盖范围、处于基站覆盖不到的阴影区域(如隧道)或虽在覆盖范围之内,但想有意脱离系统、暂时得不到系统服务,如基站出现故障等上述情况下均可采用该模式进行通信。直通工作方式包括以下 3 种。

① 基本工作方式:移动台之间直接通信。

② 转发器工作方式:移动台之间经过直通转发器通信。

③ 集群网关工作方式:移动台经过集群网关与集群网络中的移动台通信。

（5）良好的系统互连

为了保证与其他系统和设备相互联接,数字集群通信系统定义了各种标准接口:与各种公网的 PSTN、ISDN、PDN 接口;与不同集群厂家设备的 ISI 接口等。

4.1.3　数字集群通信系统的业务

数字集群通信的业务分为用户终端业务(也称电信业务)、承载业务(与用户终端业务两者合称为基本业务)和补充业务 3 类。

1. 用户终端业务(电信业务)

用户终端业务是为用户之间的通信提供完整通信能力(包括终端设备的功能)的业务。可分为:

① 调度话音业务(单呼、组呼和广播呼叫);

② 电话互联业务;

③ 短消息业务。

2. 承载业务

承载业务是在用户与网络接口之间提供信号传送能力(不包括终端设备功能)的一种业务类型。电信业务和承载业务合在一起称为基本业务,可分为电路型数据业务、分组型数据业务。

3. 补充业务

数字集群通信提供的集群类补充业务是在基本业务中调度话音业务的基础上,针对数字集群通信网的调度功能进行的修改或补充。

① 讲话方识别显示:在组呼业务中,参与呼叫的用户终端上显示当前占用组呼上行信道的成员识别码。

② 呼叫提示:当处于忙状态的用户终端上接收到其他呼叫时,能够显示呼入的主叫方识别码。

③ 优先级呼叫:高优先级用户或者用户组优先得到集群系统提供的服务,包括个人优先级、组优先级、组内优先级。

④ 集群紧急呼叫:一种最高优先级的组呼业务,为集群用户在紧急情况下提供快速通信方式;紧急呼叫建立的同时系统将向调度台发送告警提示。

⑤ 迟后进入:在组呼过程中,迟来的成员可以加入一个正在进行中的组呼。

⑥ 呼叫报告:当用户由于关机或者与网络暂时失去联系后,系统能够记录在此期间该用

户作为被叫的呼叫记录,并在该用户能够与网络联系后,系统将这些信息通知该用户。

⑦ 区域选择:规定用户终端能够接收到调度呼叫的区域。

⑧ 动态重组:有权用户通过无线方式对用户进行重新编组,包括对已有组中的成员进行增加、删除,或者将若干个组临时合并成一个组,或者将临时合并成的用户组拆分。

⑨ 多通话组扫描:允许用户作为多个通话组的成员,在选定一个通话组的同时,监控其他通话组的通话。用户可改变其目前所选定的通话组,以及监控的通话组。

⑩ 功能号寻址:使用功能号呼叫集团内特定岗位的值班人员。

⑪ 基于位置的路由:系统根据集群用户拨打的号码与主叫用户位置确定目标地址的路由。

⑫ 限时通话:在组呼过程中,对组内普通成员持续占用上行信道的时间限制在设定范围内。

⑬ 超出服务区指示:移动台(包括手持终端和车载台等)在监测到"＊"信号强度低于某个门限时,移动台指示超出服务区。

⑭ 强插:调度台能够插入到一个正在进行的呼叫过程(包括单呼、组呼、广播呼叫)中或者将正在进行的呼叫拆线。

⑮ 环境侦听:由调度台或有权用户遥控开启指定用户台的发射机,从而可以使用户台在没有任何给被叫用户任何指示或者收到被叫用户的任何动作的情况下传递周围的声响。

⑯ 缜密监听:对数字集群移动系统内用户的所有话务和非话务活动进行实时跟踪和监听,而不需要被监听用户同意,并且也不为被监听用户所知悉。

⑰ 移动台遥毙/复活:集群系统通过此方式使指定移动台功能失效或重新有效。功能失效是指移动台不再具备使用集群网络业务的能力,重新有效是指移动台重新获得使用集群网络业务的能力。

⑱ 密钥遥毁:集群系统通过无线遥控方式对移动台内存储的密钥信息进行破坏,保证其不被其他用户恶意破解造成泄密。

⑲ 特设信道呼叫:通过授权可由网络管理员或者调度员通过调度台/管理终端,在指定区域内的每一个小区都分配一条无线信道,指定用户组可以使用这些信道在指定区域内通信。

⑳ 无条件呼叫前转:这项业务允许用户将它的所有来话转接到预先设置的另一个电话号码上。

㉑ 遇忙呼叫前转:当用户忙时,这项业务允许用户将来话转接到预先设置的另一个电话号码上。

㉒ 用户不可及时呼叫前转:当终端处于关机状态或不在服务区时将进行呼叫转移。

㉓ 强制呼叫结束:可以通过调度台将正在进行的用户呼叫进行拆线。

㉔ 开放信道呼叫:系统可以通过调度台将特定用户指定在某一个开放信道上进行呼叫,开放信道呼叫可以进行撤销。

㉕ 临时组呼叫:调度台选择若干群组或用户组成临时组发起调度呼叫。在呼叫结束后,群组和用户恢复原状。

㉖ 缩位寻址:即缩位编号。

㉗ 调度台核查呼叫:在呼叫被允许进行之前由调度台核查呼叫请求的合法性。控制转移:多点呼叫的发起者可以将自己的呼叫控制权转移给另一方。

4.2　典型的窄带数字集群通信系统

窄带数字集群通信系统兴起于 20 世纪 90 年代,2004 年左右开始在我国部署,是当前国内应用最广泛的集群通信系统。窄带数字集群通信系统支持语音和低速数据(最高 27.8 kbit/s)通信,代表系统是欧洲电信标准组织(European Telecommunications Standards Institute,ETSI)定义的陆上集群无线电(Terrestrial Trunked Radio,TETRA)系统、美国 Motorola 的综合数字增强型网络(integrated Digital Enhanced Networks,iDEN)系统、中兴通讯股份有限公司基于 CDMA1X 开发的开放式集群结构(Global open Trunking architecture,GoTa)系统、华为技术有限公司基于 GSM 开发的 GT800 系统。从国内来看,近年来 TETRA 网络的增长最快,在全国已建的数字集群通信网中,TETRA 网的数量约占 2/3。

4.2.1　TETRA 系统

TETRA 是由 ETSI 于 1995 年确定的数字集群移动通信标准。该系统基于 TDMA 技术,提供包括集群、非集群和直通模式通信的一系列服务,集双向无线电对讲机、移动电话、字符报文传送和数据等功能于一身,也是我国推荐采用的数字集群通信制式之一,符合未来专用调度系统的发展方向。目前 TETRA 系统已经在广州地铁、深圳地铁、上海地铁、北京地铁等项目中得到应用。

1. TETRA 系统的频率利用率

国外早期 TETRA 系统的工作频段为 410~430 MHz,今后规划占用 450~470 MHz 和 870~876 MHz/915~921 MHz 新频段。我国则采用 806~821 MHz(移动端发)和 851~866 MHz(基站发),上下行间隔为 45 MHz,射频载频间隔为 25 kHz,通过采用 TDMA 技术和 $\frac{\pi}{4}$-DQPSK 调制方式,系统在每个 25 kHz 载波可提供 4 个时隙的物理信道,同时支持 4 路话音或数据,总传输速率为 36 kbit/s。将其与 GSM 在频率利用率上来比较,GSM 是 200 kHz 载波共用 8 个信道,而 TETRA 是 25 kHz 载波共用 4 个信道,或者 32 个信道共用 200 kHz 载波,后者的频率利用率要比前者高 4 倍。

2. TETRA 系统的网络结构

TETRA 标准对无线网络结构的形式未做限制,仅定义了一组网络组成模块间的接口,这就使得 TETRA 系统网络结构简单,规模可大可小。其简要网络结构如图 4.2.1 所示,其定义的 6 个接口是无线空中接口、有线站接口、系统之间的接口、移动台与终端设备之间的终端接口(包括有线终端与终端设备之间的终端接口)、网络管理接口、直接模式无线电空中接口。

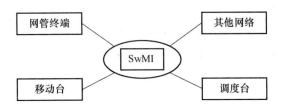

图 4.2.1　TETRA 简要网络结构

由图 4.2.1 可见,TETRA 网络的核心部分为交换和管理基础设施(SwMI),SwMI 内部功能模块的组成示意如图 4.2.2 所示,包括接入到其他类型网络和网络管理单元的接口。用户主要通过移动台(MS)或有线调度台(LS)接入网络。网管终端主要用于为网络提供控制、配置、告警指示和收集 TETRA 系统运行的统计资料。各个模块通过不同接口或传输线互连,完成 TETRA 系统的诸多功能。

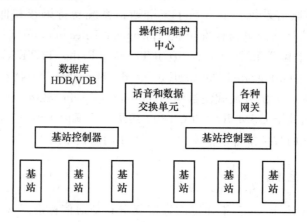

图 4.2.2　SwMI 内部功能模块

3. TETRA 系统的业务

TETRA 有 3 种工作方式:语音＋数据(V＋D)、直通模式(DMO)和分组数据优化(PDO)。TETRA 系统可在同一技术平台上提供指挥调度、数据传输和电话服务。它不仅提供多群组的调度功能,而且还可以提供短数据信息、分组数据以及全双工移动电话服务。TETRA 数据通信业务包括电路交换数据、分组数据、短数据消息和状态消息。电路交换数据每时隙的通信能力为 6.2 kbit/s,总体传输速度最高可达 27.8 kbit/s,分组数据有效传输速率最高可达 36 kbit/s。除了基本的话音和数据通信业务外,TETRA 系统还具有 VPN 功能,支持多达 24 种的补充服务(SS)。

4.2.2　iDEN 系统

iDEN 系统是 MOTOROLA 公司开发的集群通信系统标准,它将数字调度通信和数字蜂窝通信综合互联在一套系统中,集移动电话、数据传输、集群调度和短信息传输于一体,并使用和 GSM 系统相同的双工通话结构以及特殊的频率复用方式。

1. iDEN 系统的频率利用率

iDEN 系统采用 TDMA 多路复用技术和 M16-QAM 的调制技术,使得 iDEN 将一个 25 kHz 的物理信道划分成 6 个数字通信时隙,速率达到 64 kbit/s。

2. iDEN 系统的网络结构

iDEN 数字集群移动通信系统主要面向共用集群通信网的设计,可分为无线子系统、调度子系统和互联子系统 3 个主要部分,如图 4.2.3 所示。

(1) 无线子系统

① 移动台(MS)

移动台可以是固定台,如调度台、车载台、便携台和手持机。每个移动台有几种身份码(如 IMEI、IMSI 等)。IMEI 是一出厂时就定下的国际移动台设备识别号,它主要由型号、许可代码和与厂家有关的产品号构成；IMSI 是国际移动用户识别码，它是该移动用户在网内唯一的身份识别号。每次通信前，归属位置寄存器 HLR 中的鉴权中心 AUC 会对移动台的身份和权限进行认证，以保证合法用户使用移动网。

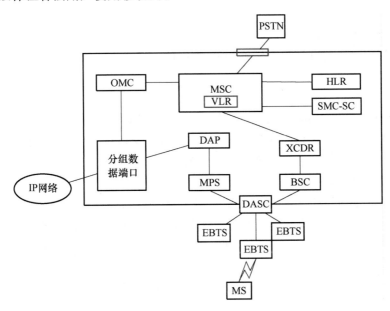

图 4.2.3　iDEN 网络结构

② 增强型基站收发系统（EBTS）

增强型基站收发系统在数字集群系统中为固定部分和无线部分之间提供中继，通过空口接口移动用户能够与基站连接。基站将 800 M 系统中每条 25 kHz 宽的频道划分为 6 个时隙，除用一个时隙作为控制信道外，其余时隙都是 VSELP 编码的话音信道。

（2）调度子系统

① 数字交换系统（DACS）

数字交换系统是 MSC 交换机与 EBTS 或者 PSTN 之间的数字信号转接设备，为了适应传输的要求需要将信号填充整理成宽带结构的形式。它的输入是调度处理机经过分组交换机 MPS 来的调度信息以及经 MSC 和 OMC 网络操作维护中心来的话音信息。它的输出是到 EBTS 或远方基站控制器 BSC 的数字干线。

② 网内分组交换（MPS）

网内分组交换是数字集群系统内高速数字 E1 型节点处理机。它为网内 EBTS 终端节点的调度业务和有关控制信息连接电路，它由分组备份 PD、分组交换 PS 及分组交换工作站组成。

③ 调度应用处理机（DAP）

调度应用处理机是为调度通信业务的控制实现的网络控制机。它存储了移动用户的原始资料、MS 的数据库、业务范围、通路以及呼叫处理等。

④ 操作维护中心（OMC）

操作维护中心是全网操作维护的中心，它通过分组网对 DAP、调度处理机、EBTS、基地台、BSC 基站控制器、XCDR 话音编码转换器进行管理，通过异步通信端口对 DMC-MSC、

HLR 和 MPS 进行状态管理和控制。

（3）互联子系统

① 基站控制器（BSC）

基站控制器是移动交换中心 MSC 与基站 EBTS 之间的控制交换设备，以使数字集群系统能扩大覆盖范围和节约线路造价，它可以近置和远置，MSC 通过 XCDR 去控制 BSC。BSC 的主要功能是管理无线信道以及 MS 和 MSC 之间的传令传输。

② 话音编码转换器（XCDR）

话音编码转换器是完成 PCM/VSELP 的转换设备。由于 MSC 接口的话音编码是采用 PCM u 律编码方式，而用户端话音编码器采用的是 VSELP 编码方式，因此，需将 EBTS/BSC 送来的 VSELP 话音编码变换成 PCM 编码后送至 MSC 交换机。XCDR 还担任将来自 MS 的 DTMF 二次拨号数字再生成新的双音多频信号的任务。

③ 移动交换中心（MSC）

移动交换中心是网络的核心，它提供 PSTN 和移动网络之间的接口，MSC 是用于移动台 MS 发起或终止的话务互连的电话交换局。每个 MSC 提供对某一地理覆盖区域内的移动台的服务，一个网络可包括不止一个 MSC，MSC 提供到 PSTN 的接口和到 BSC 的接口以及与其他 MSC 的互连接口。

MSC 的主要任务是处理呼叫、呼叫控制和信令；移动用户呼叫通路的建立；鉴权和加密；拨号转换；计费数据的捕获和处理；回音消除控制；越区切换；短信息业务支持。

④ 访问位置寄存器（VLR）

访问位置寄存器存储其覆盖区内的移动用户的全部有关信息，以便 MSC 能够建立呼入和呼出的呼叫。VSL 从该移动用户的归属位置寄存器中获取并存储有关该用户的数据，一旦移动用户离开该 VLR 控制区域，则重新在另一 VLR 登记，原 VLR 将取消临时记录的该移动用户数据，因此可以把 VLR 看成是一个动态用户数据库。

⑤ 归属位置寄存器（HLR）

归属位置寄存器是数字集群系统的中央数据库。它存储着该 HLR 控制的所有移动用户的相关数据，这些相关数据包括：MS 的操作数据，如 IMEI、IMSI 和 MS-ISDN 识别数据、验证密钥等，MS 用户类别和补充业务等；MS 的服务状况，如电话转移号码、特别路由信息等；MS 的活动情况等，如所处区域。

HLR 的另一项重要的任务是验证要求上网用户的身份，MS 每次通信以前，需要被验证其身份以及其权限，只有授权用户才能使用本网通信。

此外 HLR 还为 MSC 提供关于移动台所在区域的信息，使任何入局呼叫立即按选择的路径送到被叫用户。

⑥ 短信息业务中心（SMS-SC）

短消息业务中心可以通过多种渠道传递最多 140 个字符到一个移动台中，这称为短信息字条，包括字母和数字信息、通过 DTMF-IVR 数字集合从 PSTN 中得来的数字信息和从连接的声音传送系统来的声音传送表示。

3. iDEN 系统的业务

iDEN 系统可向用户提供电话互联、调度和分组数据业务。其中，调度业务是 iDEN 数字集群系统的基本业务，电话互联和分组数据业务应可根据用户需求提供。电话互联呼叫业务分为电信业务、承载业务和补充业务。承载业务要求系统应能向移动用户提供速率为 4.8 kbit/s 的电路交换数据业务,最高也要能支持 9.6 kbit/s 的电路交换数据业务。调度呼叫业务分为电信业务、承载业务和补充业务。系统支持的调度呼叫类型电信业务有单呼和组呼,组呼又分为本地组呼、选区组呼和广域组呼 3 类;调度呼叫类型的承载业务包括移动台状态信息和呼叫提示。分组数据业务通过 iDEN 数字集群系统与外界数据网共同为用户提供。该业务采用无连接分组数据方式,利用移动 IP 协议从一个源节点向一个或多目的节点传送数据包。

4.2.3　GoTa 系统

GoTa 的含义是开放式集群结构(Global open Trunking architecture),是中兴通讯推出的基于 CDMA 技术的数字集群通信系统,采用目前移动通信系统的无线技术和协议标准,并进行了优化和改进,以符合集群系统的技术要求。

1. GoTa 系统的频率利用率

GoTa 系统不改变 CDMA 空中接口的物理机制,可使同一小区下的同一群组成员共享前向业务信道,提高了资源利用率。GoTa 系统采用 16QAM、QPSK 调制和频分双工方式,上下行带宽各为 1.25 MHz。基站子系统采用的扩频速率为 $1 \times 1.228\ 8$ Mbit/s,单载波连续占用 1.25 MHz 带宽,能够支持 153.6 kbit/s 的高速数据传输。

2. GoTa 系统的网络结构

GoTa 系统的网络结构如图 4.2.4 所示,一个基本的 GoTa 系统包括基站子系统(BSS)、集群子系统(DSS)、交换子系统(MSS)、分组数据子系统(PDSS)、终端及其他扩展业务子系统。

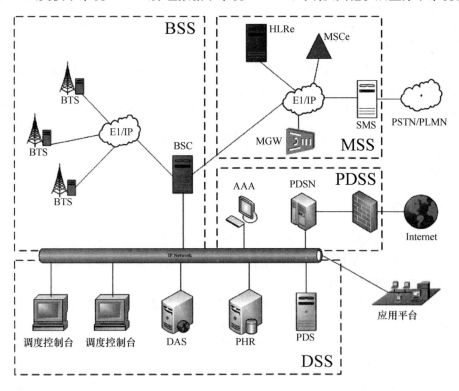

图 4.2.4　GoTa 网络结构

(1)基站子系统

BSS 采用的扩频速率为 $1 \times 1.228\ 8$ Mbit/s,单载波连续占用 1.25 MHz 带宽,能够支持

153.6 kbit/s 的高速数据传输。子系统由基站收发信机 BTS 和基站控制器 BSC 共同构成,主要完成集群业务、数据业务和普通电话业务的接入功能。为了能够支持集群业务和可选的数据业务,基站子系统在技术实现上还包括调度客户端 PDC 和分组数据控制实体 PCF。

（2）集群子系统

DSS 主要包括集群调度服务器 PDS、集群归属寄存器 PHR 和调度台代理服务器（服务器 DAS＋客户端 DAC)3 个部分。其中调度台代理服务器是可选设备,可为集团用户提供虚拟的调度服务,建立集团调度的虚拟专网。DAS 服务器采用主流 PC 服务器,基于典型 B/S 架构建立一个面向调度客户端的站点。DAC 客户端登录到 DAS 服务器站点,通过 DAS 与 PDS、PHR 的交互,执行调度管理操作。

（3）交换子系统

MSS 由多媒体网关 MGW（Multimedia Gateway）、移动交换中心 MSC(Mobile Switching Center)、归属位置寄存器 HLR(Home Location Register)以及短消息中心 SMC(Short Message Center)等实体构成。

（4）分组数据子系统

PDSS 完成 GoTa 系统的分组数据业务。分组交换核心网的功能实体包括 PDSN(分组数据服务节点）、AAA（认证、授权和计费）服务器。PCF 功能实体则放在无线接入网（即 BSC)侧。

（5）终端

终端包括商用手持终端、车载台、固定台,此外还可以根据用户的具体需求开发低端手机(只含调度业务和语音业务)、专业终端(三防手机)等,以满足不同部门、集团的多样性要求。

3. Gota 系统的业务

Gota 是基于 CDMA 方式的调度通信和蜂窝移动通信的组合系统,可提供多种共网集群和专业调度统一的业务模式。在调度通信方面,GoTa 系统可以支持一对一的私密呼叫和一对多群组呼叫;可以设定用户的优先级,并根据用户的优先级行使强插强拆功能;可提供集群系统所需的寻呼、群组寻呼等特殊业务;可对不同的话务群进行分类。除了集群系统应提供的业务以外,GoTa 还提供普通电话互联业务和支持高速率数据业务,最高传输速率达 153.6 kbit/s;提供多种新的增值业务。

4.2.4 GT800 系统

GT800 是华为公司基于 GPRS 和 GSM-R 技术开发的数字集群系统。它结合蜂窝技术,通过对 TDMA 技术的优化与融合,可以提供专业用户所需的集群业务和功能。

1. GT800 系统的频率利用率

GT800 系统以 TDMA 技术为基础,数据传输方面的需求采用 GPRS 网络满足,最高数据传输速率可达 171.2 kbit/s;GT800 在涉及群组呼叫业务时,只需通过共享一个业务信道就可实现,呼叫方共享上行信道,接听方共享下行信道。

2. GT800 系统的网络结构

GT800 系统的网络结构如图 4.2.5 所示,基于 TDMA 技术的 GT800 系统网络结构大概包括如下几大网络单元:MSC、BSC/PCU、BTS、HLR、GTAdapter、SCP 等。

（1）移动交换中心（MSC）

MSC 对呼叫进行控制,是集群调度通信的控制中心,管理 MS 在本网络内以及与其他网络(如 PSTN/ISDN/PSPDN、其他移动网等)的通信业务,并提供计费信息。

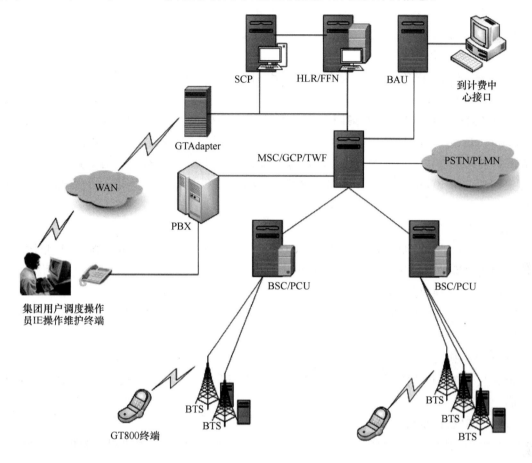

图 4.2.5　GT800 系统网络结构

(2) 拜访位置寄存器(VLR)

VLR 存储进入控制区域内已登记用户的相关信息,为移动用户提供呼叫接续所需的必要信息,可以看作一个动态数据库。

(3) 组呼寄存器(GCR)

GCR 用来存储语音组呼的相关数据,为在控制区域内进行 VGCS(语音组呼业务)、VBS(语音广播业务)等集群调度通信提供必要信息。

(4) 归属位置寄存器(HLR)

HLR 是 GT800 系统的中央数据库,存储着该 HLR 控制区内的所有移动用户的相关数据。

(5) Follow Me 功能节点(FN)

FN 存储着功能号码与相关用户号码间的对应关系,并以此为根据完成功能号码寻址过程中功能号码到真实用户号码的翻译。

(6) 基站控制器(BSC)

BSC 主要负责无线网络资源的管理、小区配置数据管理、功率控制、定位和切换等,实现强大的业务控制功能。

（7）基站收发信台（BTS）

BTS 是无线接口设备，它由 BSC 控制，主要负责无线接续，完成无线与有线信号的转换、无线分集、无线信道加密、跳频等功能。

（8）移动台（MS）

MS 是移动用户设备部分，支持 VGCS、VBS、FN 等集群通信调度业务。

（9）GTAdapter

该设备是一台服务器，向各集团用户的远程调度维护操作中心提供集群调度通信服务。GTAdapter 连接 MSC、HLR、SCP，将远端操作终端的服务请求，提交给相关设备，将服务的响应回送给远端操作维护终端。各集团通过该服务器，可以自行进行需要的集群调度功能，因此对集团用户来说，虽然在同个集群共网下，但感觉好像是自己建设了一个集群调度专网一样。

（10）集团用户远端操作维护中心

各集团用户的操作员通过该终端，接入 GT800 系统的 GTAdapter 服务器，进行集团用户的管理和调度维护的操作，如进行动态重组等。

（11）计费管理单元（BAU）

GT800 产生的话单，送到该单元进行暂存，该单元通过 FTP 或 FTAMP 和计费中心连接，进行话单的传送，保证话单信息的完整和不丢失。

（12）小交换机（PBX）

企业的小交换机 PBX 可以通过 PRA 信令接入 GT800 的 MSC，提供固定电话的调度员等功能。

（13）SCP 智能设备

该套设备包括 SCP、SMP、Web Server 等一套的智能设备，向用户提供智能的 VPN 业务平台。

3. GT800 系统的业务

GT800 基本的集群业务包括单呼、语音组呼、语音广播组呼；集群相关的补充业务有增强优先级业务、动态编组、快速呼叫建立、预占优先呼叫、呼叫限制、控制转移、密钥遥毁、开放信道呼叫等；GT800 还支持多种调度类数据业务，为满足用户对高速数据业务的需要，目前可实现 171.2 kbit/s 的中速数据速率传输功能；另外，GT800 也支持传统的电话互连业务，包括点对点全双工语音业务、特服类紧急呼叫及电话互连相关的补充业务；它还可通过智能网提供丰富的增值业务。

4.3 基于 TD-LTE 的宽带数字集群通信系统

从目前我国集群通信系统的发展来看，集群通信系统的发展远远落后于公众蜂窝系统的发展，其技术创新和产业链等方面都还不尽完备。在数据传输能力和多媒体业务的支持能力方面，目前的窄带数字集群通信系统仍然比较落后。例如，iDEN 系统对时隙和调制方法进行改进后而推出的宽带综合数字增强型网络（Wide-iDEN，WiDEN）将峰值传输速率提高至 384 kbit/s，TETRA 增强型数据业务（TETRA Release 2 Enhanced Data Service，TEDS）在理想情况下可支持不超过 700 kbit/s 的峰值传输速率,均未达到兆的数量级。此外,在频谱利用率和覆盖方面,现有的数字集群系统也不能很好地满足需求。随着移动互联网的飞速发展以及全球无线城市的大规模建设,宽带化成为整个无线通信的发展趋势。相应地,集群通信系统在技术上也将向系统 IP 化、业务多样化、数据宽带化、终端多模化的方向发展。

4.3.1　宽带数字集群通信系统的特征与基本技术指标

宽带数字集群通信系统在业务、功能和性能需求上应具有以下特征。

1. 业务特征

宽带集群通信系统围绕“语音”“数据”“视频”这 3 个基本服务拓展宽带业务类型。

① 话音类业务包括:组呼/可视组呼、单呼/可视单呼、紧急呼叫等。

② 数据类业务包括:移动信息服务、高速数据查询、网络浏览、移动办公等。

③ 视频类业务包括:现场图像上传、视频通话、视频会议、移动视频监控等。

④ GIS 服务:基于地理信息的定位服务、话音和视频等的调度业务。

⑤ 基于互联网业务服务:群组通信、即时消息和呈现等。

2. 功能特征

① 具有群呼、直呼等快速指挥调度能力。

② 集语音、数据、图像和视频的多业务传输能力。

③ 具有网络互联和脱网通信能力,以支持直通或终端构建 Mesh 网络等。

3. 性能特征

① 网络可靠性高,具有强故障弱化和抗毁能力。

② 支持大热点地区、热点时段的大话务量能力。

③ 呼叫建立时间短,单系统呼叫建立时间小于 500 ms。

④ 网络安全性高,支持端到端加密;覆盖范围广,建网费用低。

4. 基本技术指标

① 呼叫建立时间:小于 300 ms。

② 话权抢占时间:小于 200 ms。

③ 单基站覆盖半径:市区 1～3 km,郊区 3～10 km,农村 30 km。

④ 频谱利用率:上行 2.5 bit/(s·Hz),下行 5 bit/(s·Hz)。

⑤ 带宽:支持可变带宽,包括 1.4 MHz、3 MHz、5 MHz、10 MHz、15 MHz、20 MHz。

⑥ 峰值传输速率:在 20MHz 带宽下,下行峰值传输速率为 100 Mbit/s,上行峰值传输速率为 50 Mbit/s。

4.3.2　基于 TD-LTE 的宽带数字集群通信系统网络结构

TETRA 协会在考虑 TETRA 技术的下一代演进路线时,基本确定采用 LTE。一方面,在我国,无论是国家重大专项的项目指南,还是国内重要厂家的方案注意力,业界倾向于基于 TD-LTE 发展宽带数字集群,另一方面,LTE 也在不断演进,TD-LTE 技术具有自主知识产权,可得到国家大力支持和国内厂家的技术支持。

从图 4.3.1 可以看出,基于 TD-LTE 的宽带数字集群通信系统包括终端、宽带无线接入子系统、网络子系统、信息应用子系统和操作维护子系统 5 个主要组成部分。

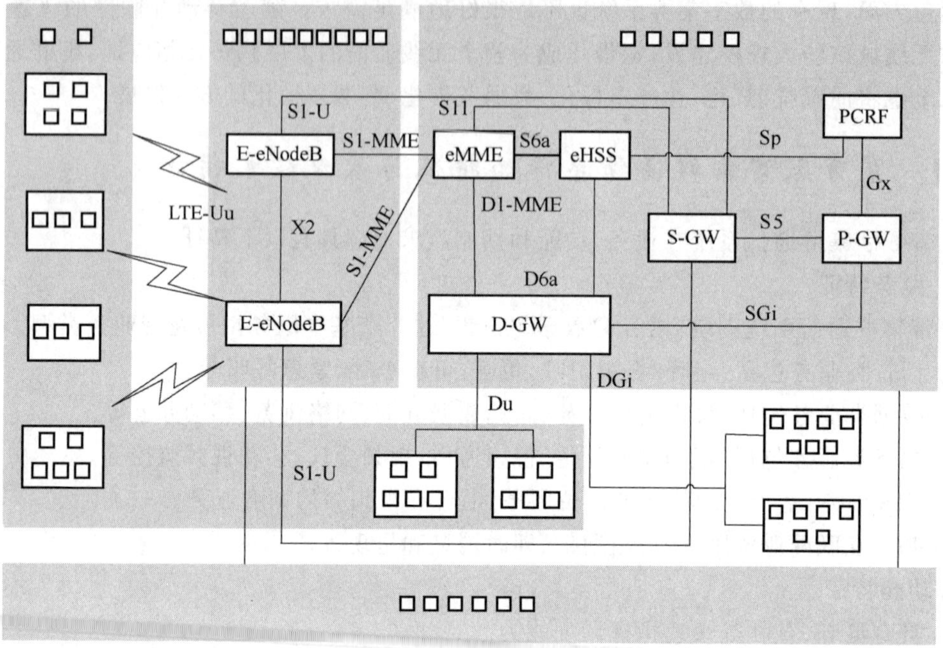

图 4.3.1　基于 TD-LTE 技术的宽带数字集群通信系统网络结构

1. 终端

终端是指集群用户可以直接操作的设备,包括用户终端和调度台,用户终端包括手持终端、车载台和固定台等;调度台包括有线调度台和无线调度台。用户终端和无线调度台通过空中接口与宽带无线接入子系统相连,有线调度台通过有线连接与网络子系统相连。

手持终端是集群用户常用的便携式设备,为在移动环境中的用户提供各种业务;车载台是安装在车、船等交通工具上的终端,除能满足用户的通话需求外,还可以进行与具体行业相关的各种数据通信;固定台是在非移动状态下使用的用户终端,其业务功能与手持终端相同;调度台是集群通信系统中特有的终端,为调度员或管理员提供操作、管理平台,可以发起和参与组呼、广播呼叫等集群业务,并且实现对集群用户和集群业务的调度和管理。

2. 宽带无线接入子系统

宽带无线接入子系统主要由增强型基站(Evolved eNodeB,E-eNodeB)组成。E-eNodeB在 TD-LTE 系统基站(Evolved NodeB,eNodeB)基础上增加了无线集群调度功能(Radio Trunking Dispatch Function,RTDF)模块以支持集群业务,即负责集群业务的相关处理,包括从增强型移动管理实体(Evolved Mobile Management Entity,eMME)接收集群控制信令,为终端分配无线资源(如为接收业务数据流的终端所在小区分配下行共享无线资源)以及将从服务网关(Serving Gateway,S-GW)接收到的业务数据流传送到接收业务的终端等。

E-eNodeB 支持故障弱化功能,用于当网络侧不能正常工作时,为用户提供基本的集群业务(如组呼、单呼、紧急呼叫等)。此外,宽带无线接入子系统支持大规模同频组网,以提高频谱利用率。

3. 网络子系统

网络子系统主要由增强型移动管理实体、增强型归属签约用户服务器(Evolved Home

Subscriber Server, eHSS)、服务网关、策略和计费规则功能(Policy and Charging Rules Function, PCRF)设备、分组数据网络网关(Packet Date Network Gateway, P-GW)以及调度网关(Dispatch Gateway, D-GW)等组成,用于完成集群用户的呼叫控制,集群调度,业务数据流的映射、复制和传送以及集群用户的数据管理等功能。

(1) eMME

eMME 是实现集群业务的核心设备,通过在 TD-LTE 系统原有移动管理实体(Mobility Management Entity, MME)的基础上增加集群控制功能(Trunking Control Function, TCF)模块来实现集群控制功能。具体来说,TCF 作为集群呼叫的控制中心,负责建立、维护和释放各种集群业务,进行话权管理和调度。此外,eMME 还负责对用户终端和无线调度台的鉴权以及集群业务的授权,并为鉴权成功的终端发起业务承载的建立。

(2) S-GW

S-GW 是连接宽带无线接入子系统的分组数据接口的终点,主要负责数据包的路由和转发。

(3) P-GW

P-GW 是连接 D-GW 和外部数据网络的网关,用于完成集群业务数据流的映射、复制和分发。此外,P-GW 负责根据终端请求的集群业务的特点和服务质量(Quality of Service, QoS)需求发起业务承载的建立。

(4) PCRF

PCRF 与 eHSS、P-GW 等相连,负责根据集群用户发起的业务类型,请求预定义的 PCC 规则;或针对集群业务为 P-GW 提供动态的 QoS 策略控制决策,保证按照用户签约的要求进行用户面数据的映射和处理。

(5) eHSS

eHSS 在 TD-LTE 系统原有归属签约用户服务器(Home Subscriber Server, HSS)的基础上增加集群用户服务器(Trunking Subscriber Server, TSS)模块,用于存储和管理与集群业务相关的组用户信息。

(6) D-GW

D-GW 是有线调度台接入网络子系统的网关,对有线调度台进行鉴权;提供有线调度台的接入;负责传送有线调度台与网络子系统间的控制信令以及有线调度台与 P-GW 间的业务数据流。此外,D-GW 还负责该集群系统与其他集群系统间的互联互通。

(7) 信息应用子系统

信息应用子系统主要实现信息资源共享交换、应用集成、业务流程控制、网络管理安全认证等功能,配备有视频监控管理、图像智能分析、VoIP 等多种应用系统和网络管理系统,主要为行业应用提供可视化操作,实现动态管理功能。信息应用子系统用于协助完成移动图像、话音和数据的存储与查询、数据采集与查询、视频监控、视频会议、视频联动等综合业务。

(8) 操作维护子系统

操作维护子系统包括两种设备:一种供运营商使用,用于网络系统设备的维护和管理,如系统性能配置、设备状态监控等;一种是用户管理设备,提供系统内用户数据管理功能。通过操作维护子系统,可以进行集群用户的开户、销户以及用户业务权限的更改等操作。根据业务划分,操作维护子系统包括 5 个功能部件:安全管理、配置管理、故障管理、性能管理和其他管理。

(9) 接口与信令

基于 TD-LTE 技术的宽带数字集群通信系统的接口和信令是从 TD-LTE 系统继承下来的,接口仍然沿用 TD-LTE 的接口定义,并对原有接口信令流程进行扩充和改进,主要包括 LTE-Uu 接口、S1-MME 接口、X2 接口和 S6a 接口等。此外,由于网络子系统中增加了 D-GW 网元,因此,新定义了 D-GW 与其他网元设备之间的接口。

为了支持集群业务,需要改进的接口如下所示。

① LTE-Uu 接口:修改扩充 LTE-Uu 接口信令,增加对集群业务的支持,如组呼/可视组呼、单呼/可视单呼、话权管理(包括话权申请、话权释放、话权抢占、话权排队)、故障弱化、动态重组等相关 LTE-Uu 接口流程。

② S1 接口:修改扩充 S1 接口信令,增加系统对用户终端的集群控制命令,实现组呼/可视组呼、单呼/可视单呼、话权管理(包括话权申请、话权释放、话权抢占、话权排队)、遥毙/复活和动态重组等功能。

③ X2 接口:修改扩充 X2 接口信令,增加对集群业务的支持,如集群切换等接口流程。

④ S6a 接口:修改扩充 S6a 接口信令,支持集群用户和集群业务相关的安全性数据传递,增加集群用户的鉴权和认证过程,以及群组信息的管理过程。

增加 D-GW 网元后,需要新定义的接口如下所示。

① D1 MME 接口:为 eMME 与 D-GW 之间的接口,用于传输集群调度控制信令。

② D6a 接口:D-GW 与 eHSS 之间的接口,用于传输集群相关用户信息和安全性数据等,增加群组信息的管理过程。

③ Du 接口:有线调度台与 D-GW 之间的接口,用于传输集群调度控制信令和集群业务数据,增加群组用户的管理过程,如动态重组等。

④ DGi 接口:该集群系统与信息应用子系统,以及其他集群系统相连的接口,用于实现集群行业应用和不同集群系统之间的互联互通。

4.3.3 基于 TD-LTE 的宽带数字集群通信系统关键技术

1. 空中接口

目前,TD-LTE 系统的空中接口协议设计主要是针对点对点的单播通信机制和多媒体广播多播服务(Multimedia Broadcast Multicast Service,MBMS)通信机制,不适用于针对组用户的点对多点的半双工通信机制。因此,基于 TD-LTE 的宽带数字集群通信系统要重点针对集群通信的需求,在原有空中接口协议的基础上设计新的适用于点对多点的集群通信机制,主要考虑下行业务数据传输,即针对集群业务快速建立和点对多点数据传输的特点,在现有 TD-LTE 系统空中接口下行信道的基础上,增加对快速寻呼、控制和业务信息的承载信道,使集群业务能够快速、准确地在无线接入侧传输。

2. 快速呼叫建立

集群通信对呼叫建立的时间有严格要求。基于 TD-LTE 的宽带数字集群系统采取了一系列措施来达到快速呼叫建立的目的,具体包括以下几种。

① 上行物理随机接入信道(Physical Random Access Channel,PRACH)预留了时频物理资源,降低了用户随机接入时的碰撞概率,从而缩短呼叫建立的时间。

② 呼叫接入响应经由集群寻呼信道 TPCCH 传送,提高了集群寻呼消息发送的频率,TPCCH 发送寻呼消息的周期最低可为 20 ms;快速发送集群寻呼消息能够保证 UE 即时接收

寻呼消息,从而缩短了网络侧的寻呼等待时间,达到集群通信系统快速呼叫建立的目的。

③ 通过对 TD-LTE 系统现有的呼叫建立流程进行优化和改造,减少不必要的信令协商,并对某些消息采取并行处理方式,节省呼叫建立的时间。

3. 干扰抑制

基于 TD-LTE 技术的宽带数字集群通信系统下行采用 OFDMA 技术、上行采用单载波频分多址接入(Single Carrier-Frequency Division Multiple Access,SC-FDMA)作为多址接入技术,因此在一个小区内分配的系统资源是正交的子载波资源。这种正交的子载波资源分配方式对用户的区分可以保证同一小区内的用户间干扰达到很小,以致可以忽略,因此小区内用户所受的干扰主要来自相邻小区。特别是在同频组网时,相邻小区之间会存在相互干扰的情况,这就需要采用小区间干扰协调和抑制技术。

小区间干扰协调和抑制技术主要包括如下几种。

(1) 部分频率复用

每个小区中预留一部分资源供邻小区边缘用户优先使用,从而减少本小区用户对邻小区边缘用户的干扰。该方法实现简单,可以应用在上下行链路的干扰协调中;但该方法也存在频谱利用率较低、灵活性较差的缺点。

(2) 动态资源调度

根据用户所处位置的不同,给用户划分不同的时隙优先级,并给每个时隙的子载波划分优先级,使相邻小区的子载波优先级序列保持正交;同时,对用户的空间位置进行波束赋型,使相邻小区中使用相同时频资源的用户通过调度在空间上正交。该方法实现较为灵活,资源利用率较高,但需对各基站、小区进行协调。

(3) 功率控制

采用功率控制技术主要用于补偿路径损耗和阴影衰落,并抑制小区间干扰,同时在满足覆盖的前提下降低终端的功耗。功率控制技术分为下行功率控制和上行功率控制。

对于下行功率控制,采用功率分配的方法确定基站发送功率,以满足小区的覆盖需求。此外可根据用户位置和小区间干扰水平调整用户的发送功率,以提高小区边缘用户性能,减小干扰。

对于上行功率控制,包括开环和闭环两种方式。开环功控主要用于补偿慢衰同时抑制小区间干扰,采用“部分功率控制”机制,在提高小区中心 UE 接收 SINR 时,尽量不降低小区边缘 UE 的接收 SINR,从而有效减小 OFDM 同频组网带来的小区间干扰,实现系统性能和整体性能的折中。闭环功控是在开环基础上对功率进行更精确的调整,弥补功放不精确、干扰波动以及路损误差等对接收 SINR 的影响。

4. 同频组网

由于无线频率资源的不可再生性,合理利用宝贵的频率资源,提高频谱利用率是无线通信系统设计的首要考虑。基于 TD-LTE 技术的宽带数字集群通信系统采用多种先进的无线通信技术,降低了同频组网导致的小区间干扰对系统造成的影响,大大提高了频率资源的利用率。

在基于 TD-LTE 技术的宽带数字集群系统中,采用卷积码和 Turbo 码这两种编码技术,对编码块中的随机差错具有较强的纠错能力,但对于连续错误的情况纠错能力较差。因此,不同小区采用具有正交特性的伪随机序列进行数据加扰传输,使差错随机化,从而提高数据正确译码的能力。

此外,数据传输所占的资源位置采用跳频方式,减少相邻小区占用相同资源的用户相互干扰的概率,从而降低同频用户相互干扰的概率,提高传输的可靠性。

5. 调度呼叫控制

基于 TD-LTE 技术的宽带数字集群通信系统在时、频、空三维资源上采用灵活的基于子信道化的分组调度技术,通过业务优先级、公平性、吞吐量、干扰协调、信道质量等信息对业务进行调度传输,而且设置用户优先级以保证不同用户的资源分配差异,优先保证高优先级用户的通信。

6. 故障弱化

正常情况下,基于 TD-LTE 技术的宽带数字集群通信系统基站的运行由网络侧控制。当基站监测到网络侧不能正常工作时自动转入故障弱化工作方式。对于采用扁平化、全 IP 化网络架构的基于 TD-LTE 技术的宽带数字集群通信系统,基站直接与核心网相连,没有无线网络控制器,无线侧的集群控制功能集成在基站,更有利于基站故障弱化的实现。

当基站转入故障弱化工作方式时,基站通过广播系统消息通知小区内用户终端基站进入故障弱化工作方式,该基站覆盖范围内的用户终端通过特殊的登记流程向当前基站登记,使基站获得其覆盖区域内的用户信息。当基站监测到网络侧恢复正常工作时,基站自动转入集群工作方式,同时广播系统消息通知该范围内的用户终端转入集群工作方式。

对于集群用户来说,故障弱化工作方式和集群工作方式的操作相同,但是故障弱化工作方式的集群用户不能完全实现集群工作方式的所有业务功能。

7. 脱网直通

脱网直通是指两个或两个以上的用户终端直接进行通信。脱网直通的应用场景包括但不限于以下几个方面:

① 用户在系统覆盖区外或盲区工作;

② 用户在没有部署基站的地区工作;

③ 网络侧设备出现故障时。

脱网直通工作方式要求用户终端支持双监视操作、转发操作、网关操作等。

① 双监视操作:用户终端同时具备监视集群工作方式和直通工作方式下空中接口的能力。

② 转发操作:为了扩大直通工作方式的覆盖范围,用户终端提供转发操作,转发用户终端为直通工作方式下的用户终端间的通信提供中继。

③ 网关操作:用户终端通过网关与基站连接,网关提供直通工作接口和集群工作接口,从而实现直通工作方式下的用户终端与集群工作方式下的用户终端进行通信。

习 题

1. 请说明数字集群通信系统的故障弱化功能。
2. 请说明 TETRA 系统的简要网络结构和各部分功能。
3. 请说明 GoTa 系统中集群子系统的结构和各部分功能。
4. 基于 TD-LTE 的宽带数字集群通信系统关键技术有哪些?
5. 什么是脱网直通功能?

参 考 文 献

［1］　张雪丽. 应急通信新技术与系统应用. 北京:机械工业出版社,2010.

［2］　陈山枝. 应急通信指挥. 北京:电子工业出版社,2013.

第 5 章　短波应急通信

知 识 结 构 图

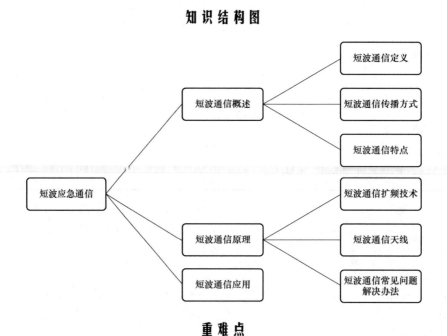

重 难 点

重点：短波通信天线。

难点：短波扩频技术。

5.1　短波通信系统概述

5.1.1　短波通信定义

短波通信(Short-wave Communication)也被称为高频通信，一般指的是利用波长范围为 10～100 m(相应的频率范围为 3～30 MHz)的电磁波的无线通信。短波的传播方式主有两种：一个为地波，另一个为天波。

5.1.2　短波通信传播方式

短波的传播方式主有两种：一个为地波，另一个为天波。

短波的地波传播是电波沿着地球表面进行传播。当电波沿地表传播时,在地表面产生感应电荷,这些电荷随着电波的前进而形成地电流。由于大地有一定的电阻,电流流过时要消耗能量,形成地面对电波的吸收。地电阻的大小与电波频率有关,频率越高,地的吸收越大。因此,地波传播适宜长波和中波作远距离广播和通信;小型短波电台采用这种方式只能进行几公里至几十公里的近距离通信。地波是沿着地表面传播的,基本上不受气候条件的影响,因此信号稳定。

短波的天波传播依赖于高空电离层反射。电离层可看成具有一定介电常数的媒质,电波进入电离层会发生折射,实现短波无线电远程通信。

5.1.3　短波通信的特点

1. 短波通信的优点

① 短波是不受网络枢纽和有源中继体制约的远程通信手段。如果发生战争或灾害,各种通信网络都会受到破坏,卫星也会受到攻击,但短波的抗毁能力是其他同学网络无法媲美的。

② 短波通信设备体积小,容易隐蔽,便于改变频率躲避干扰和窃听,破坏后容易实现。

③ 短波通信组网灵活,建设维护费用低,价格低廉。

2. 短波通信的缺点

① 可使用的带宽较窄,射频频谱资源紧张,存在信道间干扰问题。短波频段可利用频率带宽 28 MHz,每个短波电台频率宽带为 3.7 kHz,所以,可用信道只有 7 700 多个,通信空间非常拥挤。另外,窄到 3.7 kHz 的频道宽度也限制了通信容量和数据传输速率。

② 天波传播的信号传输稳定性差。短波通信利用的是无线时变的变参信道,传输信号存在严重的多径衰落,再加上多普勒频移的影响,这使短波信号的接收变得很不稳定,导致通信电台无法达到较高的传输速率。

③ 受到严重的大气噪声和周围工业设备的电气干扰。大气和工业无线电噪声主要集中在无线电频谱的低端,在短波频段,这些干扰强度仍然很高,影响着短波通信的可靠性。

5.2　短波通信原理

5.2.1　短波扩频技术

扩展频谱通信(简称扩频通信)技术是一种有效的抗干扰方法,该技术通过利用与发送的信息无关的伪随机码使得发射信号频带宽度远大于基带信号频带宽度。

1. 扩频通信定义

所谓扩频通信,即扩展频谱通信(Spread Spectrum Communication),是一种把信息的频谱展宽之后再进行传输的技术。频谱的展宽是通过使待传送的信息数据被数据传输速率高许多倍的伪随机码序列(也称扩频序列)的调制来实现的,与所传信息数据无关。在接收端则采用相同的扩频码序列进行相关同步接收、解扩,将宽带信号恢复成原来的窄带信号,从而获得原有数据信息。

2. 扩频通信理论基础

长期以来,人们总是想法使信号所占领的谱尽量的窄,以充分利用十分宝贵的频谱资源。

为什么扩频通信要用这样宽频带的信号来传送信息呢？简单的回答就是主要为了通信的安全可靠。

扩频通信的可行性，是从信息论和抗干扰理论的基本公式中引申而来的。

（1）信息论中关于信息容量的香农（Shannon）公式

$$C = W\log_2\left(1+\frac{P}{N}\right) \tag{式 5.2.1}$$

式中，C 为信道容量（用传输速率度量），W 为信号频带宽度，P 为信号功率，N 为白噪声功率。

香农公式说明，在给定的传输速率 C 不变的条件下，频带宽度 W 和信噪比 P/N 是可以互换的。即可通过增加频带宽度的方法，在较低的信噪比 P/N（S/N）情况下传输信息，甚至是在信号被噪声淹没的情况下，只要相应地增加信号带宽，仍然能够保证可靠地通信。扩展频谱换取信噪比要求的降低，正是扩频通信的重要特点，并由此为扩频通信的应用奠定了基础。

（2）关于信息传输差错概率的柯捷尔尼可夫公式

$$P_{owj} \approx f\left(\frac{E}{N_0}\right) \tag{式 5.2.2}$$

式中，P_{owj} 为差错概率，E 为信号能量，N_0 为噪声功率谱密度。

因为信号功率 $P=E/T$（T 为信息持续时间）、噪声功率 $N=WN_0$（W 为信号频带宽度）、信息带宽 $\Delta F=1/T$，该公式可转化为

$$P_{owj} \approx f\left(TP \cdot \frac{W}{N}\right) = f\left(\frac{P}{N} \cdot \frac{W}{\Delta F}\right) \tag{式 5.2.3}$$

由于该式是一个关于变量的递减函数，因此这个公式说明：在信噪比 $\frac{P}{N}$ 一定的情况下，信息的传输带宽（信道带宽 W）比实际信息带宽（ΔF）越宽，信息传输差错概率就越低。所以，可以通过对信息传输带宽的扩展来提高通信的抗干扰能力，保证强干扰条件下通信的安全可靠。

总之，我们用信息带宽的 100 倍，甚至 1 000 倍以上的宽带信号来传输信息，就是为了提高通信的抗干扰能力，即在强干扰条件下保证可靠安全的通信。这就是扩频通信的基本思想和理论依据。

3. 扩频通信性能指标

处理增益是扩频通信系统的重要性能指标。处理增益 G_p 也称扩频增益（Spreading Gain），指的是频带扩展后的信号带宽 W 与频谱扩展前的信息带宽 ΔF 之比，即

$$G_p = \frac{W}{\Delta F} \tag{式 5.2.4}$$

在扩频通信系统中，接收端要进行扩频解调，其实只是提取出被伪随机码相关处理后的带宽为 ΔF 的原始信息，而排除掉了宽频带 W 中的外部干扰、噪音和其他用户的通信影响。因此，处理增益 G_p 与抗干扰性能密切相关，它反映了扩频通信系统信噪比的改善程度。工程上常以分贝（dB）表示，即：

$$G_p = 10\lg\left(\frac{W}{\Delta F}\right) \tag{式 5.2.5}$$

除了系统信噪比改善程度之外，扩频系统的其他一些性能也大都与 G_p 有关。因此，处理增益是扩频系统的一个重要性能指标。一般来讲，处理增益值越大，系统性能越好。

4. 直接序列扩频技术

主要的扩频通信方式有直接序列扩频、跳频和跳时等。而在短波无线通信中主要以跳频

为主,也有少量设备使用直接序列扩频、跳频或跳频和跳时相结合的技术。

所谓直接序列扩频,就是直接用具有高码率的扩频码序列在发端去扩展信号的频谱。而在收端,用相同的扩频码序列去进行解扩,把展宽的扩频信号还原成原始的信息。

直接序列扩频的工作原理如图 5.2.1 所示。发射端:原始信号 $m(t)$ 为低通信号,经过载波调制后,变为中心频率 f_0 且带宽加倍的信号 $u(t)$,再经过扩频后产生宽带信号 $s(t)$,$s(t)$ 的带宽取决于扩频序列信号的带宽,最后经射频调制,中心频率被搬移到 f_r 后发送出去。在信道中信号会叠加干扰信号,在接收端获得信号 $\hat{r}(t)$。接收端:$\hat{r}(t)$ 经过变频放大,中心频率恢复到 f_0,再经过解扩后,有用信号变为窄带信号的同时干扰信号变成宽带信号,再通过中频滤波器滤除多余的干扰信号,而有用信号的功率得到保留,所以,解扩后信号 $y(t)$ 中的信噪比已经大大提高,最后经过解调,还原出原始信号 $\hat{m}(t)$。

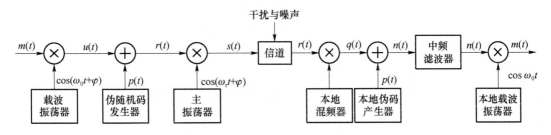

图 5.2.1　直接序列扩频的原理框图

直接扩展频谱系统具有抗宽带干扰、抗多频干扰及单频干扰的能力,这是因为直接扩展频谱系统具有很高的处理增益,对有用信号进行相关接收,对干扰信号进行频谱扩展使其大部分的干扰功率被接收机的中频带通滤波器所滤除。

5. 短波多进制正交码扩频技术

直接扩展频谱的缺陷在于,直接扩展频谱系统的处理增益受限于码片(chip)速率和信源的比特率,即码片速率的提高和信源比特率的下降都存在困难。处理增益受限,意味着抗干扰能力受限。

短波电台的带宽一般均很窄,为了提高扩频增益,可以采用多进制正交码扩频技术。

根据扩频处理增益的公式,我们可以看出,在较窄的带宽中,要获得较大的处理增益,其通信速率必然受到严格限制。我们把较高速率的信息数据经串并变换成长度为 $\log_2 M$ 的并行数据,经由 M 组相互正交的 PN 码(或 N 组 Walsh 序列)扩频调制再经 D/A 变换后送入普通短波电台的音频口。收端,A/D 变换后,分别与发端相同的 M 组相互正交的 PN 码进行相关运算,经同步、并串变换和译码后得到用户数据。

6. 跳频技术

跳频通信是将无线通信的信道带宽分为不同相邻的频率间隔(也称为频隙)。在某个信号的传输间隔内,发送的信息占据一个或多个可用的频隙,以类似于伪随机码的方式进行,这样跳频序列可以在较宽的频带内进行跳变。

跳频技术是一种有利的抗瑞利衰落的技术,可以降低交织深度和相关时延。在多址通信系统中可以提高频谱资源利用率,具有很强的抗干扰、抗衰落、抗截获和抗监测能力,频谱使用灵活,不要求使用连续频谱,便于进行频率的规划,除此之外跳频通信系统没有显著的"远-近效应",加之功率控制条件宽松,因此在短波无线通信中得以大量的应用。

(1)工作原理

跳频通信系统的工作原理如图 5.2.2 所示。基带信号被初步调制后再进入载波调制(也就是扩频调制）阶段，可变频率综合器经由跳频序列的控制，载波频率（即频率综合器的输出频率）随着跳频序列值的改变而改变。在接收机端，系统首先从发射机中发送的射频信号中恢复出跳频同步信号，使接收端的跳频序列控制的频率的变化与跳频信号同步，再利用本振信号解调接收到的跳频信号，进而获取基带信号。

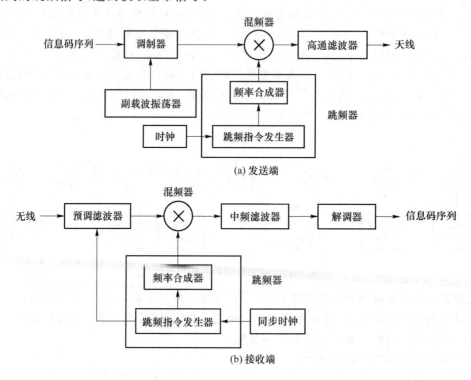

图 5.2.2　跳频通信系统原理框图

（2）跳频时频矩阵

跳频系统中载波频率随时间改变的规律，叫做跳频时频矩阵。在实际通信中，尤其是在军事通信中，为了抗干扰和保证通信的隐蔽性，往往采用具有"伪随机性"的跳频图案。所谓"伪随机性"是指不是真的具有随机性，而是有规律可循，但是因为兼具一些随机性的特点，因而要查出其中的规律也很难。只有知道跳频图案的双方才能互相通信，第三方很难加以干扰或窃听。图 5.2.3 为跳频图案例图。

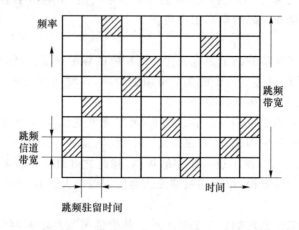

图 5.2.3　跳频图案

一个好的跳频图案应具备以下几点：

① 图案本身的随机性要好，要求参加跳频的每个频率出现的概率相同，随机性好，抗干扰能力就强；

② 图案的密钥量要大，要求跳频图案的数目要足够多，这样抗破译的能力强；

③ 各图案之间出现频率重叠的机会要尽量的小，要求图案的正交性要好，这样有利于组网通信和多用户的码分多址。

当跳频信号发生器采用的是伪随机码序列发生器时，跳频图案的性质主要依赖于伪码的性质，此时，选择好的伪随机码序列成为获得好的跳频图案的关键。

（3）跳频技术指标与抗干扰的关系

① 跳频带宽

跳频带宽的大小与抗部分频带的干扰能力有关，跳频带宽越宽，抗宽带干扰的能力越强。

② 跳频频率的数目

跳频频率的数目与抗单频干扰及多频干扰的能力有关，跳变的频率数目越多，抗单频、多频以及梳状干扰的能力就越强。

③ 跳频的速率

跳频的速率是指每秒钟频率跳变的次数，它与抗跟踪式干扰的能力有关，跳频的速率越快，抗跟踪式干扰的能力就越强。

④ 跳频码的长度

跳频码的长度决定跳频图案延续时间的长短，这个指标与抗截获（破译）的能力有关，跳频图案延续时间越长，敌方破译越困难，抗截获的能力也越强。

⑤ 跳频系统的同步时间

跳频系统的同步时间是指系统使收发双方的跳频图案完全同步并建立通信所需要的时间。系统同步时间的长短将影响该系统的顽存程度。因为同步过程一旦被破坏，不能实现收、发跳频图案的完全同步，则将使通信系统瘫痪。因此，希望同步建立的过程越短越好，越隐蔽越好。

总的来讲，希望跳频带宽要宽，跳频的频率数目要多，跳频的速率要快，跳频码的周期要长，跳频系统的同步时间要短。

（4）常规跳频体制的优缺点

跳频系统具有以下优点。

① 跳频图案的伪随机性和跳频图案的密钥量使跳频系统具有保密性。即使是模拟话音的跳频通信，只要不知道所使用的跳频图案，那么它就具有一定的保密能力。当跳频图案的密钥足够大时，就具有抗截获的能力。

② 由于载波频率是跳变的，具有抗单频及部分带宽干扰的能力，因此当跳变的频率数目足够多时，跳频带宽足够宽时，其抗干扰能力是很强的。

③ 利用载波频率的快速跳变和具有频率分集的作用，可使系统具有抗多径衰落的能力。条件是跳变的频率间隔要大于相关带宽。

同时，跳频系统也具有如下缺陷。

① 跳速低。在传统短波跳频中，跳速越高，同步越困难，因此跳速不能做得太快，一般只有每秒几十跳。

② 跳频带宽窄。短波天线插入阻抗随频率的变化而变化较大，通常采用自动调谐天线来

实现天线与电台功放之间的阻抗匹配。在传统短波跳频通信系统,由于天线调谐需要一定的时间,所以,在中心频率上天线调谐完毕后,跳频频率在中心频率附近一定的带宽内跳变,天线不再进行调谐工作,因此限制了跳频带宽,一般小于 256 kHz。

7. 短波自适应跳频技术

当电波通过电离层时,电离层中的自由电子在电波的作用下作往返运动,互相碰撞,消耗能量。这部分能量来自电波,此为电离层对电波的吸收。吸收的大小主要与电子密度和电波频率有关。电子密度越高、电波频率越低,吸收越大,反之则低。当吸收大到一定程度时,电波强度将不能满足短波接收机的信号/噪声比要求,导致通信中断。

(1)电离层特点

由于太阳紫外线照射、宇宙射线的碰撞,使地球上空大气中的氮分子、氧分子、氮原子、氧原子电离,产生正离子和电子,形成所谓电离层,其分布高度距地面几十公里至上千公里。

电离层中电子密度呈层状分布,各层的中部电子密度最大,各层之间没有明显的分界线。由于电离层的形成主要是太阳紫外线照射的结果,因此电离层的电子密度与阳光强弱密切相关,随地理位置、昼夜、季节和年度变化,其中昼夜变化的影响最大。

(2)电离层对电波的折射和反射

电离层可看成具有一定介电常数的媒质,电波进入电离层会发生折射。折射率与电子密度和电波频率有关。电子密度越高,折射率越大;电波频率越高,折射率越小。电离层电子密度随高度的分布是不均匀的,随高度的增加电子密度逐渐加大,折射率亦随之加大。可以将每一层划分为许多薄层,每一薄层的电子密度可视为均匀的。

电波在通过每一薄层时都要折射一次,折射角依次加大,当电波射线达到电离层的某一点时,该点的电子密度值恰使该点折射角为 90°,此时电波射线达到最高点,尔后沿折射角逐渐减小的轨迹由电离层深处折返地面。

当频率一定时,电波射线入射角越大,则越容易从电离层反射回来。当入射角小于一定值时,由于不能满足 90°折射角的条件,电波将穿透电离层进入太空不再返回地面。当入射角一定时,频率越高,使电波反射所需的电子密度越大,即电波越深入电离层才能返回。当频率升高到一定值时,亦会因不能满足 90°折射角的条件而使电波穿透电离层进入太空,不再返回地面。

(3)电离层对电波的吸收

当电波通过电离层时,电离层中的自由电子在电波的作用下作往返运动,互相碰撞,消耗能量。这部分能量来自电波,此为电离层对电波的吸收。吸收的大小主要与电子密度和电波频率有关。电子密度越高、电波频率越低,吸收越大,反之则低。当吸收大到一定程度时,电波强度将不能满足短波接收机的信噪比要求,导致通信中断。

(4)频率自适应技术

由于电离层的高度及电子密度主要随日照强弱昼夜变化,因此工作频率的选择是影响通信质量的关键性问题,若频率太低,则电离层吸收增大,不能保证必须的信噪比,若频率太高,电波不能从电离层反射回来。

传统的中远程短波通信的选频模式是:通信指挥人员根据长期频率预测和短期频率预测以及电离层随季节、昼夜变化规律和通信距离指定"时间-频率表",各台站之间以定时、定频方式进行通信联络。但是,问题在于要准确地预测电离层的传输频率,并使通信效果始终保持良好状态非常困难。电离层是一种典型的随机变参数信道,它的信道特性随时间、空间和工作频率而随机变化。而预测所得到的频率是在既往资料的基础上,运用统计学方法得到的,它可能与当时当地的实际电离层传输频率有较大的偏差,并且无法考虑诸如多径效应、多普勒频移和各种干扰等因素,是一种比较粗糙的办法。以这种方法预测的工作频率有时只能作为参考。实际工作中,很大程度上要依赖通信系统指挥人员和各台站操作人员的经验、技巧、随机应变能力和通信各方的配合默契。而这种能力和默契的取得,有赖于专业化训练和长时间的磨合,并非易事。

频率自适应(Adaptive Frequency Hopping,AFH)是指通过实时地利用各种探测评估技术对频率集的频点进行评估及替换算法,自动调整通信双方跳频的频率集。自适应跳频使短波通信机实现自动频率选择、自动信道存储、自动天线调谐,能实时选择出当时当地最佳的短波通信信道,克服短波信道的时变性,能非常有效地改善通信效果,简化了人工选频的复杂操作,非专业人员也能使用。在跳频同步建立之前,通信双方首先在预定的频率集中,通过自适应功能选出合适的频率作为跳频中心频率,然后在该频率附近跳变。

频率自适应系统的工作过程为:在链路建立前,主叫方先在一组预置频率上发送测试码,被叫方接收并测量信号质量,对各信道的通信质量评分,按优劣排序。然后,向主叫方发出应答信号,反馈各可用信道评分排序信息。主叫方收到应答信号后,向被叫方发出确认信号,双方建立频率库,进入自适应扫描状态。此时,通信各方发射机处于寂静状态,接收机对已存入频率库的各频点循环扫描。当需要进行通话时,主叫台在频率库中选取最佳信道发出呼叫信号,被叫目标台收到呼叫信号后发送应答信号,主叫台收到应答信号后发出确认信号。至此,链路建立完成,可以进行通信。如果主叫台在最佳信道上呼叫不通,链路未能建立,则自动转入排序第二位的信道上执行呼叫,依次下去,直到链路建立。电台之间的通信链路在某一信道上建立之后,在进行通信的同时,电台仍在对该信道的通信质量实施监测,当通信质量下降到低于门限值时,通信各方自动转入下一信道工作。以上过程在很短时间内自动完成,无须人工干预和操作。

频率自适应技术使短波通信的质量产生了质的飞跃,将人的因素对通信系统的影响降低到最低限度,赋予短波通信以新的生命,得以充分发挥其他通信手段所不具备的独特优势。

8. 短波高速跳频技术

随着人们对长距离通信的要求不断提高,特别是军事、外交等领域对通信电台能高速、安全、稳定、可靠地传递信息有越来越迫切的需要,高跳速、更高数据速率的跳频电台正是跳频通信系统的未来发展方向,可以有效地对抗跟踪干扰,并具有相当大的抗衰落能力。

1995 年,美国 Sanders 公司推出一种相关跳频增强型扩谱 CHESS(Correlated Hopping Enhanced Spread Spectrum)电台。它采用一种全新的高速差分跳频(DFH)技术体制,突破了传统短波跳频电台数传速率为 2.4 kbit/s 的极限,跳频速率达到了 5 000 跳/秒,数传速率可达 19.2 kbit/s。解决了短波通信中提高数据速率和抗多径、抗跟踪干扰的问题。

5.2.2　短波通信天线

1. 短波天线分类

(1)地波天线

短波天线分地波天线和天波天线两大类。

地波天线包括鞭状天线、倒 L 型天线、T 型天线等。这类天线发射出的电磁波是全方向的,并且主要以地波的形式向四周传播,故称全向地波天线,常用于近距离通信。地波天线的效率主要看天线的高度和地网的质量。天线越高、地网质量越好,发射效率越高,当天线高度达到 1/2 波长时,发射效率最高。

鞭状天线是一种可弯曲的垂直杆状天线,其长度一般为 1/4 或 1/2 波长。小型鞭状天线常利用小型电台的金属外壳作地网。有时为了增大鞭状天线的有效高度,可在鞭状天线的顶端加一些不大的辐状叶片或在鞭状天线的中端加电感等。也可通过好的架设方法,达到同样目的。鞭状天线可选择两种架设形态:

① 远距离通信时多用直立形态,这时可以利用地面以下部分的"镜像天线"效应,使天线鞭的电长度比实际架高增加将近一倍;

② 近距离通信时通常将天线鞭拉弯俯卧,利用车顶的反射作用增加高仰角辐射分量,改善盲区通信效果。

倒 L 天线基本上是在单极天线的末端增加了一段水平的垂直短单极天线,细导线制成。倒 L 天线具有低阻抗,缺点是频段比较窄,典型的只有中心频率的百分之一或者更低,为了展宽带宽,一般我们用金属铁片来代替细导线。

T 型天线在水平导线的中央,接上一根垂直引下线,形状像英文字母 T,故称 T 型天线。它是最常见的一种垂直接地的天线。它的水平部分辐射可忽略,产生辐射的是垂直部分。为了提高效率,水平部分也可用多根导线组成。T 型天线的特点与倒 L 形天线相同。它一般用于长波和中波通信。

(2)天波天线

天波天线主要以天波形式发射电磁波,分为定向天线和全向天线两类。典型的定向天波天线有双极天线、双极笼型天线、对数周期天线、菱型天线等,它们以一个方向或两个相反方向发射电磁波,用天线的架设高度来控制发射仰角。典型的全向天波天线有笼型天线、倒 V 型天线等。它们是以全方向发射电磁波,用天线的高度或斜度来控制发射仰角。

笼型天线把多根导线围成空心的圆柱体,用来代替对称天线的单根导线的天线。其方向性和普通单根导线的对称振子一样,但其频带较宽。

天波天线简单的规律为:天线水平振子,即一臂的长度达到 1/2 波长时,水平波瓣主方向的效率最高;天线高度越高,发射仰角越低,通信距离越远;反之,天线高度越低,发射仰角越高,通信距离越近;天线高度与波长之比(H/λ)达到 1/2 时,垂直波瓣主方向的效率最高。

2. 短波天线应用

短波天线有很多不同用途的新品种,如用于短波跳频的高效能宽带天线;用于为了解决天线架设场地小和多部电台共用一副天线的多馈多模天线等。不同天线有不同用途。

一般,地波天线或天波高仰角天线用于近距离固定通信;天波方向性天线用于点对点通信或方向性通信;天波全向天线用于组网通信或全向通信;小型鞭状天线用于车载通信或个人通信。

3. 短波天线架设

天线的架设位置以开阔的地面为好,也可以架在两个楼房之间或楼顶。天线高度指天线发射体与地面或楼顶的相对高度。架在楼顶时,高度应以楼顶与天线发射体之间的距离计算,不是按楼顶与地面的高度计算。

馈线是将电台的输出功率送到天线进行发射的通道,馈线分为明馈线和射频电缆两类。目前 100～150 W 电台一般都使用射频电缆馈电方式。射频电缆有两项主要指标:一是阻抗,50 Ω;二是最高使用频率的衰耗值,越小越好。射频电缆直径越粗,衰耗越小,传输功率越大。

在实际使用中,100 W 级短波单边带电台,常选用 SYV-50-5 或 SYV-50-7 的射频电缆,必要时也可以选 SYV-50-9 的射频电缆。在进行安装选位和布设时,应尽可能缩短馈线的长度,普通 SYV-50-5 馈线每 1 米造成信号衰减 0.082 dB,通常要求馈线长度控制在 30 m 以内。如果因为场地条件限制必须延长馈线,则应采用大直径低损耗电缆。另外在布设电缆时,应尽量减少弯曲,以降低对射频功率的损耗,如果必须弯曲,则弯曲角度不得小于 120°。

4. 电台和天线的匹配

所谓"匹配"就是要求电台、馈线、天线三者高频输入输出阻抗一致,实现无损耗连接。多数短波电台的输出/输入阻抗为 50 Ω,必须选用阻抗为 50 Ω 的射频电缆与电台匹配。天线的特性阻抗比较高,一般为 600 Ω 左右,只有宽带天线的特性阻抗稍低一点,大约 200～300 Ω,因此,天线不能直接与射频电缆连接,中间必须加阻抗匹配器。阻抗匹配器的输入端阻抗必须与射频电缆的阻抗一致,为 50 Ω,输出端阻抗必须与天线的输入阻抗一致,600 Ω 或 200/300 Ω。阻抗匹配器的最佳安装位置是与天线连为一体。

自动天线调谐器是连接发射机与天线的一种阻抗匹配网络,叫做天线调谐器。天线输入阻抗随频率而发生很大的变化,而发射机输出阻抗是一定的,若发射机与天线直接连接,当发射机频率改变时,发射机与天线之间阻抗不匹配,就会降低辐射功率。使用天线调谐器,就能使发射机与天线之间阻抗匹配,从而使天线在任何频率上有最大的辐射功率。天线调谐器广泛用于地面、车载、舰载及航空短波电台中。

5.2.3　短波通信常见问题解决方法

1. NVIS 技术解决盲区问题

如图 5.2.4 所示,电磁波从天线发射出来,经历天波和地波两种传输途径。一般来说,地波最远可达 30 公里。而天波从电离层第一次反射落地(第一跳)的最短距离约为 100 公里。可以看出来,天线辐射出来的电磁波,在地波和天波传输距离之间,存在着一个通信盲区。

对于短波通信而言,不同的天线、辐射仰角、增益和设备功率等,形成的盲区是不相同的。有的在 20～60 公里,有的在 30～80 公里。总之,在传统的短波电磁波传播方式下,基本上都存在通信的盲区。其范围大多在 20～30 公里与几百公里之间,只是出现的距离和范围不同而已。

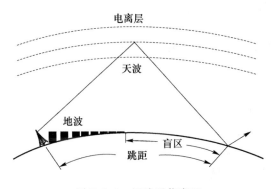

图 5.2.4　短波通信盲区

解决盲区通信主要有两种方法:一种是尽量延长短波地波的传播距离;另一种是尽量缩短短波天波第一跳折回地面的距离。

由于地波传播损耗是很大的,因此想要延长短波地波通信的距离,就只有增大电台发射功率,或者是采用定向高增益的短波天线。这两种方式在实际使用中都有其局限性。

不同辐射仰角的短波电磁波,被电离层反射回来后,其距离是不同的。相对较高的辐射仰角反射回来的电磁波距离较近,而相对较低的辐射仰角反射回来的距离较远。以 90°辐射仰角辐射的电磁波,能够以几乎同样的角度垂直反射回来,能够使短波天波第一跳的距离接近为零,盲区基本上就不存在了。

NVIS(Near Vertical Incidence Sky Wave)的意思是:接近垂直入射的天波。也就是将电磁波以与地面接近垂直的角度辐射到天空中,经电离层反射回地面进行通信的一种传播模式,也称"高射天线"或"喷泉天线"。

根据短波 NVIS 通信特点和实际通信需求,一般认为:利用与地面呈 75~90°夹角范围内辐射的短波电磁波进行传播的方式可以称之为 NVIS。具有 NVIS 传播辐射特征的天线,称之为 NVIS 天线,其主瓣一定是在 90°角方向上。NVIS 天线以高仰角辐射出来电磁波,经过电离层折射回地面后,可在地面的一定区域内形成相对均匀的电磁波辐射场。

2. 自调谐鞭状天线解决车载台的通信困难

车载通信是短波通信中的一个困难。由于车体限制,没办法架长天线,影响其辐射能力。解决的办法就是尽可能利用车体的反射效应,尽可能增加天线的"电长度"。

现在国际上多采用鞭状天线为车载天线。在架设时,将自动天调安装在车外,与天线鞭结合为一体,这种天线因天调输出端与天线连接的馈线很短,损耗很小,因此效率比较高。这也就是常说的自调谐鞭状天线。

此外,还可采用加大车载台功率的方法延长地波通信距离,改善盲区。提高车载台功率可以在原有 100 W 电台基础上接续 500 W 功率放大器,并相应改用大功率车载天线和大功率车载电源,这种大功率车载系统可以有效地延长地波通信距离。

相对而言,因为船体长,有围杆,便于架设天、地波兼顾的斜天线,船载通信比车载通信困难少得多。再者,海面地波传得远,不容易形成通信盲区。但是船载天线要求抗风强度高,抗腐蚀能力强。

3. 快速天线延长个人携带台通信距离

一般,个人携带台在行进中通信时使用鞭状天线。如果采用 3 m 长的鞭状天线,25~50 W 的电台,最远通信范围是 20 公里。如果要求更远,则需采用野外快速型长天线。一种快速天线是 20 m 斜拉型,沿地面斜拉架设,最大通信距离可达 1 000 公里以上。另一种是全长 30 m 的三角形快速天线,通信距离更远。

上面所讲述的两种快速天线也可以用作车载台的备用天线,在停车时换用,能够明显改善盲区内和远距离的通信效果。

4. 短波噪声的消除

(1) 静噪功能消除插入噪声

在两段话音之间涌现的噪声称为插入噪声,这种噪声可采用静噪功能进行消除。现在多数短波电台和超短波电台都提供可选用的"静噪"功能。打开静噪开关,插入噪声就被抑制了。

(2) DSP 数字消噪消除背景噪声

与信号混杂在一起的背景噪声必须通过 DSP 数字消噪技术加以解决。从使用类型来看,DSP 数字消噪分为对端消噪和单端消噪两种。

对端消噪就是需要发方电台和收方电台互相配合进行的消噪。其过程是:在发方,电台对信号和噪声进行大倍率的平等压缩;在收方,电台对信号和噪声进行不平等的解压,通过这一过程,强化了信号,弱化了噪声,实际消噪效果是比较明显的。但是对端消噪在实际应用中遇到两个困难:一是消噪器要单独适配电台,设备互换性差;二是不配消噪器的电台参与通信比较困难。这两个问题制约了对端消噪器的推广。

单端消噪只处理本机收到的信号,无须对方台配合,因而完全克服了对端消噪的弊端,成为消噪技术的发展主流。单端消噪的原理是根据有用信号的声谱对话音进行数字化处理,从而滤除噪声分量,因此也称为滤噪。目前有单独的滤噪器产品,还有电台已经把滤噪器做成了电台的标准功能,消噪效果比较理想,不但滤除了噪声,还可以将几乎被噪声淹没的微弱信号提升 1～2 个等级。

(3) 良好接地减小附加噪声

附加噪声不是来自传播路径或电台本身,而是由于安装电台的地点、位置、安装条件等方面的原因所产生的。例如,电台地点周边电磁环境太乱、地线不合格,车载电台因接地和屏蔽不良等。短波通信台站的信号地,也称高频地,不能接到电源地或保安地上,必须单独埋设。埋设接地体时,必须按有关标准进行,接地电阻不应大于 4 Ω。电台的接地柱和接地体之间,必须用多股线铜、编织铜线或大截面优良导体连接,才能起到良好的高频接地作用。

良好的高频接地是减小电压驻波比和减小接收噪声的必要前提。

5.3　短波通信应用

近年来,短波通信技术在世界范围内获得了长足进步。这些技术成果理应被中国这样的短波通信大国所用。用现代化的短波设备改造和充实我国各个重要领域的无线通信网,使之更加先进和有效,满足新时代各项工作的需要,无疑是非常有意义的。

HF-ITF HFSS 是美海军研究实验室于 20 世纪 80 年代初开发的 HF 通信网络。HF-ITF 为海军特遣舰队研制,用于海军特遣部队内部军舰、飞机和潜艇间通信的 HF 通信试验系统,采用 2～30 MHz 频段、地波传播模式及扩频通信。其目的是为海军提供 50～1 000 km 的超视距通信网络。其特点是利用节点间分散的链接算法组织网络,使其能够适应短波网络拓扑的不断变化。HFSS 网络是 HF 无线岸舰远程通信网络,网络采用集中网控构造,由岸站和大量水面舰船节点构成,依靠天波传播模式。

澳大利亚于 20 世纪 90 年代中期开始实施短波通信系统现代化计划 MHFCS,是澳大利亚第一个数字化短波通信网络系统,旨在为澳大利亚的战区军事指挥互联网 ADMI 提供远距离的移动通信手段,将澳大利亚现存的各种短波通信网络升级纳入 MHFCS 中。其中 LONGFISH 是澳大利亚防御科学与技术组织 DSTO 为实施 MHFCS 而研制的短波实验网络平台。LONGFISH 网络的许多设计概念来自于 GSM 系统。网络结构类似于 GSM,网络是分层的,并且是多星状拓扑。网络由 4 个在澳大利亚本土上的基站和多个分布在岛屿、舰艇等处的移动站组成。基站之间用光缆或卫星宽带链路相连。自动网络管理系统将用共同的频率管理信息提供给所有基站。每个基站使用单独的频率组用于预先分组的移动站的通信,以便减小频率探测和网络访问所需的时间。LONGFISH 网络可以发送 TTFEMAIL、完成 FTP 和遥控终端、传送电视分辨率的图像、将计算机中的执行代码传送给移动站等。

习　题

1. 短波有哪些传播方式？
2. 什么是跳频技术？
3. 什么是 NVIS？解决什么问题？
4. 个人携带短波台使用的天线有哪些形式？

参 考 文 献

[1]　杨德刚. 短波自适应跳频技术研究. 现代军事通信,1999(3):47-49.
[2]　张尔杨. 短波通信技术. 北京:国防工业出版社,2002.
[3]　胡中豫. 现代短波通信. 北京:国防工业出版社,2003.

第6章　应急通信指挥调度系统

知识结构图

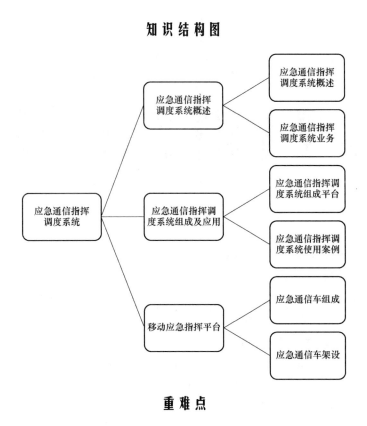

重难点

重点：应急通信指挥调度系统组成，应急通信车架设要点。

难点：应急通信指挥调度系统组成，应急通信车组成。

6.1　应急通信指挥调度系统概述

6.1.1　应急通信指挥调度系统概述

当发生洪水、飓风、地震、突发事件时，应急通信指挥调度不能依赖于公众通信网。如何在公众通信中断的情况下，迅速地建立应急通信系统，搭建指挥调度平台，高效准确地上传现场信息、下达指令，完成与水文、地质、气象、资源等部门共享、交流信息，依据应急预案，做出准确的分析和决策，快速布置应急救援行动，这些问题的解决，都迫切需要一个可靠、稳定的综合工作平台。

应急通信指挥调度系统作为各级领导、不同方向的专家快速处理应急事件的综合工作平台,需要有多种应急资源服务于该平台,它是实施指挥调度工作的枢纽中心,是应急通信的核心部分,完成信息的综合、比选和判断,统一指挥,联合行动,以最高效率来完成应急处置工作。

本章节主要介绍应急通信指挥调度系统的功能、业务、组成及应用,应急通信车的组成及应用等内容。

1. 应急通信指挥调度系统组成

应急通信指挥调度系统包括固定指挥调度中心、突发处置协商会议室、日常办公场所和现场应急机动指挥通信车四部分,如图 6.1.1 所示。

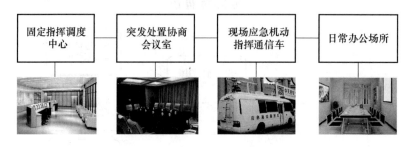

图 6.1.1　应急通信指挥调度系统结构

从技术的角度来讲,一个完整的固定指挥调度中心包括基础设施部分、网络支撑部分和应用部分。

基础设施部分包括大屏幕显示分系统、音响分系统、视频会议分系统等,网络支撑部分包括多媒体指挥调度交换机、外网接入、局域网分系统、通信分系统、服务器、存储设备、冗余备份设备、IP 电话终端、多媒体调度操作台及移动调度终端等,应用部分包括 GIS 分系统、辅助决策分系统、电子沙盘、协同调度分系统等。

2. 应急通信指挥调度系统的功能

应急通信指挥调度系统是围绕应急现场救援、事件处理而产生的,一般认为其具有现场监看、指令下达、调度、电视电话会议、通信等多种功能。应急通信指挥调度系统最主要的特征就是操作便捷、可靠性高、传输稳定、功能强大,要求在短时间内执行应急预案。传统的应急通信指挥为语音指挥,随着技术的发展,语音视频等多媒体化调度、传输 IP 化、多种通信手段的运用是应急指挥调度系统的发展方向。目前广泛应用的有多媒体调度系统,在应急指挥调度工作中起到了重要的作用。

根据上边的结构分解,应急通信指挥调度系统分为四大部分。

固定指挥调度中心完成信息接收、音视频呈现、行动指挥等工作。突发处置协商会议室用来专门协商不同级别的突发事件,做出决策。日常办公场所用来给普通工作任务值守、办公使用。现场应急机动指挥通信车是固定指挥中心在现场的延伸、扩展,它将现场情况经过简单优先级处理后迅速反馈到固定指挥中心,在现场附近构成小型指挥调度平台,为现场队伍提供支撑,为领导提供应急决策和指挥依托,从而加强了各级政府处置突发事件的能力。

6.1.2　应急通信指挥调度系统业务

在应急通信指挥调度过程当中,现场、应急机动指挥通信车、固定指挥调度中心三者之间必须建立起良好的通信联络,保证现场采集的视频、语音及数据能够稳定可靠地传输回应急机动指挥通信车和固定指挥调度中心,保证固定指挥调度中心下达的指令能够传输给现场救援人员,从而正确地执行命令,良好地完成救援工作,多种业务的支持是非常必要的。

1. 语音业务

语音业务首先需要传声器采集音频信号,由于应急通信场合现场环境复杂,故而一般采用电容式传声器和动圈式传声器。

在现场和指挥调度中心通信时,语音业务可以通过现场的点对点话路、短波电台、对讲机、卫星电话、集群终端等设备传输回指挥中心。指挥中心的语音业务呈现需要使用音响系统。常见的语音业务终端如图 6.1.2 所示。

（1）电话机

电话机接入指挥调度系统后,可以承载语音业务,也可以实现可视电话业务。

（2）移动终端

手机、平板电脑或者集群终端等移动终端,都可以承载语音业务,具体可以参考第 4 章。

（3）卫星终端

手持卫星电话可以实现语音业务,目前常用的卫星电话可以在其网络覆盖范围内通信,支持语音业务。除此之外,还可以使用在第 2 章第 4 节介绍的海事卫星终端。

（4）对讲机

工作在超短波频段的无线对讲机也可以实现语音业务,缺点是只能单工通信。

电话机　　　　　可视电话机　　　　集群手持机　　　　海事卫星电话

图 6.1.2　常见语音业务终端

2. 视频业务

视频业务需要用到视频采集终端来采集现场视频,经过变换、编码之后实现数字化,传送到指挥中心后,通过大屏幕显示系统、视频会议系统来呈现。

在现场时,视频采集可以通过球式摄像机、枪式摄像机、带摄像头的手持机、便携式或头戴式摄像机来实现。常见视频业务采集设备如图 6.1.3 所示。

（1）球式、枪式摄像机

摄像机可以采集视频图像信号,它的核心是光电转换器。目前摄像机种类很多,实际当中选择范围很广,它们都可以将现场情况拍摄为视频,经由其他设备传回到指挥中心。

（2）红外摄像机

红外摄像机是对物体辐射的红外线拍摄成像的一种设备,它能把红外图像转变为可见光图像。这一类设备主要适用于夜间视频采集。

（3）微光成像摄像机

微光成像摄像机利用光增强成像技术,工作在极地照度下,现场救援时可以采用微光夜视仪,拍摄时可以使用微光电视摄像机。

（4）手持机

工作于宽带集群网络当中的手持终端是带有摄像头的，救援时可以利用该终端的视频回传功能，拍摄现场视频，实时地回传到指挥中心。

图 6.1.3　常见视频业务采集设备

3. 定位业务

在应急救援中，定位业务可以很好地向指挥中心报告位置，请求支援，实时地呈现救援的推进情况。一般来说，定位业务需要结合 GIS 系统，在大屏幕显示系统上来呈现。

常用的无线定位算法有 4 种：推算式定位、信标定位、卫星定位和地面无线电定位。

推算式定位一般用于有移动速度的物体定位，如车辆。这种技术非常成熟，需要有最初的参考点（起点），随着运动的速度、方向、距离的变化，结合地图来推算目前的位置。

信标定位需要设置固定的信标传感器，通过移动物体接近信标的过程来判断物体的位置，这种定位方式适合用于路线固定的车辆，如巡线系统。

卫星定位是使用卫星导航系统来实现的定位方式，也是目前使用非常广泛的一种方式。具体的介绍详见第 2 章。

地面无线电定位有多种方法，但是现在结合蜂窝移动通信网络后，可以利用基站间的推算来得到物体的位置，不管其是移动的还是静止的。定位业务如图 6.1.4 所示。

图 6.1.4　定位业务展示

6.2　应急通信指挥调度系统组成及应用

一个完整的应急通信指挥调度系统由很多个分系统组成，下面我们就来介绍应急通信指挥调度系统的组成部分,学习其各自的功能。

6.2.1 应急通信指挥调度系统组成平台

应急通信指挥调度系统组成平台由基础设施部分、网络支撑部分和应用部分组成,具体如图 6.2.1 所示。

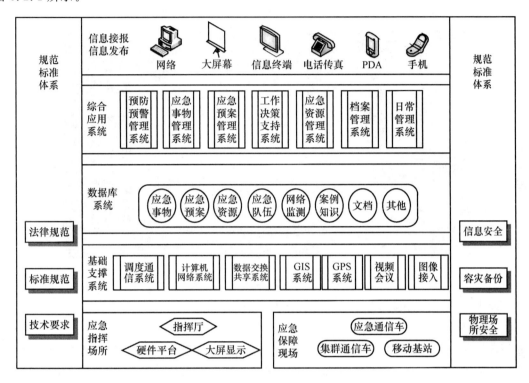

图 6.2.1 应急通信指挥调度系统组成

1. 基础设施部分

基础设施部分包括大屏幕显示分系统、音响分系统、视频会议分系统等。

(1) 大屏幕显示分系统

随着我国国民经济的高速发展,应急通信对于终端显示设备的要求朝着大型化、高清晰化方向发展,先进的大屏幕显示设备及视听电子集成系统的需求在高速地增长。大屏幕显示分系统应用大屏幕数字拼接墙系统对各类信息(多媒体网络、计算机、各类监控视频等)提供强大的处理和显示功能,可以直观、实时、全方位地呈现不同现场点位采集的视频、定位等信息,可以为调度指挥提供现场资料,建立了一个具有数据采集整合、处理、调度、反馈等功能的管理指挥运行机制,提供一个可靠稳定、快速响应的综合显示平台。

大屏幕显示分系统要求可靠性高、安全性高、操纵灵活、方便整合图像、显示效果清晰稳定、支持接入各种显示信号、能统一显示和功能分区显示。

大屏幕显示分系统本质就是一组信源可以自由切换、图像可以拼接组合的多功能液晶显示设备,视频信号通过矩阵接入多个液晶拼接单元的视频输入口,通过控制矩阵和大屏拼接软件,就可以实现视频信号的随意拼接显示,或单屏显示或整屏显示。

大屏幕显示分系统(如图 6.2.2 所示)对工作环境的要求如下:

① 大屏幕显示分系统所处房间需要有严格的温湿度控制措施；

② 大屏幕显示分系统的工作环境温度为 21℃±5℃，相对湿度为 30%～80%；

③ 大屏幕显示分系统屏幕前后空调温度和湿度应调到同一刻度，以确保拼接墙散热和拼接屏幕的平整度；

④ 大屏幕显示分系统的房间要求保持干净、防尘，墙面应当使用防火乳胶漆；

⑤ 大屏幕显示分系统附近不可布设消防喷头，应当设置手提式 CO_2 灭火器。

图 6.2.2　大屏幕显示分系统

一个典型的大屏幕显示分系统包括以下几部分。

① 液晶显示设备

液晶屏是由两块平行的薄玻璃板构成的，两玻璃板之间的距离非常小，填充的是被分割成很小单元的液晶体。液晶本身不发光，它依靠液晶屏的背光灯管作为光源，通过控制加在每个液晶体上的电压使液晶体的透光性产生变化从而显示出不同的颜色，使整个屏幕显示出彩色的图像。液晶屏的优势在于屏体厚度薄、重量轻、显示密度高（分辨率高）、无辐射、单元显示面积大、画面稳定无闪烁、色彩还原性好、低能耗和环保等特点。

所有多媒体视频信息内容都要通过液晶显示设备来表现出来，我们可以采用 $M×N$ 台超窄边框液晶监视器，可将各监控视频信号源、现场视频信号、调度终端信号、DVD 视频信号等显示到大屏幕上，不同的图像可以通过控制器进行随意切换。所有图像信息显示保证清晰，无抖动，色亮度均匀。

② 矩阵切换器

矩阵切换器（如图 6.2.3 所示）就是将一路或多路视音频信号分别传输给一个或者多个显示屏的设备，它需要考虑其输入输出端口与液晶显示设备匹配，阻抗符合要求，还需要切换速度快、控制接口通用等特点。

③ 拼接显示控制器

拼接显示控制器（如图 6.2.4 所示）的主要功能是将一个完整的图像信号划分成 N 块后分配给 N 个视频显示单元（如背投单元），完成用多个普通视频单元组成一个超大屏幕动态图像显示屏，可以支持多种视频设备的同时接入。

④ 其他辅助设备

大屏幕显示分系统还需要安装支架、控制计算机及信号传输线缆等辅助性的设施。

图 6.2.3　视频矩阵切换器

图 6.2.4　拼接显示控制器

（2）音响分系统

音响分系统包括音源、功放设备、扬声器、控制设备。整个音响分系统要求安装场地背景噪声低、扩声清晰度高、工作稳定、失真度低。具体的音响分系统拓扑如图 6.2.5 所示，下面分别介绍组成设备的功能。

① 音源

音源是声音的来源，可以指记录声音的载体，也可以指播放音源载体的设备。音源属于输入设备，主要包括拾音器、音视频播放机、计算机等。音源的连接使用 RCA 莲花头、3.5 mm 立体输出头、HDMI 接头等。

② 功放设备

功放设备即功率放大器，它完成对微弱电信号放大后传送给扬声器发出声音的功能，可以分为前置功放、后置功放等。功放的主要性能指标有输出功率、频率响应、失真度、信噪比、输出阻抗和阻尼系数等。功放的连接一般使用 XLR（卡农平衡接头）、TRS 立体接头等。

③ 扬声器

扬声器俗称音箱，它将音频电能转换为声能辐射到空间中去，由喇叭单元、箱体和分频器组成。扬声器的指标一般有失真度、信噪比、阻抗（标准为 8 Ω）等。应急指挥中心一般使用专业会议音箱。

④ 控制设备

控制设备完成对音源的音频信号放大、混音处理等功能，主要包括调音台、均衡器、系统控制器等。

（3）视频会议分系统

视频会议分系统完成声音、视频、数据互动交流的功能，应急通信指挥调度系统的视频会议分系统应当与相关部门的视频会议系统互联互通，实现实时的交流与切换。典型的视频会议分系统如图 6.2.5 所示。

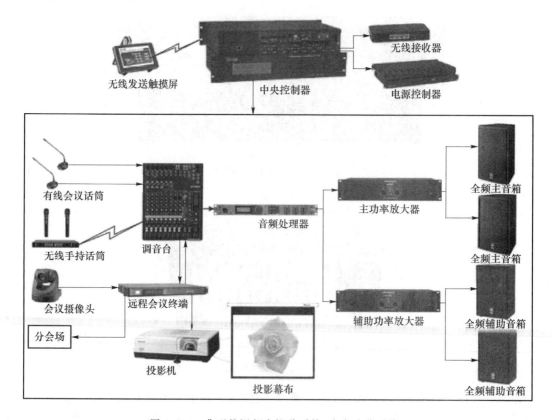

图 6.2.5 典型的视频会议分系统(含音响分系统)

视频会议分系统(Video Conference Subsystem)包括视频会议中心控制设备(MCU)、会议终端、PC 桌面型终端、电话接入网关(PSTN Gateway)等几个部分。

① MCU

MCU 实质上是一台点对多点的多媒体信息交换机,实际中为了保证稳定性,采取 1+1 主备份结构,MCU 与其他设备采用星形连接,对输入的多路会议电视信号进行切换,实现视频广播、视频选择、音频混合、数据广播等功能,完成各终端信号的汇接与切换。MCU 功能结构如图 6.2.6 所示。某公司 MCU 产品如图 6.2.7 所示。

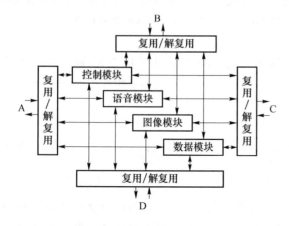

图 6.2.6 MCU 功能结构

图 6.2.7 某公司 MCU 产品

② 会议终端

会议终端是在用户的会议室使用的,设备自带摄像头和遥控键盘,可以通过电视机或者投影仪显示,用户可以根据会场的大小选择不同的设备。一般会议室设备带视频跟踪专用摄像头,可以通过遥控方式前后左右转动从而覆盖参加会议的任何人和物。

③ PC 桌面型终端

一般配置费用比较低的 PC 摄像头,现已支持几十点几百点甚至上千点的会议。由于 PC 已经是办公的标准配置,桌面会议终端不需要增加很多的硬件投入。而会议室型终端也只需要购买比较高性能的 PC 和视频采集卡即可,其成本也低于普通的硬件视频终端。国内的网络视频会议厂商已经率先推出 saas 模式的会议系统,创新式地推出租用服务,更是让网络视频会议的成本降到一般企业可以接收的范围内。由于基于 Windows 操作系统,可以在召开视频会议的同时实现电子白板、程序共享、文件传输等数据会议功能,作为会议的辅助工具。

④ 电话接入网关

用户直接通过电话或手机在移动的情况下加入视频会议,这点对国内许多领导和出差多的人尤其重要。可以说今后将成为视频会议不可或缺的功能。

此外,视频会议系统一般还具有录播功能。能够进行会议的即时发布并且会议内容能够即时记录下来。基于现时流行的会议信息资料的要求,系统能够支持演讲者计算机中电子资料 PPT 文档、FLASH、IE 浏览器及 DVD 等视频内容,也包括音频的内容、会议中领导视频画面、会场参与者视频画面的同步录制。

2. 网络支撑部分

网络支撑部分包括多媒体指挥调度交换机、外网接入、局域网分系统、通信分系统、服务器、存储设备、冗余备份设备、IP 电话终端、多媒体调度操作台及移动调度终端等。

(1) 多媒体指挥调度交换机

多媒体指挥调度交换机主要面向大型企业的生产、应急调度等应用,有效整合各种通信设备、媒体和业务应用,是集通信接入与控制、媒体处理与业务流程控制为一体的面向行业的业务支撑平台,可满足用户的远程会议、协同指挥、远程会商等需求,提高指挥调度效率、增强协同处置能力。指挥调度系统通过多媒体指挥调度交换机进行组网。多媒体调度交换机的应用如图 6.2.8 所示。

现场人员可以通过手机、笔记式计算机等多种终端设备呼叫调度人员,将现场实时情况通过视频传送回指挥调度中心。调度员则根据现场反馈的情况进行调度,同时调度员可以将相关人员邀请到通话中,形成多方视频通话,以进行业务指导或协同指挥调度。

外线电话或 GSM 手机也可以呼叫调度室(音频),这个需要将多媒体指挥调度交换机与企业的行政交换机连接,通过行政交换机可以与外线电话互通。

多媒体指挥调度交换机是指挥调度系统的核心,其融合了即时消息、音视频通话等多种媒体通信手段,是集通信接入与控制、媒体处理及业务流程控制为一体的全业务支撑平台。多媒体指挥调度交换机由服务端和终端设备组成,可根据用户需求进行容量的配置。多媒体指挥调度交换机支持多媒体呼叫业务、ACD 分配流程定制、分布式座席服务、多媒体记录与播放,采用统一的用户管理与安全传输机制,并支持设备联网与大区域呼叫调度,支持 H.263、H.264 视频编码标准和 G.711、G729、G723.1 等多种语音编码标准。终端设备目前支持 PC 终端、平板电脑、智能手机等设备。多媒体指挥调度交换机的功能如下所示。

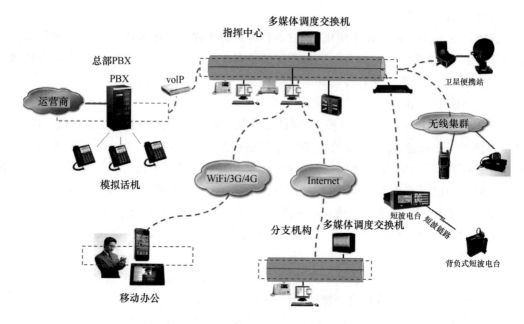

图 6.2.8 多媒体调度交换机的应用

① 分布式组网

多媒体指挥调度交换机系统支持分布式多级组网,多个系统之间采用 SIP 协议互通。上下级局关系可配,上级局可对转接到下级局的电话进行监听/监视和强插。

多媒体指挥调度交换机可接入 IP 电话、移动终端、多媒体终端、普通电话等,组成独立的通信调度网,提供音视频调度与多媒体会议等功能。

多媒体指挥调度交换机可通过环路中继等方式与已有的 PBX 对接。

② 移动视频接入

用户可通过手机与调度员进行视频通话,或通过手机上传现场视频图像或图片文件,支持各平台的智能手机与平板电脑。

③ 视频调度

调度员可以通过视频对现场的处置人员进行调度,可以将监控视频发送到现场处置人员的手机上,以进行业务指导或协同指挥调度。现场处置人员可以通过手机上传现场视频图像。

④ 调度功能

a. 单呼:可以单呼内部分机、公网用户和专网用户。

b. 组呼:同时呼出一组电话号码,形成多方通话。组呼没有发言权控制和主视频设置功能,参与者的语音都是双向的,主视频缺省为组呼发起人的视频。

c. 轮询:逐个依次呼出一组相关电话号码,呼通即止。

d. 多方通话:提供多方通话业务。

e. 结束通话:调度台可以通过"结束通话"操作来结束当前的通话(两方通话或多方通话),也可以通过"清除连接"操作来结束当前多路通话中的某一路通话。

f. 强插/强拆:调度台可以强插、强拆正在进行通话的分机用户的通话。

强插:某分机用户,调度台可以对正在通话的分机执行强插操作,实现插话功能(形成三方通话)。

强拆:调度台对某分机执行强拆操作后,可以强拆该分机正在通话的原话路,被拆话路的另一方听忙音,通话结束。

　　g. 监听/监视:调度台可以对正在通话的分机进行监听/监视。调度台执行监听功能后,该通话的原各通话方均可听说,但监听方只能听和看通话双方的视频。调度台在监听状态下可以进行强插操作,由监听改为三方通话。

　　h. 代接:调度台可以代接其他调度台或分机正在振铃的呼入呼叫。

　　i. 转接:调度台具有话务转接功能,如转接不成功或久叫不应可重新转接。

　　j. 呼叫挂起/取消挂起/交替通话。

　　呼叫挂起:调度台可以将当前通话挂起,挂起后可以发起新呼叫或代接电话,并可交替通话。

　　取消挂起:恢复当前挂起的通话。

　　交替通话:发起方将当前正在通话的电话挂起,与原来被挂起的另一方通话。

　　⑤ 多媒体会议

　　多媒体会议提供音频、视频,也提供具有控制能力的多媒体会议功能。会议控制台可以创建即时会议和预约会议;并可以设置会议策略及媒体策略。会议主持人可以在会议过程中增加或减少会议成员、控制发言权、控制主视频、放像等操作。具有屏幕共享功能,可以让某个会议成员的屏幕共享给所有参与会议的成员。支持不同类型的终端参与会议,没有视频的普通电话或 GSM 手机也能参与多媒体会议。

　　⑥ 排队分配

　　多媒体指挥调度交换机提供排队和自动分配功能,包括自动排队、自动分配、报工号等功能。

　　⑦ 录播功能

　　录播功能提供录音、录像、放音、放像功能,录制策略可配置。支持座席通话过程中的放像,支持多媒体会议过程中的放像。

　　(2) 计算机分系统

　　计算机分系统作为通信指挥调度系统的支撑部分,完成外网接入、提供局域网连接、服务器、存储设备及冗余备份设备。

　　① 局域网

　　整个应急通信指挥调度系统内的所有设备可以通过局域网连接,局域网可以支持各个业务系统的数据交互共享。组网时,可以使用交换机、路由器、网关、防火墙等设备。

　　一个典型的应急指挥系统局域网组成如图 6.2.9 所示。

　　② 服务器

　　在应急通信指挥调度系统中,服务器是整个系统的中心,根据提供的服务类型不同,可以分为 GIS 服务器、指挥系统数据库服务器、应用程序服务器、管理服务器与冗余备份服务器等。某公司服务器产品如图 6.2.10 所示。

　　③ 存储设备及冗余备份设备

　　应急通信指挥调度系统的正常运行会产生大量的数据,这些数据由于业务的需求必须进行存储,同时考虑管理的需要,还要求数据存有备份。这时就需要构建存储设备来集中存放业务数据,并且还可以根据未来的需求进行扩容。一般来说,存储设备需要满足如下要求:a. 数据安全性高、不易损毁;b. I/O 性能强大且稳定;c. 3~5 年内不落后;d. 扩展性强,支持不同接口设备;e. 存储结构稳定可靠,支持多平台连接。

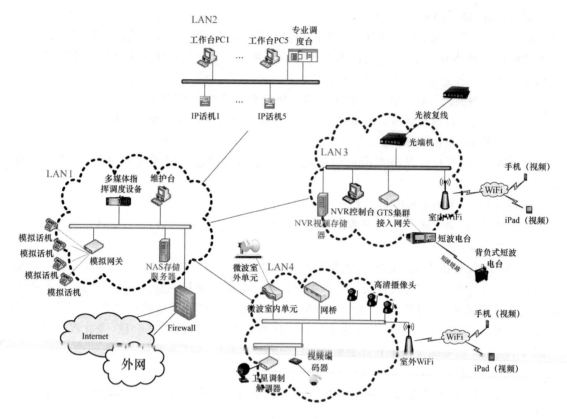

图 6.2.9　某应急指挥系统局域网

（3）通信分系统

通信分系统完成指挥中心与应急通信手持机、电台、应急通信车、卫星电话等终端及设备的相互通信，能够与音响分系统、大屏幕显示分系统连接，将各种业务呈现在指挥中心。

通信分系统包括通信传输部分、无线覆盖部分等。传输部分可以使用光纤、微波、短波、双绞线、同轴电缆等介质，无线覆盖部分可以结合 2G/3G/4G 公众网络、集群系统、WiFi、无线网桥等手段，满足不同终端、不同接入方式的需求，保证稳定、可靠、安全的业务数据传输。

图 6.2.10　某公司服务器产品

3. 应用部分

应用部分包括 GIS 分系统、辅助决策分系统、电子沙盘、协同调度分系统等。

（1）GIS 分系统

GIS 即地理信息系统（Geographic Information System），它是在计算机硬、软件系统的支持下，对地球表层（含大气层）某部分空间中的有关地理分布数据进行采集、储存、管理、运算、分析、显示和描述的技术系统。1962 年，加拿大 Roger Tomlison 教授首次提出并领导建设了世界上首个具有实际意义的 GIS 系统，称之为 CGIS（Canada GIS）。在此后的几十年里，美国 NASA、日本国土信息中心、中国科学院地理所等单位先后完成了各项专用 GIS 系统的开发研究工作。

随着城市现代化建设的快速发展，传统的人工熟悉地理环境或依靠普通地图指挥救援已远不能适应实际要求。目前在应急救援、公安、消防等各类行业相关信息中 80% 都具有地理空间属性，要求在指挥过程中需要利用地理信息系统的空间分析以及可视化表达的技术，最终实现可视化指挥以及基于位置信息的辅助决策。

应急通信指挥中心可以连接不同的专家、领导，完成对现场情况的分析，从而做出正确的决策。GIS 分系统可以把现场采集的数据经过综合分析，结合 GPS 数据，转变为地图上呈现的范围、危害程度的变化、车辆的移动位置、资源的运送情况等直观内容，用图形化的内容来给专家、领导提供决策辅助。GIS 分系统的组成如图 6.2.11 所示。

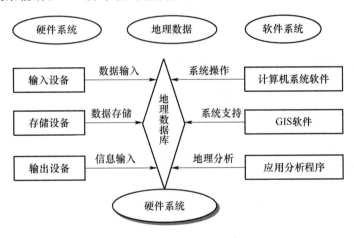

图 6.2.11　GIS 分系统组成

GIS 分系统完成 4 个功能：数据获取、数据存储与管理、数据处理与分析、数据输出与显示。

① GIS 数据获取

该部分完成数据的采集与输入，将应急指挥系统外部的原始数据传输到系统内部，转换格式输入系统。GIS 数据分为空间数据和属性数据。

空间数据指的是在针对真实的地理信息建立的二维、三维坐标系中，以一种拓扑结构来描述物体位置、逻辑连接。

属性数据指的是存放地理信息的元素自身特性的数据，一般属性数据存储在应急指挥系统的数据库中。

GIS 数据的获取可以通过遥感技术、卫星定位系统等技术手段，将原始数据形成数字化的地图,为应急指挥系统的可视化分析提供了最基础的数据支撑。

② GIS 数据存储与管理

GIS 分系统本质上是地理信息数据库与其他商用数据库的联合使用,目的是为决策分析提供数字化、可视化的数据支撑。GIS 数据存储即将数据存储于内部或外部的存储设备上,目的是为了保证快速、准确地读取、处理数据,所以数据的存储逻辑顺序至关重要,它决定了访问的速度。对于空间数据,一般将其划分为点、线、面等元素来分别存储,属性数据一般采用关系数据模型来存储。

③ GIS 数据处理与分析

GIS 数据处理主要完成数据质量检查、纠正及整饬处理的功能,如空间数据与属性数据的关系对应校验、误差校正编辑、矢量数据平滑处理、拓扑关系建立等。

GIS 数据分析及空间分析是指根据某个应用分析模型,通过与空间图形数据的拓扑运算及空间、非空间属性数据的联合运算来分析某一特定区域的各种现象,从而获得更有效的数据或解决方案。分析方法可以采用表格分析、叠加分析、网络分析。

④ GIS 数据输出与显示

GIS 数据的输出可以采用矢量图形、分析图表、文字报表、仿真图形等形式,也可以是空间数据与分析结果关联显示的地理图形形式。

GIS 分系统最大的特点就是数据的直观显示,所见即所得。

GIS 分系统可以应用在应急指挥、突发事件监控、环境监测与管理、应急资源管理与调度、信息检索等方面。某所综合 GIS 平台产品如图 6.2.12 所示。

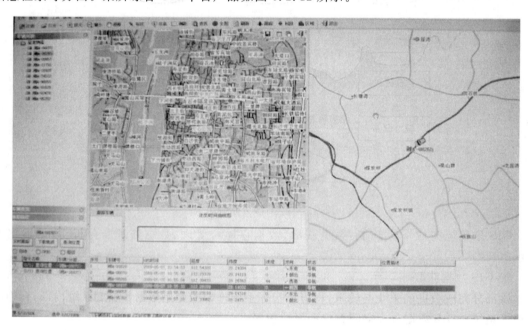

图 6.2.12　某所综合 GIS 平台

(2) 辅助决策分系统

辅助决策分系统以决策为重心,以搜索技术、信息智能处理技术和自然语言处理技术为基础,构建决策主题研究相关知识库、政策分析模型库和情报研究方法库,为决策提供全方位、多层次的支持和知识服务。辅助决策分系统具有如下功能:

① 具有专家系统,案情分析功能;

② 具有分项统计、提供解决方案的功能;

③ 具有预案支持功能。

辅助决策分系统由知识库、数据库、模型库和各自的管理系统组成。知识库一般存储有地理、交通、法律法规、应急资源部署情况、不同类型应急事件的资料及处理方案、不同事件的应急预案等内容。模型库是按照不同方法构建的用于解决应急事件的逻辑模型,可以按照事先制定的规则和策略,推理解决应急事件的策略库。辅助决策分系统以模型库系统为主体,通过定量分析进行辅助决策。其模型库中的模型已经由数学模型扩大到数据处理模型、图形模型等多种形式,可以概括为广义模型。模型的表示形式可以是数学公式、缩小的物理装置、图表文字说明,也可以是专用的形式化语言。

辅助决策分系统的本质是将多个广义模型有机组合起来,对数据库中的数据进行处理而决策问题大模型,辅助决策分系统的辅助决策能力从运筹学、管理科学的单模型辅助决策发展到多模型综合决策,使辅助决策能力上了一个新台阶。

6.2.2　应急通信指挥调度系统使用案例

某市发生特大火灾事故,火灾发生后市民立即报警,接警后消防队、急救人员、救援人员均以最快速度到达现场。重大火灾事故警情已通报某市市政府和火灾发生地所在区政府。市政府领导、区政府领导对此次火灾事故十分重视,要求召开现场视频会议,同时要求现场救援人员回传现场视频,方便了解现场情况。

该次视频会议在某大楼应急通信指挥调度中心举行,由值班长发起会议,邀请某市政府相关人员、区政府相关人员、公安、消防、卫生、交通等相关部门人员,会议主席是某某领导。

1. 应急通信就绪

应急通信保障 1 组在特大火灾事故现场展开卫星通信便携站,协调卫星信道,上电后完成便携站对星操作,卫星链路已处于就绪状态,如图 6.2.13 所示。

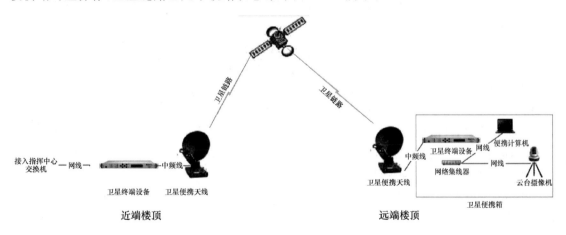

图 6.2.13　卫星链路建立

应急通信保障 2 组利用应急通信指挥车的微波天线、应急光纤资源与指挥中心进行对接,通信链路处于就绪状态,如图 6.2.14 所示。

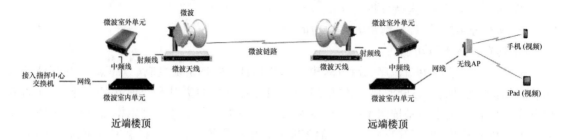

图 6.2.14　微波链路建立

短波电台启动,如图 6.2.15 所示,救援组背负单兵电台直接进入火灾现场。

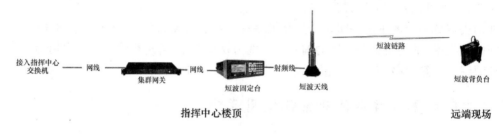

图 6.2.15　短波链路建立

2. 指挥调度模拟

值班长使用多媒体调度软件 PC 端创建即时会议,接通所有参与会议人员,但还未接现场,即时会议开始。

值班长:某某路特大火灾现场多媒体视频办公会议开始,调度员甲请接入现场消防处置指挥人员小张。

调度员甲:火灾现场消防人员小张通过短波背负电台紧急呼叫指挥中心,请求支援。

值班长根据情况要求调度员乙协调消防部门增加救援力量,同时要求调度员甲加入现场消防处置指挥人员小张的手持终端(通过 WiFi 转交换机连接卫星便携系统接入指挥中心)。

小张接到呼叫加入会议。

值班长:请小张简要介绍下现场火灾的情况。

调度员甲把主视频切换到小张,小张使用手持终端的前置摄像头来拍摄自己的画面。

小张:目前某某路现场火势非常大,整个园区有至少十栋楼火情严重,边缘区域的厂房也已着火,目前火势已蔓延到某某路对面的建材市场,急需增援。消防救援队员正在全力搜救园区内的被困人员,园区周边路口已拉起警戒线,严禁车辆、人员进入,园区内逃出人员均已疏散至外围,但由于人手问题,无法控制外围路口车辆进入,迫切需要交警部门支持。目前整个园区的火灾源头未找到,起因不明。

小张把前置摄像头切换为后置摄像头,指挥中心大屏幕分系统显示后摄像头拍摄的现场火灾视频,参与会议者可以通过主视频看到现场的画面。

值班长:好的,如有火情变化请小张及时汇报现场情况。调度员甲请呼叫现场救护指挥人员小王。

值班长:接入现场救护指挥人员小王。(现场救护指挥人员小王通过微波中继链路接入指挥中心)

值班长呼叫现场救护指挥人员小王,小王接到呼叫加入会议。

值班长:这里是重大火灾现场办公会议,请小王简要说明下现场伤员救护情况。

调度员甲把主视频切换到小王。

小王:目前已救出 29 人,其中大多为轻伤,重伤 9 人,已送往市人民医院进行急救。

小王:又救出 2 名,他们在担架上。

小王把视频切换后置摄像头,拍到担架上的伤员,大家从主视频看到担架上的伤员正在被紧急送到救护车上。

值班长:请小王根据现场情况及时汇报救援进展。

小王:好的。

主席:要全力解救被困人员,加强现场治安警戒;另外协调市第二人民医院准备接治此次事故中的烧伤人员。

……

10 个小时后,小张主动呼叫指挥中心。

小张接入。

值班长:把视频切换到小张。

小张:目前火势已得到控制。

此时小王接入。

值班长切换到小王。

小王:目前受伤人数为 122 人,重伤 31 人,均已送往市人民医院和第二人民医院急救。

12 小时后,大火全部扑灭,现场搜救到的伤员均已被救治,会议结束,启动后续工作。

6.3　移动应急指挥平台

在我国,公众通信网运营商为中国移动、中国联通及中国电信,作为目前移动通信用户最多的国家,保障良好的通信网络是运营商工作的重中之重,目前三大运营商也建设了自己的应急通信保障队伍,配备了应急通信设备、车辆。

我国幅员辽阔,各地经济发展不均衡,人口流动较多,难免会有重大活动或突发事件发生,运营商有着保障各种事件下应急通信的责任。但是在应急处置工作当中,很多参与的部门具有工作的特殊性,其行业特性与突发事件密不可分。突发事件由这些部门处理,很多时候不可能依赖公众通信网,各部门都建设有专用无线通信网络,与移动应急指挥平台连接,在这些特殊状况下可以保障事态处理的安全性、严肃性。

移动应急指挥平台是应急通信指挥调度系统的重要组成部分,一般采用车载平台改装。当某地出现突发事件时,移动应急指挥平台可迅速开赴事件现场,快速展开通信保障现场指挥。

移动应急指挥平台一般具有如下功能:

① 具有现场应急通信覆盖功能;

② 具有与固定指挥中心通信联络功能;

③ 具有现场视频、数据采集与呈现功能;

④ 具备业务应用系统、指挥调度系统,满足领导、专家现场指挥的需要;

⑤ 具有多路由、多种通信手段,能保证现场指挥的连续性、可靠性,实现对现场指挥的技术支撑。

移动应急指挥平台作为固定应急指挥平台的延伸,主要用于在重大突发事件、抢险救灾、重大通信事故等现场的指挥调度和通信保障。系统应具备机动灵活、稳定可靠的特点,既可作为现场独立的通信枢纽,又可作为一个远端通信节点。它一方面可以实现现场的指挥调度和应急通信,另一方面也可以实现移动指挥车与指挥中心、现场救援人员之间的语音、数据、图像的传输功能。

应急通信车可装载各种设备,完成移动应急指挥平台的功能,下面着重介绍应急通信车的相关知识。

6.3.1 应急通信车组成

典型的应急通信车组成如图 6.3.1 所示,主要包括通信分系统、计算机网络分系统、业务应用分系统、辅助保障分系统、载体车辆五大部分。某所应急通信车产品如图 6.3.2 所示。

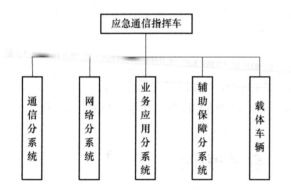

图 6.3.1 应急通信车组成

图 6.3.2 某所应急通信车产品

1. 通信分系统

通信分系统完成与固定指挥中心的通信、与现场工作人员的通信等功能。它主要包括传输子系统、无线区域覆盖子系统、天馈线子系统 3 个部分。

(1) 传输子系统

传输子系统主要完成移动应急指挥平台与固定指挥平台之间的视频、数据、语音传输功能,在应急现场能够短、平、快地搭建现场与后方指挥中心的传输连接。

传输子系统主要由卫星通信系统、微波传输系统、光传输系统、2G/3G/4G 移动通信系统等组成。

① 卫星通信系统

卫星通信系统可以使用"动中通""静中通"天线,连接调制解调器,再与 2G/3G/4G 移动通信系统的 BTS/NodeB/eNodeB 互联。BTS/NodeB/eNodeB 首先通过 E1/屏蔽双绞线/光纤将基站数据发送到卫星调制解调器,调制解调器再将信号处理变换后发送给卫星天线,经由卫星传送给固定指挥中心的卫星天线。目前考虑天线尺寸问题和干扰问题,车载卫星通信系统一般选择 Ku 频段。动中通天线如图 6.3.3 所示。

图 6.3.3　动中通天线

② 微波传输系统

微波传输系统适合应急通信车距离固定指挥中心较远、无光纤资源的情况下使用。应急车的微波天线与固定指挥中心的微波天线应当按照第 3 章的要求,满足视距传输。

③ 光传输系统

光传输系统适合应急通信车与现成的光纤资源距离近的场合,可以实现 BTS/NodeB/eNodeB 的业务回传。

(2) 无线区域覆盖子系统

区域指的是覆盖范围是几公里到几十公里的自然灾害、突发事件发生的区域。无线区域覆盖子系统是满足局部区域无线覆盖的通信系统。实际当中,仅有区域覆盖是不够的,我们还必须与后方的固定指挥中心建立联系,故而需要传输子系统来完成远程通信的目的。

无线区域覆盖子系统主要由各类集群系统组成,如 McLTE、Mcwill 系统、TETRA 集群系统、无线网桥系统、WiFi 系统等组成。

McLTE(Multimedia communication LTE)是北京信威通信技术股份有限公司的技术产品,是我国首个通过宽带集群(B-TrunC)标准测试的通信系统,有效填补了我国 LTE 宽带集群标准产业化的空白。

McLTE 是以 TD-LTE 技术为核心,将 TD-LTE 的高速率、大带宽与数字语音技术中的资源共享、快速呼叫建立、指挥调度等特点进行融合,集语音、数据、视频为一体的新一代宽带多媒体数字集群系统。McLTE 具有专业集群通信性能、高可靠性和高实时性数据传输以及多媒体调度的能力,在一张网络内同时提供专业级的语音集群、宽带数据传输、高清视频监控及视频调度等丰富的多媒体通信手段。同时在网络的安全性、可靠性、可扩展性等方面具有强大的技术优势,可广泛应用于公共安全、交通运输、电力、煤矿、石化、政务、军队等行业领域。McLTE 系统的典型应用如图 6.3.4 所示。

(3) 天馈线子系统

天馈线子系统包括天线、馈线、馈线随动电缆盘、天线支架云台、天线升降塔、控制系统及避雷针等。

结合应急通信车的设备,天线一般有 GPS/北斗天线、BTS/NodeB/eNodeB 基站板状天线、微波天线、卫星通信天线、短波天线等。控制系统可通过操作面板、遥控及手持终端 3 种方式实现对天线升降塔、天线方向角及俯仰角的调节,具备对避雷针、柴油发电机及车辆天窗的自动控制功能,还应具备一键展开、一键复位以及天线微调的功能。水平调整机构可驱动微波天线在水平方向上转动,转动范围为±180°,俯仰调整机构可驱动微波天线在垂直方向上转动,转动范围为±30°。

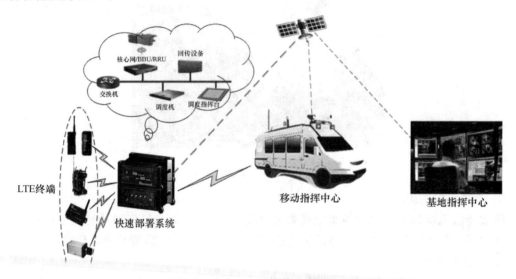

图 6.3.4 McLTE 系统的典型应用

天线升降塔由塔体、塔基、液压缸及其他配件组成,天线升降塔要求在不打拉线情况下可以抵抗 8 级阵风,在打三根斜拉钢缆条件下可以在 12 级风下不损坏。天线升降塔座上设有比例标尺方便察看塔高。在升降塔分级高度位置会设置锁定,锁定方式有液压锁定、机械锁定。液压锁定能在任意高度锁定,适用于不大于 3 天的短期锁定,机械锁定装置使用锁定插销,适合长时间锁定。常见升降塔及天馈子系统如图 6.3.5 所示。

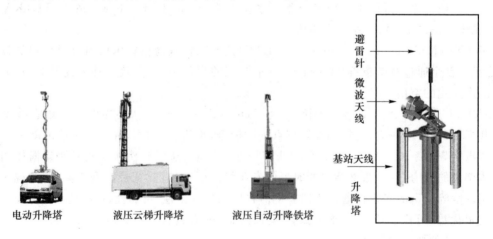

图 6.3.5 天馈线子系统

2. 计算机网络分系统

计算机网络分系统主要包括内部局域网以及交换路由设备,主要由路由器和交换机组成。路由器可以实现卫星通信网、车载局域网的分离,扩展用户 IP 地址数量不受卫星通信网 IP 地址规划的限制。交换机的功能是将车内设备连接在一起,构建出车载局域网。路由器和交换机的性能要能够满足车辆之间、车辆与固定指挥中心之间视频、音频和数据等多媒体信息大流量的交互,并能够划分 VLAN。

3. 业务应用分系统

业务应用分系统主要包括多媒体指挥调度系统、视频会议系统、综合应用系统、传真系统、摄像系统、显示系统、音响系统、单兵系统等。业务应用分系统主要完成如下功能。

(1) 采集现场音频、视频

现场音频、视频的采集主要通过摄像系统、单兵图传系统来实现,如图 6.3.6 所示。

图 6.3.6　车载摄像系统及单兵图传系统

(2) 完成指挥调度

指挥调度主要是通过多媒体指挥调度系统、GIS 系统、综合应用系统配合实现。

(3) 实现音视频会议

音视频会议主要由视频会议系统、显示系统、音响系统、控制系统配合实现。

(4) 实现办公自动化

音视频会议功能如图 6.3.7 所示。

图 6.3.7　音视频会议功能

4. 辅助保障分系统

辅助保障分系统包括供电子系统、照明子系统、防雷接地子系统、空调,以及生活保障设备。

(1) 供电子系统

应急通信车的供电子系统主要采用市电直接供电、油机供电、UPS 供电、车辆硅整流发电机供电 4 种供电手段,车辆硅整流发电机供电是应急通信车主要获得电力的手段。在有可用外接电源时,可使用市电连接缆(长度约 50～100 m)获得 380 V 市电。

供电子系统为通信分系统、计算机网络分系统、业务应用分系统设备等提供不间断的电力供应,实现"无缝"切换,不会造成信息的丢失。车载电源控制柜如图 6.3.8 所示。

图 6.3.8　车载电源控制柜

（2）防雷接地子系统

应急通信车必须配置防雷接地，以保证整车设备及人员的安全。应急通信车整体都应该在防雷系统的保护范围之内，同时接地系统应该齐全，保证使用安全。目前，采用金属材料接闪，引下雷电流导入大地是目前唯一有效的外部防雷方法。接闪器的保护范围采用 IEC 推荐的滚球法来确定。

为了避免雷害、防止火灾、减少电磁干扰，应急通信车在组装时，交流电源线、直流电源线、馈线、地线、传输线、控制线等线缆必须分开敷设，地线必须避免与其他线缆近距离并排敷设走线。

5. 载体车辆

应急通信车根据装载设备容量不同，一般分为大型应急通信车、中型应急通信车、小型应急通信车，如图 6.3.9 所示。

大型　　　　　　　　中型　　　　　　　　小型

图 6.3.9　应急通信车

大、中、小型应急通信车的设计如图 6.3.10、图 6.3.11、图 6.3.12 所示。

大型应急通信车可靠性较强，容量大，可以装载多种设备，装载设备重量低于 700 kg，设备功耗低于 5 000 W，升降杆高度不低于 18 m，覆盖效果好，适合用作移动指挥车。但由于体积较大、整车较重，不适合在路况较差的地方行驶。

中型应急通信车体积介于大型车与小型车之间，适合装载紧凑型设备，装载设备重量低于 600 kg，设备功耗低于 3 500 W，升降杆高度在 15～18 m 之间，供电能力低于大型车，但通过性比大型车好。

小型应急通信车体积最小，升降杆低于 15 m，通信容量较小，供电能力较弱，设备功耗低于 1 600 W，装载设备重量低于 380 kg，机动性强，通过性最好。

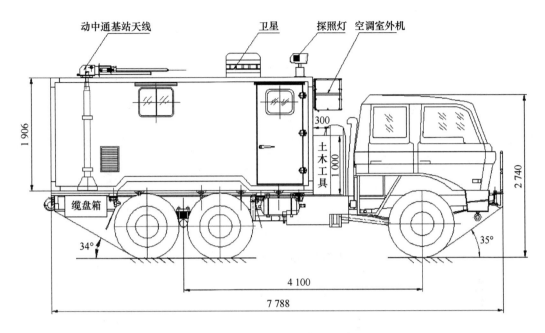

图 6.3.10　大型应急通信车设计图

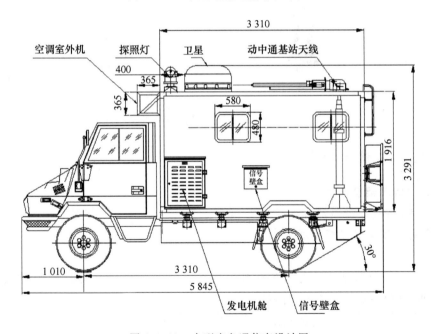

图 6.3.11　中型应急通信车设计图

为了保证应急通信车在静止状态的稳定性,在改装车辆时必须安装平衡支撑系统。一般采用电动平衡支撑系统或液压平衡支撑系统,如图 6.3.13 所示,可以保证车厢箱体水平度、稳定性,保证设备运行时不会被晃动影响,也可以减小轮胎的受力。

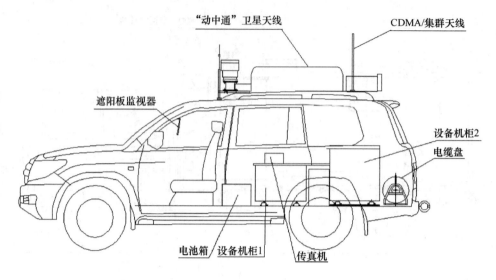

图 6.3.12　小型应急通信车设计图

图 6.3.13　平衡支撑

6.3.2　应急通信车架设

1. 应急通信车架设流程

应急通信车的完整架设流程如图 6.3.14 所示。

2. 应急通信车架设注意事项

（1）架设环境要求

① 应急通信车架设地点宜选择在地面坡度较小、路面平整坚实的地方,一般坡度应当不超过 5°,方便车辆接地,周围不能有阻挡,方便架设升降塔。

② 应急通信车架设时应当避免在 8 级以上风速的地点。

③ 应急通信车上方、周围 20 m 内有电力电缆的情况下,严禁架设。

④ 应急通信车不得在公路两侧架设使用,不得在河岸边架设,不得在易滑坡的地质条件下架设。

⑤ 应急通信车不得在加油/气站风险地区附近架设使用。

⑥ 应急通信车天线升降塔在打斜拉钢缆时,不得少于 3 根,斜拉钢缆与升降塔的夹角必须大于 40°,多根斜拉钢缆要同时受力。

⑦ 应急通信车天线升降塔在不具备打斜拉钢缆的情况下,天线升降塔高度一般不得超过 10 m,以确保安全。

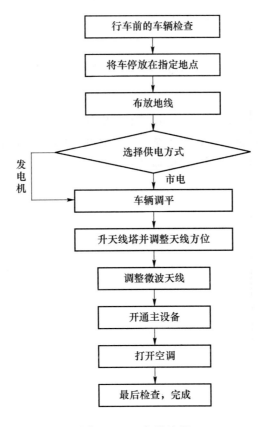

图 6.3.14　架设流程

（2）架设传输要求

① 应急通信车使用微波传输时,在升降塔高度应当可以目测到对端微波天线,且直线传输路线上无阻挡。

② 应急通信车使用卫星传输时,卫星天线不得被建筑物、茂密的高大树林所阻挡。

③ 应急通信车使用光传输时,附近应当有可用的光纤资源。

（3）架设电力要求

① 应急通信车外接市电供电时,电源均需要交流 380 V,空开容量满足应急车用电要求。接电时电缆两端的人员要相互呼应,两端接头均确认连接完毕后才可以送电。市电连接缆接头的防水等级是 IP6,具有防喷射水流的防水效果。

② 架设地点要方便放置油机,方便接入电源。

习　　题

1. 应急通信指挥调度系统由哪些部分组成? 各自的功能是什么?

2. 应急通信指挥调度系统主要有哪些业务?

3. GIS 分系统完成哪些功能?

4. 应急通信车一般由哪些分系统组成?

5. 应急通信车的供电如何实现?

6. 应急通信车架设时有哪些注意事项?

参 考 文 献

[1]　陈兆海. 应急通信系统. 北京:电子工业出版社,2012.

[2]　刘志东,马龙. 应急指挥信息系统设计. 北京:电子工业出版社,2009.

[3]　漆逢吉. 通信电源. 2版. 北京邮电大学出版社,2008.

第7章 应急管理

知识结构图

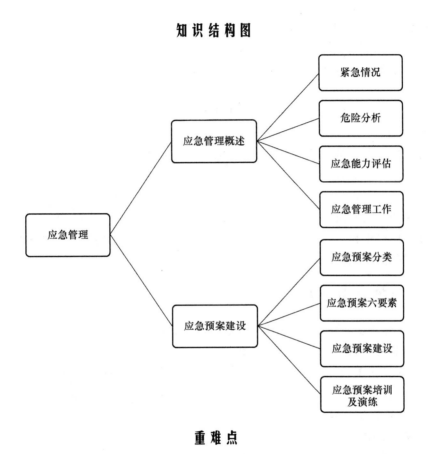

重难点

重点:应急预案编写。

难点:应急预案建设。

7.1 应急管理概述

应急管理是根据应对特重大事故灾害的危险问题提出的,其本质是如何应对紧急情况。居安思危、预防为主是应急管理的指导方针。

应急管理是指政府及其他公共机构在事先的危险性分析和评价的基础上,针对危险或不可抗力导致的突发事件,对应急机构及其职责、人员、设施、物资准备、救援行动指挥与协调等方面预先做出的具体安排,旨在将损失和危害降到最低限度。应急管理需要采取一系列必要措施,应用科学、技术、规划与管理等手段,保障公众生命、健康和财产安全,促进社会和谐健康发展的有关活动。应急管理包括预防、准备、响应和恢复 4 个阶段。

7.1.1 紧急情况

紧急情况是指必须立即采取行动,不容拖延的形势或状况。紧急情况具有突发性、偶然性、必然性、广泛性、分散性、激变性、复杂性和严重性的特点。

预防紧急情况的措施有:

① 以书面形式确定的紧急情况处理程序,其中清楚、详细地记录发生可疑不明物品或恐怖活动,出现火灾、人员受伤、突发疾病时的具体处理程序;

② 用紧急情况处理程序培训所有工作人员,如健康、安全培训、急救培训、保安人员的特殊培训;

③ 张贴显示有关的紧急程序,在可利用的地方显示相应的布告,让所有人员了解有情况发生时如何疏散;

④ 实行紧急情况模拟演练,如定期进行消防演习或疏散演习来测试编写的程序是否合适,并指导人员的应对行动;

⑤ 明确各级管理人员在紧急情况下所负的任务和职责,一旦出现情况,由他们担当处理;

⑥ 保证配备相关的设备和资源,以随时处理紧急情况,如报警装置、灭火器、急救包等;

⑦ 保证定期检查和更新设备,如报警装置、灭火器、急救包的定期检查和维护。

大多数的紧急情况都是由危险造成的。

7.1.2 危险辨识与分析

应急管理工作预防阶段的首要问题,就是对危险有正确的分析、识别。

危险,是警告词,指的是某一系统、产品、设备或操作的内部和外部的一种潜在的状态,其发生可能造成人员伤害、职业病、财产损失、作业环境破坏及一些机械类的危害。危险可分为自然灾害危险、物质危险、行为危险。其中,危险是由意外事故、意外事故发生的可能性及蕴藏意外事故发生可能性的危险状态构成。

1. 自然灾害危险

我国将自然灾害分为七大类:地质灾害、地震灾害、海洋灾害、洪水灾害、气象灾害、森林火灾、森林生物灾害、农作物灾害。

我国地处亚欧板块和太平洋板块交接处,又处于印度洋板块和亚欧板块的北边界,因此,地质灾害和地震多发。特别是西南地区,处于青藏高原向云贵高原和四川盆地过渡地带,特殊的地理位置使其地质灾害和地震灾害多发。例如,2008 年 5 · 12 汶川大地震,震区的所有通信在地震后数小时内几乎处于全阻,而一些受灾特别严重的地区所有机房垮塌,设备全毁,成为通信孤岛。(在地质灾害、地震灾害高发地区,通信站点选址需特别考虑土质、地下水位、是否断裂带等场地条件,尽量避开不利地段,而且建筑物的抗震级别也会直接影响受灾的程度)中国海岸线全长 18 400 km,近 3 万平方米海域。每年海洋灾害都会对沿海区域造成巨大的经济损失。另外季节性出现的洪水、冰雹、森林火灾等自然灾害在幅员辽阔的中国疆土也是频繁发生。

可以看出,对于通信系统来说,自然灾害发生时,通信设备本身会遭受严峻的考验;同时,灾害发生时业务量的倍增,也使整个通信系统的承载能力经历严峻的考验。

2. 物质危险

物质危险包括物理性危险、化学性危险。

物理性危险包括设施、设备缺陷、防护缺陷、电、运动物、明火等引起的危险。

化学性危险指易燃易爆、易腐蚀等化学物质引起的危险。

物质危险性的识别需要确定危险性物质的来源、类别、性质以及该物质导致危险的类型。

3. 行为危险

人为因素失误造成的危险称为行为危险。行为危险可能由人的心理、生理、精神、学识、技能等多种原因造成。行为危险包括指挥失误、操作失误、监护失误等。行为危险在事故原因中占比较高,也是较容易通过预测和预防的。

4. 危险分析

危险分析即要界定出系统中的哪一区域和部分是危险源,其危险的性质、危害程度、存在状况、危险源转化为突发事件的转化过程规律、转化的条件和促发因素、发生危害的可能性、后果的严重程度。危险分析的结果有助于确定需要重点考虑的危害,为预案编制提供优先级依据,也为预案编制、应急物资准备、应急响应提供必要的资料。危险分析主要针对企业内部的应急事件。

5. 危险性分析概述

危险性分析分为定性分析和定量分析。

定性分析是指找出整个通信系统存在的危险因素,分析危险在什么情况下发生事故以及对系统完全影响的大小,提出针对性的安全措施以便控制危险。

定量分析是指在定性分析的基础上,进一步研究危险发生后产生的事故或故障与其影响因素之间的数量关系,以数量大小评定系统的安全可靠性。

在危险性分析完成之后,必须提供两类信息:

① 发生事故的可能性,或同时发生多种紧急故障的可能性;

② 危险发生后对人、资产的破坏情况。

6. 危险分析基本过程

(1)危险源识别

危险源识别是要界定出危险源区域以及危险的性质、危害程度、存在状况、危险源转化为突发事件的转换过程规律、转化条件和促发因素、危害发生的可能性及危害后果。危险源识别包括4个步骤:基础资料调查与收集;重大危险源识别;重大危险源危险分析;典型事故筛选与分析。

基础资料调查与收集是危险源识别的基础。例如,某厂化学药品的存放地点、药品种类、存放量、周转情况、相关岗位设置、岗位人数等基础资料,会直接关系到该厂应急预案的制订。

重大危险源识别的主要依据是《重大危险源辨识》(GB 18218—2000)以及《关于开展重大危险源监督管理工作的指导意见》(安监管协调字[2004] 56 号)。

对于构成重大危险源的设施、设备及危险装置,我们应从物质危险性、行为危险性等多个方面对其进行危险分析,确定重大危险源主要危险或事故类型、破坏情况、影响范围。

重大危险源可能引起的事故是多种的,我们还需要在此基础上进一步进行筛选和分析,选出典型事故进行危险分析。典型事故具有后果严重、发生可能性大、类型多样的特点。

（2）脆弱性分析

脆弱性分析是指一旦发生事故，哪些区域更容易遭受到事故后果的影响。

事故影响范围内的脆弱性目标包括人员、财产和生态环境。

脆弱性分析一般包括两个步骤：脆弱区范围确定和脆弱区目标确定，前者对事故影响的区域进行分析，后者对人员、财产和环境受影响程度进行分析。脆弱性分析表如表 7.1.1 所示。

表 7.1.1　脆弱性分析表

影响程度 发生概率	高	中	低
高	1	2	3
中	2	3	4
低	3	4	5

（3）风险分析

风险分析等级根据可能性和严重程度，可以分为 5 个级别。

危险分析结果包括危险源识别结果、脆弱性分析结果和风险分析结果。在危险因素分析及事故隐患排查、治理的基础上，确定在本单位的危险源、可能发生事故的类型和后果进行事故风险分析，并指出事故可能产生的次生、衍生事故，形成分析报告，分析结果作为应急预案的编制依据。

7.1.3　应急能力评估

在对危险有了全方位的认识和分析之后，我们需要对自身应急能力有准确的认识。

应急能力指为使重大事故发生时能够高效有序地开展应急行动，减轻重大事故给人们造成的伤亡和经济损失，而在组织体制、应急预案、事故速报、应急指挥、应急资源保障、社会动员等方面所做的各种准备工作的综合体现。应急能力主要体现在"高效"和"有序"上。

面对危险情况，救援和保障工作都需在第一时间迅速展开，而各方面的人力资源、财力资源、应急物质、交通运输、通信保障等也需要得到有序的指挥调度和部署。因此事先对应急能力做出正确的评估，有益于应急预案的顺利展开。

应急能力评估主要用于评估资源的准备状况和从事应急救援活动所具备的能力，并明确应急救援的需求和不足，以便及时采取纠正措施。

应急能力评估活动是一个动态过程，其中包括应急能力自我评估和相互评估等。应急能力自我评估是国家、企业、部门等对自身应急准备工作的自我审核过程，定期检查应急物质和人员配备，加强应急管理工作的规范化和有效性的建设。通过自我评估过程，能充分认识自身优势和劣势，在应急管理工作中做到扬长避短；同时也能对应急资源了如指掌，减少了救援工作的盲目性，提高应急工作的效率。

相互评估是企业、部门之间的交叉评估过程。相互评估可以通过不同角度、不同思维方式审视应急能力，能减少常规工作的思维定式和盲区，同时也能相互借鉴优良的工作模式和管理制度，对于提高应急能力非常有效。

应急能力评估结果能够指导应急工作开展，应注意以下几个方面。

（1）评估模型多层次

同一类灾害发生在不同地区、不同企业，产生的后果截然不同，应尽量采用多层次的评估模型。

（2）应急能力评估的整体性

不同风险水平和脆弱性程度对应急能力要求不同，应急能力不仅是一个绝对的概念，也是一个相对的概念。

（3）理论与实践相结合

理论知识指导实践操作，实践经验推动理论知识的进步。我国应急能力评估起步较晚，在借鉴别国理论知识的基础上，还需结合我国的实际情况，总结实践经验。

（4）评估结果的有效反馈

评估结果是对应急能力的一个评价，若不能在应急能力建设中得到反馈，整个评价过程是不能产生任何价值的。因此，还需要将应急能力评估结果作为应急能力建设的基础和方向。

7.1.4 应急管理工作

应急管理工作内容概括起来叫做"一案三制"。

"一案"是指应急预案，就是根据发生和可能发生的突发事件，事先研究制订的应对计划和方案。应急预案包括各级政府总体预案、专项预案和部门预案，以及基层单位的预案和大型活动的单项预案。

"三制"是指应急工作的管理体制、运行机制和法制。

一要建立健全和完善应急预案体系。就是要建立"纵向到底，横向到边"的预案体系。所谓"纵"，就是按垂直管理的要求，从国家到省到市、县、乡镇各级政府和基层单位都要制订应急预案，不可断层；所谓"横"，就是所有种类的突发公共事件都要有部门管，都要制订专项预案和部门预案，不可或缺。相关预案之间要做到互相衔接，逐级细化。预案的层级越低，各项规定就要越明确、越具体，避免出现"上下一般粗"现象，防止照搬照套。

二要建立健全和完善应急管理体制。主要建立健全集中统一、坚强有力的组织指挥机构，发挥我们国家的政治优势和组织优势，形成强大的社会动员体系。建立健全以事发地党委、政府为主，有关部门和相关地区协调配合的领导责任制，建立健全应急处置的专业队伍、专家队伍。必须充分发挥人民解放军、武警和预备役民兵的重要作用。

三要建立健全和完善应急运行机制。主要是要建立健全监测预警机制、信息报告机制、应急决策和协调机制、分级负责和响应机制、公众的沟通与动员机制、资源的配置与征用机制、奖惩机制和城乡社区管理机制等。

四要建立健全和完善应急法制。主要是加强应急管理的法制化建设，把整个应急管理工作建设纳入法制和制度的轨道，按照有关的法律法规来建立健全预案，依法行政，依法实施应急处置工作，要把法治精神贯穿于应急管理工作的全过程。

下面针对应急预案建设重点介绍。

7.2 应急预案建设

应急预案建设是应急管理工作准备阶段的重要内容。应急预案实际上是按照最有效步骤进行的标准化的反应程序，是为应对紧急状态才被激活的一种行动方案，是一个政府或组织针对紧急事态所采取的全部行动的方案，它要规定政府或管理部门在紧急事态前、中、后的工作内容。

应急预案具有全面性、系统性、权威性和有效性。

7.2.1 应急预案概述

应急预案对突发事件处置的法律法规依据等内容有明确的提出,对突发事件的组织机构与职责划分也做了详细的规定。应急预案时应急管理工作的指导性文件,它完整系统地设计了标准化的应对方案。

应急预案按突发事件类型可分为:自然灾害类、事故安全类、公共卫生类、社会安全事件。

按事故后果的危害程度和影响范围可分为:I级(企事业单位级)、II级(县、市/社区级)、III级(市/地区级)、IV级(省级)、V级(国家级),不同层级预案的特点如表7.2.1所示。

表 7.2.1 不同层级预案的特点

层 级	应对目标	基本任务	弹性范围	细化程度
V级	大型危机事件、巨大灾难事件	协调指挥为主	不涉及具体活动,弹性小	细化程度不高,只做原则性约束
IV级、III级	较大突发事件、较大灾难事件	协调指挥、现场组织响应为主	有具体安排,有一定的弹性	具体到行动路线
II级、I级	小型突发事件、较小灾难事件	现场响应为主	安排灵活,弹性情大,随机应变	细化到行动安排,较为细致

按预案面对对象的针对性情况(适用对象范围)可分为:综合预案、专项预案和现场预案。

其中综合预案又称总体预案,是组织应对各类突发事件的综合性文件。综合预案通常复杂而庞大。专项预案是综合预案的组成部分,是针对具体的突发事件类别而制订的计划和方案。现场预案是直接针对特定的具体场所而制订的应急预案,如图7.2.1所示。

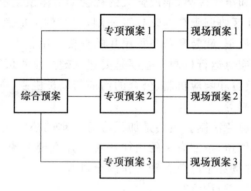

图 7.2.1 预案分类

应急预案有如下作用:

① 能够对事件进行分析,找出具有破坏性强的危险事件,从而有针对性地提出应对措施;

② 能够以确定的管理体制、应对步骤来化解不确定的突发事件,将突发事件变为可控的常规事件;

③ 能够以确定性、灵活性来转危为安,降低突发事件的紧迫性,降低突发事件造成的损失;

④ 能够使管理有章可循,利于提高风险防范意识,提高工作水平,利于协调沟通。

7.2.2 应急预案六要素

应急预案由六大要素组成,它们是主体、客体、目标、情景、措施、方法。

(1)主体

主体指预案实施过程中的决策、组织和执行预案的组织或个人,主要包括应急组织机构、参加单位及人员、援助单位或机构。

(2)客体

客体指预案实施所要针对的灾害对象,主要包括灾害事件类型、地点及概率、影响范围、严重程度等内容。

(3)目标

目标是预案实施所欲达到的目的或效果,尽可能减轻灾害造成的生命财产损失。

(4)情景

情景分为自然情景与人文情景。

自然情景包括气象、水土、地质、地理、生物等;人文情景包括工程性情景、非工程性情景。

(5)措施

措施是指应急预案实施过程中所采取的方式、方法和手段,如通告程序、报警程序、接警程序等内容。

(6)方法

方法是实施措施的管理方案及动态调整办法,如保护措施程序、信息发布与公众教育、事故后的恢复程序等。

在灾害、危险发生之前制订完善的应急预案,有利于确定应急救援的范围和体系,有利于在事故发生过程中做出及时、理智的应急反应,有利于建立与上级单位应急救援体系的连接,有利于提高大众的风险防范意识。

7.2.3 应急预案建设

应急预案编制工作可以依据如下方法。

(1)类比法

编制人员可以对国家、省、市、上级单位的应急预案进行对比分析,采用类推的方式编制适合自己单位的应急预案。

(2)系统分析法

编制人员可以经过严格的危险分析、应急能力评估等过程,系统地确定应急预案体系框架结构,再扩展编制完整的应急预案。

(3)归纳法

编制人员可以分析现有预案,根据发展状况、变化情况,归纳原有预案缺乏的内容,来补充、更新从而得到新的预案。

编制预案时,编制人员需要严格地对应急预案中的每一步骤进行内容审核,评判其逻辑性、完整性、实用性,看职责划分是否全面、界面是否清晰,应急组织架构配置是否合理,应急处置程序是否调理、高效,应对措施是否简单实用、具有可操作性。

完整的应急预案一般包括基本预案、应急功能设置、特殊风险应对、标准操作、支持附件等。

基本预案即基本计划,是企业应急反应组织和方针的综述。基本预案援引支持应急行动的法律依据,概括应急预案所要解决的形势,说明应急行动的总体思路并明确各应急组织在应急准备和应急行动中的职责。

应急功能设置是明确每一个应急功能,是围绕一项具体的应急任务的实施而编写的计划和方法。如报警与通告、指挥与控制、警报和紧急公告、通信保障。

特殊风险应对是针对具体某一类或特定场所(如重大危险源)的重大事故特点,对某些特定的要素按需要进行补充,即形成专项预案。专项预案的针对性较强,措施和方法都非常具体,一般不重复前面已有的一般性内容。特殊风险管理也可理解为"专项预案"。

特殊风险管理说明处置此类风险,应设置的专有应急功能或有关应急功能所需的特殊要求,明确这些应急功能的责任部门、支持部门、有限介入部门以及它们的职责和任务。

可能列出的重大事故风险类型包括:

① 危险化学品事故;

② 矿山生产安全事故;

③ 重大建筑工程事故;

④ 核物质泄漏;

⑤ 大面积停电;

⑥ 海难、空难和铁路路内、路外事故;

⑦ 火灾。

标准操作(SOPS)由相应的责任部门组织编制,预案管理部门组织评审并备案。标准操作的内容包括程序的目的、执行主体、时间、地点、任务、步骤和方式,以及所需的检查表和附图表。编制时应当采用统一格式,语言简洁明了,描述清楚应急准备、初期响应、扩大应急和应急恢复4个阶段中规定的各项任务,与应急预案和各部门的职责和任务协调一致,并且要规定保存执行程序时的记录及样式和期限。

支持附件主要包括以下附件:危险分析附件,通信联络附件,法律法规附件,应急资源附件,教育、培训、训练和演练附件,技术支持附件,协议附件,其他支持附件。

下面按照常用预案结构举例来说明预案的编制工作。在应急预案编制完成,经过评审与发布后,便可以进入培训和演练的阶段。

《××分公司防御自然灾害通信保障综合应急预案》

1. 总则

(1) 编制目的

简述预案编制的目的、作用等。例如,《××分公司防御自然灾害通信保障综合应急预案》的编制是为健全与完善××分公司防御自然灾害通信保障应急工作机制,促进分公司应急工作的协调配合和快速反应,保证应急通信指挥调度工作迅速、高效、有序地进行,提升应对各类自然灾害突发性事件的处置能力,最大限度地降低自然灾害对通信业务的影响,保障通信安全、畅通,特制订本预案。

(2) 编制依据

简述预案编制所依据的国家法律法规、规章,以及有关行业管理规定与技术规范和标准,或是相关的应急预案等。如上例中《××分公司防御自然灾害通信保障综合应急预案》编制依据:《国家通信保障应急预案》《××省通信保障应急预案》《××市防汛抗旱防风应急预案》《××市防御洪水热带气旋暴雨应急预案》《××分公司应急恢复总体预案》《××集团公司防大灾通信保障应急组织预案》《××××公司抢险救灾通信保障管理办法》《××公司抢险救灾通信保障应急响应工作方案》。

（3）适用范围

说明应急预案适用的区域范围,以及事故的类型、级别。《××分公司防御自然灾害通信保障综合应急预案》是××公司防御自然灾害通信保障综合性应急预案,适用于××市范围内发生各类自然灾害(包括台风、龙卷风、暴雨、洪涝、冰雪、干旱、地震等不可抗拒的自然性灾害),以及由此引发的衍生灾害(如山洪、泥石流、山体滑坡、风暴潮、海啸、森林火灾等灾害)的预防和通信保障应急处置工作。

（4）应急预案体系

说明本单位应急预案体系的构成情况。

一般生产经营单位应急预案体系主要划分为综合预案、专项预案、现场预案 3 个层次。如上例中的预案为综合预案,下设两个专项预案:××分公司防御台风、洪涝等灾害通信保障专项应急预案和××分公司防御地震灾害通信保障专项应急预案。两个现场预案:××分公司防御台风、洪涝等灾害通信保障现场处置方案和××分公司防御地震灾害通信保障现场处置方案。

（5）工作原则

说明本单位应急工作的原则,内容应简明扼要、明确具体。如坚持"以人为本,减少危害;以防为主,防抗结合;统一指挥,分级负责;广泛动员,协同应对;快速反应,保障有力"的工作原则,完成防御自然灾害通信保障应急工作。

2. 生产经营单位的危险性分析

（1）生产经营单位概况

主要包括单位的地址、从业人数、隶属关系、主要原材料、主要产品、产量等内容,以及周边重大危险源、重要设施、目标、场所和周边布局情况。必要时,可附平面图进行说明。

（2）危险源与风险分析

主要阐述本单位存在的危险源与风险分析结果。根据本单位具体情况参照本章"第 1 节 危险的识别与分析"进行事故风险分析。

3. 组织机构及职责

（1）应急组织体系

明确应急组织形式、构成单位或人员,并尽可能以结构图的形式表示出来。对于关键岗位设置替代顺序,以防止出现因某一个人的原因而造成应急方案实施时出现"群龙无首"的场面。

（2）指挥机构及职责

明确应急指挥机构总指挥、副总指挥、各成员单位及其相应职责。应急救援指挥机构根据事故类型和应急工作需要,可以设置相应的应急救援工作小组,并明确各小组的工作任务及职责。

（3）应急资源

明确应急行动所需要的人力资源、物质、资金、技术等各类资源准备。应急组织体系中每个岗位都须指定人力资源,无论是专职应急人员或是兼职应急人员,不能出现"设岗不设人"的情况。应急物质涉及的范围最广,按用途可分为防护救助、交通运输、食品供应、生活用品、医疗卫生、动力照明、通信广播、工具设备,以及工程材料等,可以说应急物质是应急行动的后勤保障。资金是指应急行动或应急演练所需要的专用资金。技术资源指应急管理专项研究、专业技术开发、应用建设、技术维护和专家等资源。

4. 预防与预警

(1) 危险源监控

明确本单位对危险源监测监控的方式、方法,以及采取的预防措施。一般来说,通信行业预警信息可分为两类,一类是外部预警信息,来自于通信行业外的突发情况,需要保障通信或者是对通信网络可能造成重大影响的事件。例如,突发气象灾害预警信号是防御自然灾害的统一信号,一般由市级及以上气象主管机构所属的气象台站统一发布。各级广播电台、电视台等媒体和有关运营企业应当及时播发气象主管机构所属气象台站发布(包括重新确认或更新)的突发气象灾害预警信号,作为企业、单位的外部预警信息。另一类是内部预警信息,即通信网内部产生的事故征兆或者突发事故,可能会引起部分甚至全部通信网出现通信故障的信息。例如,重要干线或是枢纽局出现的预警信息,不仅会对本地通信网产生重大影响,更会辐射到关联局业务。因此,各级基础网络运营商应加强对骨干线路、重要站点设备日常运行的监控分析,主动、及时发现预警信号。

(2) 预警行动

明确事故预警条件、方式、方法和信息的发布程序。本单位在对危险源监控检测数据的基础上明确启动预警预案的触发条件并确定预警级别,实行分级响应。主管部门发布预警信息和响应级别信息后各单位应立即启动相应级别的应急预案进入应急状态,此时应急救援小组应进入待命状态,同时做好应急救援物质、通信器材、交通工具等应急响应行动的准备工作。

(3) 信息报告与处置

按照有关规定,明确事故及未遂伤亡事故信息报告与处置办法。

① 信息报告与通知

明确24小时值守电话、事故信息接收和通报程序。

② 信息上报

明确事故发生后向上级主管部门和地方人民政府报告事故信息的流程、内容和时限。事故发生后,一般由事故现场的负责人员向本部门负责人汇报事故发生的时间、地点、发生过程、目前后果、初步分析的原因、控制事故采取的措施等事故详细情况;再通过部门负责人向单位或机构的最高负责人和应急指挥部报告;单位或机构最高负责人需在接到事故汇报1小时内向上级主管部门和地区级及以上人民政府报告。当然如遇紧急情况,事故现场负责人员可以直接向地区级及以上人民政府汇报现场情况,可以减少信息上报环节,为应急行动争取时间。在应急程序生效之前,现场人员需积极保护事故现场,尽可能采取措施减缓事故进一步恶化或蔓延。

③ 信息传递

明确事故发生后向有关部门或单位通报事故信息的方法和程序。应急指挥机构、应急抢险队伍、应急救援人员、后勤物质链路等各相关组织以及主管部门、人民政府应急抢险办公室、政府其他相关部门的联系电话都应当在预案中有准确、醒目的信息。一般情况下应急值守电话24小时保持畅通,不过需考虑事故发生地可能出现通信中断或其他特殊情况,也应考虑多种通信方式。

5．应急响应

（1）应急分级

针对事故危害程度、影响范围和单位控制事态能力,将事故分为不同的等级。按照分级负责的原则,明确应急响应级别。

例如,全国通信网应急响应分为 4 个等级,如下所示。

Ⅰ级:突发事件造成多省通信故障或大面积骨干网中断、通信枢纽楼遭到破坏等重大影响,以及国家有关部门下达的重要通信保障任务,由国家通信保障应急领导小组负责组织和协调,启动国家通信保障应急预案。

Ⅱ级:突发事件造成某省(区、市)多个基础电信运营企业通信故障或地方政府有关部门下达通信保障任务时,由各省(区、市)通信管理局的通信保障应急管理机构负责组织和协调,启动省(区、市)通信管理局通信保障应急预案,同时报国家通信保障应急工作办公室。

Ⅲ级:突发事件造成某省(区、市)某基础电信运营企业多点通信故障时,由相应基础电信运营企业通信保障应急管理机构负责相关的通信保障和通信恢复应急工作,启动基础电信运营企业相应的通信保障应急预案,同时报本省(区、市)通信管理局应急通信管理机构。

Ⅳ级:突发事件造成某省(区、市)某基础电信运营企业局部通信故障时,由相应基础电信运营企业通信保障应急管理机构负责相关的通信保障和通信恢复应急工作,启动基础电信运营企业相应的通信保障应急预案。

同理,各省、市通信运维管理部门在制订本单位应急预案时也应依据事故的危害程度、紧急程度、发展态势和控制事态能力做出预警分级。

（2）响应程序

对应于灾害预警级别,应急响应行动也采用分级负责、快速反应原则。不同级别的应急响应都应明确应急指挥、应急行动、资源调配、应急避险、扩大应急等响应程序。

（3）应急结束

明确应急终止的条件。事故现场得以控制,环境符合有关标准,导致次生、衍生事故隐患消除后,经事故现场应急指挥机构批准后,现场应急结束。

应急结束后,应明确:

① 事故情况上报事项;

② 需向事故调查处理小组移交的相关事项;

③ 事故应急救援工作总结报告。

6．信息发布

明确事故信息发布的部门,发布原则。事故信息应由事故现场指挥部及时准确向新闻媒体进行通报。

7．后期处置

后期处置主要包括现场善后处理、事故后果影响消除、生产秩序恢复、善后赔偿、奖惩评定、抢险过程和应急救援能力评估及应急预案的修订内容。

8．保障措施

（1）通信与信息保障

明确参与应急工作相关联的单位或部门人员通信联系方式和方法,并提供备用方案。建立信息通信系统及维护方案,确保应急期间信息通畅。

（2）应急队伍保障

明确各类应急响应的人力资源,包括专业应急救援队伍、兼职应急救援队伍的组织与保障方案。

（3）应急物资装备保障

明确应急救援需要使用的应急物资和装备的类型、数量、性能和存放位置、管理责任人及其联系方式等内容。

（4）经费保障

明确应急专项经费来源、使用范围、数量和监督措施，保障应急状态时生产经营单位应急经费的及时到位。

（5）其他保障

根据本单位应急工作需要而确定其他相关保障措施（如交通运输保障、治安保障、技术保障、医疗保障、后勤保障等）。

9. 培训与演练

（1）培训

明确对本单位人员开展的应急培训计划、方式和要求。如果预案涉及其他人员，要做好宣传教育和告知等工作。

（2）演练

明确应急演练的规模、方式、频次、范围、内容、组织、评估、总结等内容。应急演练是应急准备的一项重要工作，通过演练，可以发现应急预案存在的问题，检查预案的可行性和应急反应的准备情况，进一步完善应急运行工作机制，提高应急反应能力。

10. 奖惩

明确事故应急救援工作中奖励和处罚的条件和内容，为应急行动结束后进行奖惩评定制订行为准则。

11. 附则

（1）术语和定义

对应急预案涉及的一些术语进行定义。

（2）应急预案备案

明确本应急预案的报备部门。

（3）维护和更新

明确应急预案维护和更新的基本要求，定期进行评审，实现可持续改进。

（4）制订与解释

明确应急预案负责制订与解释的部门。

（5）应急预案实施

明确应急预案生效的具体时间。

7.2.4 应急预案培训及演练

为提高应急救援人员的技术水平与应急救援队伍的整体能力，以便在事故的应急救援行动中，达到快速、有序、有效的效果，经常性地开展应急救援培训训练或演练应成为应急救援队伍的一项重要的日常性工作。应急救援培训与演练的指导思想应以加强基础、突出重点、边练边战、逐步提高为原则。应急培训与演练的基本任务是锻炼和提高队伍在突发事故情况下的快速抢险堵源、及时营救伤员，正确指导和帮助群众防护或撤离，有效消除危害后果，开展现场急救和伤员转送等应急救援技能和应急反应综合素质，有效降低事故危害，减少事故损失。

1. 应急培训

应急培训的范围应包括政府主管部门的培训、社区居民的培训、企业全员的培训、专业应急救援队伍的培训。

基本应急培训是指对参与应急行动所有相关人员进行的最低程度的应急培训,要求应急人员了解和掌握如何识别危险、如何采取必要的应急措施、如何启动紧急情况警报系统、如何安全疏散人群等基本操作,尤其要加强火灾应急培训以及危险物质事故应急的培训。因为火灾和危险品事故是常见的事故类型,因此,培训中要加强与灭火操作有关的训练,强调危险物质事故的不同应急水平和注意事项等内容。

应急培训内容主要包括以下几方面。

(1) 报警

使应急人员了解并掌握如何利用身边的工具最快最有效地报警,如用手机、寻呼、无线电、网络或其他方式报警。使应急人员熟悉发布紧急情况通告的方法。当事故发生后,为及时疏散事故现场的所有人员,应急队员应掌握如何在现场贴发警报标志。

(2) 疏散

为避免事故中不必要的人员伤亡,应培训与教育足够的应急队员,在紧急情况下,现场安全、有序地疏散被困人员或周围人员。

(3) 火灾应急培训

要求应急队员必须掌握必要的灭火技术以及在着火初期迅速灭火,降低或减少导致灾难性事故的危险,掌握灭火器的识别、使用、保养、维修等基本技术。

(4) 不同水平应急者培训

初级意识水平应急者:发现灾情。

初级操作水平应急者:处理普通灾情。

危险物质专业水平应急者:危险物质应急。

危险物质专家水平应急者:提供高水平决策支持。

事故指挥者水平应急者:指挥者。

2. 应急演练

(1) 应急训练

应急训练根据应急演练的基本内容不同可以分为基础训练、专业训练、战术训练、自选科目训练。

① 基础训练

基础训练是应急队伍的基本训练内容之一,是确保完成各种应急救援任务的基础。基础训练主要包括队列训练、体能训练、防护装备和通信设备的使用训练等内容。训练的目的是使应急人员具备良好的战斗意志和作风,熟练掌握个人防护装备的穿戴、通信设备的使用等。

② 专业训练

专业技术关系应急队伍的实战水平,是顺利执行应急救援任务的关键,也是训练的重要内容,主要包括专业常识、堵源技术、抢运和清消,以及现场急救等技术。通过专业训练可使救援队伍具备一定的救援专业技术,有效地发挥救援作用。

③ 战术训练

战术训练是救援队伍综合训练的重要内容和各项专业技术的综合运用,是提高救援队伍实战能力的必要措施。战术训练可分为班(组)战术训练和分队战术训练。通过训练,可使各级指挥员和救援人员具备良好的组织指挥能力和实际应变能力。

④ 自选科目训练

自选科目训练可根据各自的实际情况,选择开展如防化、气象、侦检技术、综合演练等项目的训练,进一步提高救援队伍的救援水平。在确定训练科目时,专职救援队伍应以社会性救援需要为目标确定训练科目;兼职救援队应以本单位救援需要,兼顾社会救援的需要确定训练科目。救援队伍的训练可采取自训与互训相结合:岗位训练与脱产训练相结合,分散训练与集中训练相结合的方法。在时间安排上应有明确的要求和规定。为保证训练有素,在训练前应制订训练计划,训练中应组织考核,演练完毕后应总结经验,编写演练评估报告,对发现的问题和不足应予以改进并跟踪。

(2) 应急演练

应急演练(Emergency Exercise)是指针对情景事件,按照应急预案而组织实施的预警、应急响应、指挥与协调、现场处置与救援、评估总结等活动。

情景事件(Scenario Event)针对生产经营过程中存在的危险源或危险、有害因素而设定的突发事件(包括事故发生的时间、地点、特征、波及范围以及变化趋势等)。

按照应急演练的内容,可分为综合演练和专项演练;按照演练的形式,可分为现场演练和桌面演练。

综合演练(Complex Exercise)是指根据情景事件要素,按照应急预案检验包括预警、应急响应、指挥与协调、现场处置与救援、保障与恢复等应急行动和应对措施的全部应急功能的演练活动。

专项演练(Individual Exercise)是指根据情景事件要素,按照应急预案检验某项或数项应对措施或应急行动的部分应急功能的演练活动。

现场演练(Field Exercise)是指选择(或模拟)生产建设某个工艺流程或场所,现场设置情景事件要素,并按照应急预案组织实施预警、应急响应、指挥与协调、现场处置与救援等应急行动和应对措施的演练活动。

桌面演练(Tabletop Exercise)是指设置情景事件要素,在室内会议桌面(图纸、沙盘、计算机系统)上,按照应急预案模拟实施预警、应急响应、指挥与协调、现场处置与救援等应急行动和应对措施的演练活动。

应急演练的基本内容包括预警与通知、决策与指挥、应急通信、应急监测、警戒与管制、疏散与安置、医疗与卫生保障、现场处置、公众引导、现场恢复、总结与评估。

习 题

1. 应急管理工作分几个阶段?
2. 应急能力评估的主要目的是什么?
3. 应急预案分为哪几类?
4. 应急预案的六要素分别是什么?
5. 应急预案的典型组成包括哪些?

参 考 文 献

［1］ 李尧远. 应急预案管理. 北京：北京大学出版社，2013.
［2］ 姚国章，陈建明. 应急通信新思维：从理念到行动. 北京：电子工业出版社，2014.

第8章 应急生存

知识结构图

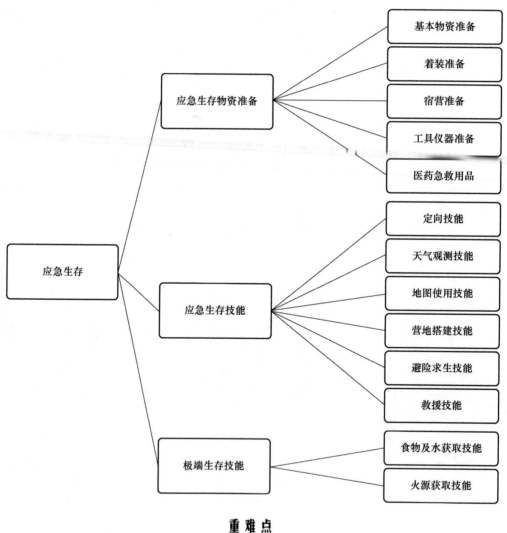

重难点

重点：应急生存物资准备。

难点：极端生存技能。

8.1　应急生存物资准备

在灾害或是重大事故发生后,应急救援人员需迅速地在特殊情况下展开救援行动,应急通信保障人员也要快速反应,在极端环境下开展工作。应急救援人员、应急通信保障人员的生存状态与平时相比,也是非常态的。如果不能让自己生存下来,各项工作将无法开展,一切都是空谈。所以,应急救援人员、应急通信保障人员的应急生存能力关系整个行动的成败。

狭义的应急生存是指在紧急情况发生时,个体在非常态环境下采取自救、互救以提高个体的生存能力的行为。广义的应急生存分为 3 个阶段:一是正常状态下的准备工作,包括物资准备和技能训练,;二是非常态环境下,个体利用物资、技能等来维持生命;三是到达安全环境后,身体恢复、心理疏导及技能训练等。应急生存的最终目的是维持生命。本章节分生存物资、生存技能、极端生存技能三部分常识来介绍,如有深层次的需要,建议参加专业训练。

8.1.1　基本物资准备

我国《突发事件应对法》要求针对应急物资建立储备保障制度,包括对这些物资的监管、生产、储备、调拨和紧急配送体系。作为生活必需品,食物和纯净的水理所当然是一种重要的应急物资。

在应急通信保障任务中,我们需要保障整个救援任务实施过程中的通信网络正常运行,时间长、环境艰苦、工作强度高,主要携带的物品是通信类设备,需要携带的其他物资要尽可能少。为了保证自己的生存,保证生命的最低限度的物资必须带齐,下面就介绍应急生存的基本物资。

1. 食物和水

食物和水是人的生命进行新陈代谢的基本保障,在完成应急通信保障任务时,在应急生存状态下,个人携带的食物和水至少要满足 3 天的生活需要。当然,越多越好。

高效的食物可以使体力更加充沛,如巧克力、压缩饼干、方便面等。为了保证食物不被污染,尽量购买一次吃完的量或者分小包装携带。

建议应急物资储备考虑这些食品及水:09 式压缩干粮、单兵自热食品、军用罐头、军用巧克力、牛肉干、干脆面、方便面等,1 500 mL 的水 5 箱,每箱 12 瓶,装水容器(推荐塑料材质)、净水药片、户外单兵净水器、海水淡化剂。这些物资体积小,方便携带,如道路修通,可以在车上装载一部分,减轻背负的重量。

2. 火种、燃料及炊具

火种是人类生存最重要的物品。火可以用来加热或烧烤食物、煮沸水,更可以照明、取暖、防身、驱虫兽。使用火时必须加强安全意识,严禁在禁火区生火,用完后一定要严格扑灭。生火时应选取背风、平坦、远离枯草和树木的空地,有专人看守。

建议携带防风火柴(注意密封和防潮)、防风打火机、打火石(即可节约火柴,又可练习生火技巧)等火种。先用打火机,后用火柴,间隔使用打火石。

另外一定要带蜡烛(帮助取火、照明、密封瓶口、洞口探测风向和洞内探测氧气含量)、火绒。

炊具建议携带 4~5 人份的套锅,如果是 1~2 人,建议带折叠把手不锈钢饭盒是最方便的。炉具则以携带固体燃烧炉和相应的固体燃料较为理想。

3. 刀具

刀具的作用非常多,可以开路,可作斧、锯、锤子来搭建帐篷,可挖洞挖野菜、狩猎,更可以防御等。条件允许可以携带多种独立刀具,如考虑便携性则可携带组合刀具。

独立刀具具有单个刀体和刀柄,如折叠刀、砍刀、野战刀等。折叠刀适合切、削。砍刀适合砍、剁、削切,也可挖野菜。野战刀适合砍、剁、削、切、挖、别,也可防身。

组合刀具以刀具为主,辅有其他功能。常见的有多功能刀具、野外生存刀等。多功能刀具最常见的是瑞士军刀,除了刀以外,它还有多种工具,如螺丝刀、锯、钩子、钳子、锥子、起子、放大镜等。刀具选择较多,建议选择常用功能的组合刀具,重点是坚固耐用。

8.1.2 着装准备

在户外做应急通信保障工作时,着装也是非常重要的,必须要考虑舒适、耐用、防护等方面。

头部在夏天建议考虑宽沿遮阳帽,冬天考虑头套,寒冷地区加围脖保暖,风沙地区考虑护目镜,雪原地区佩戴墨镜,滑坡宽沿、山地佩戴头盔或安全帽防止流石砸伤,并在撞击和跌落时保护头部。

服装方面,夏天主要考虑防晒、防护及防雨,建议穿着透气防晒的衣服,也可携带一件雨衣。冬天主要考虑保暖、透气。建议冬天穿着羊绒羊毛织物的衣服加冲锋衣等。另外可以带一些大的聚乙烯塑料袋,可以做斗篷、装水,还可避风、遮雨并保暖。

在做应急通信保障时,手部一定要戴手套,考虑工作需要,建议戴分指型手套,可以灵活地做事。

应急抢险时期步行或攀爬机会较多,要保护好脚最重要的是要有一双合适的鞋子。脚上要穿着舒适合脚的鞋,忌新鞋,一般应比平时穿的大半码或一码。可以供选择的有远足鞋、旅行鞋、沙漠鞋、攀岩鞋、登山鞋、雪地鞋、涉水鞋等。

登山鞋适合一般山地,鞋底防滑、面料防水透气。远足靴是高腰设计,重量适中,穿着舒适,不易扭伤,能防滑,防水透气,能防止毒蛇咬伤。涉水鞋低帮设计,方便排水,容易晾干,防滑。沙漠靴硬底设计,靴舌与靴帮联体,防止沙粒进入。雪地靴适合雪地和雪山。内外靴,内靴保暖,外靴固定冰爪和踏雪板。建议雪地加装腿套(雪套)、鞋罩,防止积雪进入鞋内。袜子建议选用天然织物袜子,大小松紧要合适,袜腰长于 20 cm。

为了携带各种用品,还必须准备大背包、腰包和救生包。

大背包用来收纳衣服、睡袋、食品等各种物品,一般保障任务建议选择内支撑型,森林环境不适合外支撑型。背包填装建议上重下轻,一定要紧凑。下面放衣服、宿营用品,上面放食品、水瓶,侧面挂毛巾等使用频率较高的物品。

腰包装手机、GPS、小塑料袋、救生包、证件、指南针、小手电、刀具等重要物品。

救生包要贴身存放应有火柴、打火机、蜡烛、钢丝锯、鱼钩、鱼线、细金属丝、蛇药、常用药品(根据自己的身体情况选择)、盐、针线、消毒药品、塑料布、别针、创可贴、医用绷带、胶布、手术刀片、净水药片。为了考虑安全性,救生包应多备几个,分不同地方放置。

8.1.3 宿营准备

应急通信保障任务中需要足够的休息来恢复体力,这样才能保证任务完成的质量,应急通信保障人员可以轮流替换休息。帐篷作为户外露营最重要的物品,一定要携带。帐篷根据用途、性能分为车载帐篷(屋形帐篷)、登山帐篷、休闲帐篷等。另外还要携带睡袋、防潮垫等。

车载帐篷空间大、多人、稳定性好、抗风,但安装复杂,适合多人使用。装在车顶可以防止野兽、虫类袭击。登山帐篷适合山地攀登使用,轻便、抗风、保暖、强度高、不宜破损,但透气性差。休闲帐篷经济适用,适于一般环境下使用,但抗损性差,防水和保暖差,不适合恶劣天气。选择帐篷需要考虑气候、用途、人数、颜色和款式。使用中要注意每天检查帐篷,发现小洞要及时修补。

帐篷内宿营时要配备睡袋和防潮垫。

睡袋结合了被子和褥子在一起的优点,轻便、保暖、易于维护。睡袋的填充物主要有真空棉、九孔棉、膨胶棉、羽绒等。防潮垫不仅可以减轻地面的不舒适感,也可以隔绝冷冰冰的感觉。常见的防潮垫有塑料泡沫(聚乙烯)和充气式两种,塑料泡沫式防潮垫重量轻但舒适性差不耐用,自充气型防潮垫是目前应用较多的一种,它舒适、体积小、易携带、防潮、保暖。

扎营时可以使用行军锹、钳子、钢锯(或钢丝锯)等物品。

8.1.4　工具仪器准备

户外应急通信保障时需要准备照明工具、定位仪器,当然也包括老本行——通信工具。照明工具可以使用头灯、手电等。头灯配合头盔使用,方便工作。另外准备一些信号及定位工具,如口哨、信号镜、指北针、军用或交通地图(尽量不要用电子的)、手持 GPS(用干电池)、电池等。通信工具如手机、对讲机、卫星电话、充电宝、逆变器等。

8.1.5　医药急救用品准备

常用的野外口服药品包括感冒药(含有马来酸氯苯那敏类药,解热镇痛药类药,抗病毒类药,中成药如板蓝根颗粒、双黄连口服液、藿香正气水等)、广谱抗生素、蛇药等。

外用消毒药品包括 75％乙醇、医用碘附(用于外科手术中手和其他部位皮肤的消毒)、双氧化氢(水溶液适用于医用伤口消毒、外耳道消毒、环境消毒)。

包扎用品包括一次性消毒纱布、绷带、三角巾、足量创可贴、医用脱敏胶布、止血带、小夹板等。

8.2　应急生存技能

应急通信保障的工作地点大多是在大自然的野外环境中,这时需要应急通信保障人员具有一些生存技巧,以备不时之需。

8.2.1　定向技能

野外环境首先需要学会定向技能。定向技能分为无工具定向、有工具定向和仪器定向3 种。

1. 无工具定向技能

无工具定向是指在没有定向工具的时候依据自然信息确定方向。

① 太阳定向:如果时间足够且有明显的太阳光,寻找一根较长的、笔直的木棍,立在平坦地面上,并以木棍中心为圆心画一个小一点的圆,半径不超过木棍长度。当影子随太阳光变化在圆圈内移动时,在圆圈处有交点,先标记第一个交点位置,过一段时间后随着影子的移动再标记第二个交点位置,连接两个交点的连线为东西方向,连线的垂线是南北方向。

② 北极星定向:我国位于北半球,如果夜空晴朗,可以看到北极星。首先找到七颗星星组成的勺子状的北斗七星,眼睛随着勺子顶的两颗星的连线移动,将连线长度延长四倍就会找到很亮的北极星,北极星刚好位于北半球的正北。

③ 植物定向:植物的趋光性决定了植物大部分的花朵、叶子都朝向南方。地衣、苔藓类植物喜阴,阳面叶面小且干燥,掐起来发硬,颜色呈黄、棕、红等颜色,阴面叶面大、潮湿、易折断,呈绿色。山口的松树枝、叶南侧较茂盛,北侧稀疏,北方河岸边的柳树会向南侧倾斜。

④ 风向定向:春天易刮南风,冬天易刮北风,秋天易刮东北风,但是会有一定的误差,建议结合气象资料准确判断。

⑤ 残雪定向:北方降雪区,阳面的雪比阴面的雪硬。如果雪在一面融化厉害,那么那一面是阳面。

2. 工具定向技能

① 缝衣针定向:利用救生包中的缝衣针通过磁铁,或在头发、化纤衣物上顺着同一方向摩擦,然后悬吊或放置在有少量水的陶瓷盘子,或铁面上,缝衣针会逐渐指向南北方向。这种方法有一定误差和实施难度。

② 指针手表定向:时针对着太阳,时针与 12 点间的角平分线是南方,这种方法实施时手表要平放。

3. 仪器定向技能

以上几种方法包括普通指南针都是不精确的定向方法。要想实现精确的定向,需要借助仪器,还要结合地图。

① 罗盘仪:可以选择军用罗盘仪或者地质罗盘仪,能指示方向,还可以配合地图确定自己的位置、测量距离、校正方向。

② 手持 GPS:手持 GPS 不仅可以确定经纬度,还可以导航,用途非常广泛,但是一定要带使用干电池的 GPS,千万别忘了电池。

8.2.2 天气预测技能

在户外工作时,我们需要随时注意天气的变化情况,虽然可以使用收音机、手机上的天气软件或者应急通信车内的 PC 查询,但是也必须知道一些简单的天气预测技能。

1. 云彩预测

形容云的关键字有层、积、卷、高、乱。几种关键字可以组合为词,来形容云相。

层是指分布均匀、密集、面积大、连续。积是指形成团、块状的云。卷是指丝状、线状、条状、靠近而不连接。高是指 5 000～6 000 m 以上。乱是指块头大、形状不固定、分布不连续。

常见的几种云相如下所示。

① 积云:伴随蓝天、白云,代表天气晴朗。

② 积层云:积云密布满天,代表不久后有小雨或小雪。当云变黑暗,代表大雨雪天气。

③ 卷云:代表天气一两天内会变化,但今天无雨。

④ 卷积云:云成小块状,又连接成线状,类似鱼鳞,代表几小时或一天后有雨。

⑤ 卷层云:薄薄的卷云密布,常常在太阳或月亮周围形成晕,几小时后会有小雨,常常是连绵的细雨。

⑥ 层云:较薄的层云一般会逐渐上升,并最后消失;稍微厚一些的层云有时会形成雾;灰色的较厚的低空层云能引起绵绵细雨,如遇到冷空气雨量会增大。

⑦ 高层云:代表短时间内有不确定的打雷下雨天气变化。

⑧ 高积云:云团像绵羊群,若被风吹散,代表天气转好,若云团集中,几小时后会下雨。一般情况下,吹向西方,天气好转可能性大,反之容易变天。

⑨ 乱层云:乱云密集排列且翻滚,云色灰白,代表几小时后下雨。

⑩ 乱积云:典型的雷阵雨云相,云集中的地方是黑压压的云团,没有云的地方是晴天,哪有乌云哪里下雨。

2. 动物行为预测

动物的行为可以预测天气,预示着即将发生的变化。

青蛙在下雨前夕不停地鸣叫,预示着要下雨。蚯蚓钻出地面预示今天有雨。蜻蜓低飞预示将要下雨。蚂蚁搬家预示要有大雨。蛇在下雨前会从低洼处转向高处。燕子低飞预示即将下雨。人体疤痕在阴雨天的前夕会发痒,受过伤的关节也会疼痛。早晨的蜘蛛网上有水珠,预示今天晴朗。

8.2.3　地图使用技能

野外环境还必须具有一定识图知识,如图例识别、比例尺使用、等高线识读、坐标线识别等技能,除此之外还应当了解一些经纬度的知识。

1. 图例识别技能

常用地图上通常用一定的符号或图形来表示出现常见景观和建筑物,如山川、河流、沙漠、森林、沼泽、机场、加油站等。图例通常出现在地图的下部,读图前要先看图例。

2. 比例尺使用技能

比例尺是图上长度相对于实际长度的比。如 1:5 000,1 mm 的长度就相当于实际距离的 50 m。

在使用地图时,首先找到地图上两点,用一条缝衣线重合摆放到地图上两点间,做好标记,接着拉直缝衣线测量其长度,然后乘以比例尺的分母,再换算成米或公里就可以了。对于百万分之一的地图,图上的 1 mm 正好是实际距离的 1 公里。

3. 等高线识读技能

等高线指的是地形图上高程相等的相邻各点所连成的闭合曲线。把地面上海拔高度相同的点连成闭合曲线,并垂直投影到一个水平面上,并按比例缩绘在图纸上,就得到等高线。等高线也可以看作是不同海拔高度的水平面与实际地面的交线,所以等高线是闭合曲线。在等高线上标注的数字为该等高线的海拔。

海拔是绝对高度,也就是以海平面为起点,地面某个地点高出海平面的垂直距离。等高距是相邻等高线之间的高度差。同一幅地图中,等高距相等。等高线地形图是用等高线表示一个地区地面的实际高度和高低起伏的地图。

等高线在地图上会由于地形的不同而形成不同的形状。

封闭成同心圆形表示地形比较复杂。很多等高线在一个地方集中代表一座山或者是洼地。不规则形的等高线代表地形复杂,等高线重合或中断代表有垂直地面的悬崖或瀑布。切记不要选择等高线密集(变窄)的地方通过,因为等高线宽代表平缓地形,等高线窄代表陡峭。

4. 坐标线识别技能

军事、地质地图有正方形格子,这些格子设计成与比例尺成整数倍的比例,有方格的地图适用于需要快速寻找到自己或对方位置,方便救援。

8.2.4 营地搭建技能

1. 宿营注意事项

野外宿营时,冬天选择向阳场地,夏天选择阴凉场地(不要在孤立高树下),一般选择平坦、开阔、避风的场点,应当有一定的高度,附近有排水河道(不可在干涸的河道、水道宿营,不要在瀑布下)。考虑取水问题,尽量离水源不要太远,切记不可太近,避免与饮水动物碰面。不可在干涸的河道(水道)上建立营地。注意不要靠近悬崖、易滑坡地点、积雪多的地点、森林深处。

应急通信保障工作时在野外宿营,由于人员较多,一定要做好宿营地功能区划分。且应有人负责安全、卫生工作。一般将宿营地划分为取火区、炊事区、饮水区、洗漱区、帐篷区、休闲区、厕所等区域,外围应当设置警戒线。

取火区是用来生火的地方,这片区域应当与帐篷有一定距离,但是不能太远,周围不能有易燃的区域,不要砍伐树木,应收集枯枝落叶和其他燃料。在紧挨着取火区的地方设置炊事区,炊事区设置在营火区的上风口。帐篷区应当选择平整、实土、干燥沙土地或松软营地,注意防水、火,最好围绕在取火区。饮水区应在营地附近河流的上游,远离动物饮水区域,洗漱区在营地附近河流的下游。休闲区用来工作之余的休闲活动,紧挨帐篷区。厕所设置在营地的下风口,与活动区间最好有遮挡。但是不能把厕所建在水源附近,排泄物也不能流入水源,排泄后最好用沙土覆盖。

宿营最需要注意的是人员的健康,饮水、饮食都需要注意卫生。睡袋、被褥需要晾晒杀菌,还要预防咬伤、感冒等情况。

一般情况下,建议选择原始的活动水源(如山泉水、小溪、河流),死水(池塘、洼地积水、断流河水)应该处理加热后再饮用。加热后出现白色絮状沉淀的水硬度太大,不利久饮。野外尽量烧开水再喝,且要小口多饮。野外不要带容易变质的食物,尽量带方便食品,在野外现煮现吃。如果食物短缺,需要捕获动物,注意不要生食,做熟后再吃。食物要用透气性好的袋子装好,吊在与地面保持一定的距离、远离树干的树枝上。

2. 搭建庇护所

除了搭建帐篷之外,还可以建立一个庇护所。庇护所可以设置在天然山洞,在洞口加一道阻挡物,进去前需要用火把照明查看是否安全、试探氧气是否充足,洞口要点篝火,但应注意防止一氧化碳中毒。除了山洞以外,还可以寻找安全的树洞、倒扑的大树树根顺势搭建庇护所。

3. 搭建帐篷

搭建帐篷首先需要清理地面,使其平坦,帐篷下面不能有动物巢穴,如蚂蚁。清理完地面后,就可以搭建帐篷,按照方法搭建完成后,要用石头、木头压住帐篷边角,以固定防风,帐篷的拉线要钉在地面或绑在树基上。建议在应急演练时做好练习。帐篷门应避风,位于下坡向。多顶帐篷成马蹄形排列或者交错排列,也可以排成两排,留有一定的空间。帐篷四周要挖20 cm的排水沟,排水口设置在低位。帐篷撑起来后拉好纱帘、门,冬天也要留下通气孔。帐篷内严禁吸烟、生火使用炉具。大背包、贵重物品、食品要放在帐篷内,刀具放在睡袋两侧可触及的地方。睡觉时头朝帐门侧,方便迅速离开。

4. 恢复宿营地

应急通信保障工作完成后,撤离时需要恢复宿营地至原状,做好环境保护。临走前填平厕所、排水沟,拆除炉灶,在填平的厕所上立一块标志物(木头、石头),写明曾是厕所。把可以自然分解的垃圾挖深坑掩埋,把不易分解的塑料袋、易拉罐等装走带回城市投入垃圾箱。

8.2.5 避险求生技能

在应急通信保障工作中,难免在户外遇到各种险情,我们必须学会如何求生,也应当学会如何救援。以下内容就不同的紧急情况下求生及救援来分别介绍。

1. 水害避险求生

水害指洪水、暴风雨、冰雹等与水有关的伤害。

预防水害要注意:野外宿营要随时了解天气,不要在河床上宿营。遇到洪水前,带上火种、食物、衣服、漂浮物往高处跑。来不及跑时,马上找漂浮物,或抱住较大的树干。

水害求生时要注意:如果有十分坚固的建筑物,带好腰包,爬上建筑屋顶。如果落入水中,想法抓住树干、石桩、建筑物边缘让自己设法停下来。水中保持头部露出水面,尽量利用漂浮物,间歇呼吸(先深吸气,然后钻进水里再把头露出来呼吸,不停重复)。如果水冲到了宽阔的水域,水流缓下来后,应顺着水流向岸边游。如果体力不支,仰面朝天、两臂张开,让身体浮在水面。在水中时,甩掉鞋子和笨重的衣服。如果遇到冰雹,尽可能躲入通信车内,或者找到山洞,或者使用木板、石片保护头部。

水害救援时要注意:救援人员要向下游跑,趁落水人员意识清醒时,向水中抛投漂浮物、绳子等,注意不要砸到落水人员。如果你无保护又未受专业水上救护训练,不要盲目下水搭救。若水性好者下水搭救,注意下水前拿一根木棒,让他抓住木棒而不是抓住你。如果多人在岸边,可利用长竿、绳子救援。如果落水者沉下去,应当快速打捞。打捞上来后,清除其口中堵塞物,倒出水,进行人工呼吸或心脏按压。

2. 雪害避险求生

在寒冷地区,特别是北方省份做应急通信保障工作时,难免遇到雪害。

预防雪害要注意:宿营时,不要选择易发生雪崩的地点。穿越雪地时,在有凹陷的位置用登山杖或木棍探测。多人穿越雪地,队员间用绳索连接,拉开距离行进。如果是多辆应急通信车车队行进,注意保持车距。

雪害求生要注意:暴风雪时尽量把车子开到有人活动的地方(可能得到帮助)、十字路口(被发现的概率大)、相对高处(目标明显)或有大树的地方(方便建立庇护所),不要开到沟里。如果未在车内遇到暴风雪,可以找树、山洞,雪足够大也可以掏雪洞。遇到雪崩时尽量手脚划动似游泳状,保持身体位于雪上。

雪害救援要注意:注意痕迹、声音、方向,在救人之前保证自身的安全。救出遇险者后,根据情况实施心脏按压、人工呼吸。

3. 泥石流避险求生

泥石流雨季多发,在雨中、雨后出现。泥石流流速快、冲击力大,极度危险。

预防泥石流要注意:避免在山谷、河道活动或扎营。大雨中,要选择山脊、树木多的山坡通过,不要走山谷。

泥石流求生注意:逃生时要避免滑倒,可依靠树木、岩石保持直立,要躲在大树或大块石头之后,防止水中石块撞击头部,更要防止泥水呛入口中。

泥石流救援注意:有人被困泥石流中时,要从侧面拉出遇险者,也可挖掘泥石流的侧面,不要顺着泥石流方向,以免越陷越深。拉出来之后要及时检查骨折、脑损伤等情况,以便采取及时救治措施。

4. 雷击避险求生

雷击有着巨大的破坏能力,预防雷击要注意:宿营时,阴雨天远离山顶、高地、树木,不要在孤立的高树下避雨,不要靠近大型金属体,应急通信车支撑塔上一定装避雷针,野外工作一定穿上绝缘鞋子。

雷击求生注意:雷击到来时,跳上干燥非金属物体马上低头坐下,也可以团身在非金属物体上。

5. 地震避险求生

地震破坏力强、范围广、破坏性强,还会引发滑坡、洪水等次生灾害。

地震预防要注意:听到预报或感到大地震动,立即远离电梯、建筑物、耸立的高大物体、应急通信车、山洞、山坡、海滩,不要在地震刚刚结束时进入建筑物等,防止余震。为了保证头部安全,工作时要戴好安全帽和其他保护用品。

地震求生要注意:楼层低于3层时,可以迅速地逃离建筑物。楼层较高时,选择角落或者较好支撑物的位置/下面。在山上的时候尽量往上跑,顺便拿水和食物。如果被埋,根据自身的身体状况,观察周围环境。覆盖物不多时,想法缓慢移动覆盖物,寻找机会爬出。覆盖物较多时,保持体力,耐心等待救援。听到人的声音时,立刻呼喊、敲打发声发出求救信号。

地震救援要注意:按先上后下的次序搬动覆盖物,以免引起新的倒塌。救援时要携带保护设备,同时注意余震。挖掘时,初期可以使用大型机械、工具,后期尽量徒手操作。

6. 火灾避险求生

火灾除了会造成烧伤外,还会造成窒息、一氧化碳中毒。

火灾预防注意:应急通信车应当配置气体灭火器,配备逃生面罩。宿营时生火要有专人负责,远离树木、草丛、远离风口点火,少用干树叶作为燃料。特别重要的是,在应急演练当中,学会使用消防器材。

火灾求生注意:衣服着火后马上脱下衣服拍打,也可就地来回打滚。被火围困时,用湿手巾捂住口鼻,尽量贴近地面。逃生时披上打湿的毛毯、被子一类的物品可以降低烧伤的概率。空旷地方遇到草地大火,要逆风跑,也要利用水塘、河流,也可以迅速地挖掘隔离带。

火灾救援注意:如果是做饭时着火,可用锅盖盖住,或者隔绝空气阻燃。在火势凶猛时,在着火点周围砍伐树木、割草、挖隔离带。烧伤患者要注意预防感染,隔离患处,如有窒息,掏空口鼻处的堵塞物,视情况做人工呼吸。

7. 风灾避险求生

台风、龙卷风会对人造成巨大伤害,风刮起的飞石、树枝等也会对人造成击伤,吹起的流沙也可能将人埋住。

风灾预防注意:注意收听当地的天气预报,如果有预警,做好防范计划。应急通信车设点时不要在山崖下、海岸边、河边、悬崖边、码头、山脊等地。

风灾求生注意:抓住坚固的固定物,风起时马上抓住不动,利用避风的山洞、岩石、树洞,避开飞石、断树枝。沙漠地区,风灾发生时跑向迎风口,跑动时需要不停地抖动身体,以免被流沙吞灭,不要躲在车里。

8. 高原反应避险求生

高原反应出现在海拔 3 000 m 以上的区域较多,它会引起身体不适,主要原因是氧气越来越少。

高原反应预防:需要在高山上开展通信保障任务时,注意携带甘露醇、维生素 C、乙酰唑安、地塞米松等药物,同时携带氧气罐。上山时要随时注意身体变化,如有不适,立即原地休息或者撤离。高原反应有以下症状:头部胀痛、头晕、胸闷气短、咳嗽、恶心、呕吐、浑身无力、无法睡眠,严重甚至引起肺水肿、脑水肿。

高原反应求生注意:上山前口服预防药物,上山时发生急咳、乏力、呕吐时,必须立即下降。每下降 1 000 m,随时查看身体状况,同时口服药物。

高原反应救援注意:高原反应最有效的措施一般是下降、补充氧气、使用高压氧舱,或者静脉注射甘露醇来治疗脑水肿,口服乙酰唑安和地塞米松来缓解脑水肿。

9. 中暑处理

中暑是指长时间暴露在高温环境中,或在炎热环境中进行体力活动引起机体体温调节功能紊乱所致的一组临床症候群,以高热、皮肤干燥以及中枢神经系统症状为特征。中暑初期表现为头晕、眼花、乏力、胸闷、口渴、体温稍微升高等。中暑中期表现为体温升高(38 ℃以上)、面部潮红或者苍白、恶心、呕吐、大量出汗、脉搏细速、血压下降等。严重中暑表现为高热、肌肉痉挛、意识模糊、昏迷等。

中暑预防注意:在户外完成应急通信保障任务时,难免会遇到高温环境,在工作过程中,要隔段时间就休息,饮水时要喝一定的淡盐水,穿着浅色衣服,戴好遮阳帽。

中暑处理注意:出现中暑症状时,立即让患者到阴凉通风处休息,多喝冷却的盐开水,休息一到两小时左右可以恢复。另外也可以口服一定的药品,以作治疗。中暑严重的患者,应立即送医,同时在送医的路上用酒精擦身降温。

10. 交通事故避险求生

应急通信保障工作难免会开应急通信车或越野车去野外,由于受灾后道路往往已经损坏、崎岖不平,还可能有各种危险,所以特别要注意交通安全。

预防交通事故注意:一定要防止疲劳驾驶,建议外出时最好多人,可以轮换驾驶,如只有一名驾驶员,在出发的前一天一定要充分休息。冰雪地面应安装防滑链。驾车乘车时一定系好安全带。停车时,拉好手刹,根据车头高低,挂一挡或倒挡,车轮下用石块挤住。长距离下坡挂低速挡位,不要一直带刹车。

在遇到交通事故时,在车后 50~100 m 处立警示牌,雨雾天则 200 m,同时开双闪灯等,人要站在道路之外,不可停留在车内。同时视伤员状态进行救援,先重后轻,并注意骨折、失血等情况,切记妥善保护现场。

交通事故求生注意:万不得已的情况下可以采取跳车逃生,注意跳车时尽量双脚着地,降低重心顺势前滚。无法跳车时,双臂抱头,重点保护胸。如果遇到车辆撞过来且无法躲避时,尽量高高跃起双手迎向车辆。

11. 坠落避险求生

应急通信保障工作会遇到在山地开展的情况,要特别注意滑倒坠落。坠落要注意预防,行走时注意山地是否有松动的道路、石头等,也要注意附近是否有斜坡。

坠落预防注意:野外工作时,如果遇到攀登的情况,一定要有保护措施,禁止拉拽干枯树枝,不能攀登风化岩壁。冰雪山地前进时,队员间要有间隔,且用救生绳索连接。

坠落求生注意:从陡坡滑倒或者踩空坠落时,尽可能地抓住树木、岩石等,主动滚向灌木丛。

坠落救援注意:救援时注意不能乱动坠落伤员,以免损伤已经受伤的部位,应当先观察伤者的情况,弄清楚受伤部位再做处理。正常情况下应当先叫救护车再来想办法救护伤员,当然,偏远的野外应当学习 8.2.6 节的急救技能,建议参加专业培训。

12. 塌方避险求生

泥土结构、砂石结构的地方在大规模降雨或者地震之后,容易发生塌方。塌方的时候,基本上人的力量是无能为力的,但是只要没遭到重创或者窒息,便可以保存体力等待救援,如果土层不厚,可以视情况进行自救。

塌方预防注意:下雨天尽量不要在土龛下避雨,发现异常要迅速离开。土山上的洞穴不可进入,有塌方危险的区域不可踩脚大叫。

塌方逃生注意:遇到塌方迅速逃跑,往侧面跑。如果被埋,试着慢慢活动四肢,看哪里泥土松,然后向这个位置活动,看能否开通气孔。如果塌方停止,外面救援,不要乱动,待听到救援人员声音时,发出呼救,或者有节奏缓慢敲击附近的物体,但是切记别引起新的塌方。

塌方救援注意:救援塌方应当先由机械挖掘,挖掘完较厚土层后由人工救援。救援时两人配合,一人打通气孔,一人挖掘,注意不要引起新的塌方。

13. 食物、气体中毒求生

(1) 食物中毒求生

食物中毒初期表现为呕吐、腹泻、腹痛、冒虚汗等,中期除以上症状外还会有胃肠炎症,血压、心跳、呼吸异常。不治疗的话加重后会出现嘴唇变紫、瞳孔扩大、呼吸麻痹,最严重者甚至死亡。

食物中毒预防:带足食物,不乱吃不明食物,不吃腐败发霉变质食物,野外尤其不要吃颜色鲜艳的菌类。

食物中毒求生:轻微中毒,要多饮水多呕吐,排泄后静卧休息。中度或重度中毒建议送医或视距离远近采取紧急抢救措施。

(2) 气体中毒求生

野外应急通信保障工作最容易遇到的是 CO、不完全燃烧的汽车废气中毒,一氧化碳可能由篝火不完全燃烧引起。气体中毒主要表现为咳嗽、胸闷、呼吸困难、头昏脑胀、抽搐等,严重时导致昏迷、死亡。

气体中毒预防:如果工作的地点有有毒气体,工作时要戴防毒面具。野外取暖时,要防止 CO 中毒,睡觉前等火熄灭。在应急通信车内过夜,要打开车门休息,如果可以,尽量关闭汽车发动机。

气体中毒求生:如果发现有人气体中毒,立即搬离原来的位置到通风处,打开衣领,提供呼吸条件。如果携带有氧气,可以让其主动或被动吸氧。如果呼吸、心跳停止,立即进行人工呼吸、心脏按压。

14. 发送求救信号

在野外工作难免遇险,这时我们应该学习一些基本的求救信号,以备不时之需。

(1) 发出火光信号

需要求救时,可以在空旷的地方点着三对以等边三角形三顶点排列的火堆,如果有飞行员发现,便可实施救援。火堆之间距离应该在 20~30 m,不要选择在山谷和树林里,不要引起二次火灾。建议天色暗的时候使用。

（2）发出烟雾信号

如果天色较亮,建议使用烟雾信号,在空旷的地方点着三对以等边三角形三顶点排列的火堆,在火堆上放些湿柴、青草等容易发出烟雾的材料。

（3）发出 SOS 信号

在空旷的地方,用颜色与周围环境有明显反差的石头、木棒、大量树枝等摆成 3 个英文字母 SOS,以示求救,尽自己所能越大越好,至少要大于 10 m。

第二种方式是使用莫尔斯电码的 SOS 表示,"…— — —…",可以选择用较大一堆石头来代替".",用较大木棒或者大量树枝代替"—"。

（4）发出声音信号

听到有人时,可以呼喊"着火啦",也可以喊"救命",注意只在有人可能听到的时候喊,别浪费体力。如有金属物体,可以相互敲击莫尔斯电码,三短—三长—三短。

（5）发出灯光信号

用强光手电、灯笼、头灯向着有人的地方发出"SOS"信号,三短—三长—三短。

（6）利用镜子

利用能反射光线的镜子、手表、眼镜、玻璃碎片、保温瓶内胆、磨光的金属、容器盛水、罐头盒、化妆镜、汽车的反光镜等物体,向着可能有人的地方反射光晃动（如飞机）,冲着他不断晃动手中的反光镜。

8.2.6　急救技能

野外遇险时,如果懂一些急救技能,可以阻止伤害扩大,以便等待医疗救护。野外急救一般遵循 4 步:问、报、救、送。"问"是询问伤情,"报"是请求救援,"救"是视伤员情况采取合适的急救措施,"送"是在允许的情况下尽可能快速地将伤员送医。

1. 紧急救治

伤后 1 小时是决定生死的关键,应将有生命危险和短期内无生命危险的伤员分开,按照先重后轻、先救命后诊断的原则进行重点施救。具体步骤如下所示。

（1）早期评估

按如下 DRABC 程序进行检查。

D（danger）指危险,即存在的危险因素,如肠腔外溢、伤口继续出血、呼吸道阻塞、颈椎骨折等,需要立即采取措施;涉及骨折、软组织损伤的急救与处理见后续章节。

R（reaction）指反应,即检查伤员对刺激的反应。

A（airway）指呼吸道,即检查呼吸道是否通畅,口腔有分泌物时,立即吸出,保持呼吸道通畅。

B（breath）指呼吸,即观察伤员的胸廓运动情况,特别是呼吸频率。

C（circulation）指循环,即触及颈动脉或股动脉判断循环情况。一是评估意识状态,在无脑部外伤的情况下,意识水平是脑血流灌注不足的可靠指征。如有明显意识水平改变,可考虑有严重组织灌注不足和低氧血症;二是监测脉搏,估计血压,评价心输出量:轻度休克（脉搏 100~120 次/min,估计收缩压 12~13.3 kPa,心输出量降低）、中度休克（脉搏大于 120~140 次/min,估计收缩压 8~12 kPa,心输出量明显降低）、重度休克（脉搏难触及或大于 140 次/min,估计收缩压 5.3~8 kPa）;三是毛细血管再充盈试验（用手轻压伤员指甲甲床末端或以玻片轻压其口唇黏膜,如果由红转白的时间在2 s内为正常,如果大于2 s为毛细血管再充盈速度迟缓),充盈速度迟缓是组织灌注不足最早的指征之一。

如果伤者有意识、有呼吸,则要明确病情,求救,给予合适的体位;如果无意识,则要开放气道;无呼吸,则要人工呼吸,给予心肺复苏。

（2）气道开放

开放气道用于救治昏迷者,对于儿童猝死和窒息性疾病更是首先要采取的措施。

保持呼吸道通畅的方法:

① 去除口腔内假牙、出血、呕吐物和其他分泌物后,使用抬颏仰头法(往下推前额同时往上抬下颌的颏部)保证呼吸道通畅(可不使颈椎受到弯曲),存在异物阻塞气道时可选用腹(胸)部冲击法;

② 在不影响急救处理的情况下,协助伤员平卧、头偏一侧,以防误吸;

③ 多发伤或单独头、颈部损伤时,必须给予脊髓固定保护,如颈髓损伤应保持头颈部的中立位及纵向牵引、固定;

④ 意识丧失者、头面颈部创伤者、无自主呼吸或呼吸困难者,应立即送医,进行院外气管插管、人工呼吸及高流量吸氧。

（3）人工呼吸

① 在实施人工呼吸前,应该先解开患者的衣领、内衣、腰带。

② 口对口人工呼吸。

具体操作方法:将受害者仰卧置于稳定的硬板上,托住颈部并使头后仰,用手指清洁其口腔,以解除气道异物,急救者以右手拇指和食指捏紧病人的鼻孔,用自己的双唇把病人的口完全包绕,然后吹气1 s以上,使胸廓扩张;吹气毕,施救者松开捏鼻孔的手,让病人的胸廓及肺依靠其弹性自主回缩呼气,同时均匀吸气,以上步骤再重复一次。对婴儿及年幼儿童复苏,可将婴儿的头部稍后仰,把口唇封住患儿的嘴和鼻子,轻微吹气入患儿肺部。

如患者面部受伤则可进行口对鼻通气。深呼吸一次并将嘴封住患者的鼻子,抬高患者的下巴并封住口唇,对患者的鼻子深吹一口气,移开救护者的嘴并用手将受伤者的嘴敞开。

（4）胸外按压

2010年国际心肺复苏指南推荐,对无反应且无呼吸或无正常呼吸的成人,立即启动急救反应系统并开始胸外心脏按压。

具体操作方法:确保患者仰卧于平地上或用胸外按压板垫于其肩背下,急救者可采用跪式或踏脚凳等不同体位,将一只手的掌根放在患者胸部的中央,胸骨下半部上,将另一只手的掌根置于第一只手上。手指不接触胸壁。按压时双肘须伸直,垂直向下用力按压,成人按压频率为至少100次/min,下压深度为1/3至1/2胸部深度,每次按压之后应让胸廓完全恢复。按压时间与放松时间各占50%左右,放松时掌根部不能离开胸壁,以免按压点移位。对于儿童患者,用单手或双手于乳头连线水平按压胸骨,对于婴儿,用两手指于紧贴乳头连线下方水平按压胸骨。为了尽量减少因通气而中断胸外按压,对于未建立人工气道的成人,按压-通气比率为30∶2,对于婴儿和儿童,双人CPR时可采用15∶2的比率,如双人或多人施救,应每2 min或5个周期CPR(每个周期包括30次按压和2次人工呼吸)更换按压者,并在5 s钟内完成转换。

2. 外伤止血

（1）加压包扎法

一般小静脉和毛细血管出血,血流慢,用消毒纱布、干净毛巾或布块等盖在创口上,再用三角巾(可用头巾代替)或绷带扎紧,并将患处抬高。

(2) 指压法

临时、快捷的止血方法。

① 头颅顶部出血,可把手的拇指压住耳前一指宽、齐耳屏处跳动的颞动脉。

② 头颈部出血,把大拇指放在伤员颈后,四指放在颈前,压迫在气管旁边的颈总动脉。

③ 面部出血时,用指头压住下颌角前半寸处的面动脉;无效时,可压迫颈总动脉止血。

④ 肩与上肢出血时,在锁骨上凹陷处、胸锁乳突肌的外侧向后对准第一肋骨,向下向后压住锁骨下动脉。

⑤ 上臂上部以下出血时,可将伤臂尽量向背后伸直,背手压迫止血。

⑥ 上肢出血时,上臂内侧中部凹陷处,向肱骨方向压迫肱动脉。

⑦ 手掌出血时,压迫腕部的尺、桡动脉。

⑧ 手指出血时,一手拇指压迫在掌面的掌弓动脉,或压迫手指两侧。

⑨ 下肢出血时,双手拇指同时压迫股动脉(髂前上棘与耻骨联合的连线正中)。

⑩ 足部出血,可用两手的拇指分别在足背及内踝与跟骨之间压迫止血。

⑪ 鼻部出血,应用拇、食指压迫鼻梁,并冷敷。

(3) 加垫屈肢法

此法适用于无骨折情况下的四肢部位出血。如前臂出血,在肘窝处垫以棉卷或绷带卷,将肘关节尽力屈曲,用绷带或三角巾固定于屈肘姿势。其他如腹股沟、肘窝、腘窝亦可施行加垫屈肢法。

(4) 止血带止血法

用于四肢部大出血。凡绑止血带伤员要尽快送往医院急救。

处理步骤如下所示。

① 止血带:一般使用橡皮条,也可用大三角巾、绷带、手帕、布腰带等替代,禁用电线和绳索。

② 止血带止血前准备:必须先垫衬布,或绑在衣服外面,以免损伤皮下神经。

③ 止血带要在创口上方,尽量靠近伤口但又不能接触伤口。

④ 松紧适当,以摸不到远端脉搏和使出血停止为度。

⑤ 记录绑止血带时间,每隔半小时(冷天)或一小时放松一次,每次放松 $1\sim2\,\mathrm{min}$。放松时用指压法暂时止血。

3. 外伤包扎

包扎作用:压迫止血、固定骨折、减轻疼痛、保护和防止污染伤口。

包扎材料:纱布、绷带、三角巾、胶布等,也可以就地取材,用干净的手帕、衣服、毛巾、床单等代替。

包扎方法如下所示。

① 头、面部"十"字包扎法。

② 胸、背部三角巾包扎法:a. 伤口处覆盖敷料和垫物;b. 胸部包扎时,将三角巾一角放在肩上,另外两角绕向背后,3 个角在背后打结,背部包扎与之相同,只是打结在胸前,如果伤口在胸部以下,靠近腹部区域,可用绷带直接缠绕式包扎。

③ 臀部三角巾包扎法：将三角巾的一角放在两腿之间，另外两角沿腰部围绕，三角在小腹打结。

④ 四肢的关节"8"字包扎法：a. 伤口处覆盖敷料和垫物；b. 绷带在敷料上环行包扎两周，在关节一端环行包扎一周后，绕向关节的另一端，每周覆盖上周 1/2 或者 1/3，末端用胶布固定或用绷带打结。

⑤ 回反包扎法：包扎部位两端直径相差较大时，环行包扎会有一边的绷带松懈，可用回反式包扎法，在细端环行包扎两周，斜形绷带在一侧向回反折，每周覆盖 1/2 或 2/3。

4. 软组织损伤

（1）擦伤

特点：一般会出现少量出血和组织液渗出，易恢复。

处理步骤：应用淡盐水（1 000 mL 凉开水中加食盐 9 g，浓度约 0.9%），或干净流水冲洗伤口后涂抹广谱抗生素软膏，用消毒纱布简单包扎。有消毒条件者可用碘酒、酒精棉球消毒伤口周围，沿伤口边缘向外擦拭，用消毒纱布简单包扎，注意不要把碘酒、酒精涂入伤口内。污染严重的伤口须在医院注射破伤风抗毒素。

（2）刺伤、切割伤

特点：容易感染，可有深部的组织器官损伤。

处理步骤：用无菌纱布覆盖伤口，再用汽油或乙醚清洗伤口周围皮肤；去掉覆盖伤口的纱布，生理盐水反复冲洗伤口，用消毒镊子或小纱布球轻轻除去伤口内的污物、血凝块和异物；使用碘酒、酒精棉球消毒伤口周围，沿伤口边缘向外擦拭，用消毒纱布包扎后立即送医；较大锐器刺入时不要拔出，应用敷料包扎固定，使锐器不移动，随后立即送医。

（3）挫伤、扭伤

特点：局部疼痛、肿胀、功能障碍。

处理步骤：抬高患处，暂时限制患处活动，先冷敷，24~48 小时后再热敷，随后送医。

（4）眼外伤

特点：患眼刺痛、异物感、流泪，可见眼睑发红、充血。眼外伤为急症，需立即处理。

处理步骤：明确眼外伤原因（机械性、化学性、物理性、其他），切忌用手揉搓患眼；化学性眼外伤，应立即用清洁的流水充分冲洗后送医；物理性、其他类眼外伤，立即送医；机械性眼外伤，应特别注意角膜、睑板下沟及穹窿结膜有无异物。如有异物，用湿棉棒轻轻移除，异物多时应用生理盐水进行冲洗，随后送医。

5. 骨折

（1）骨折分类

① 单纯性骨折：也叫无创骨折，指骨头直接沿一定角度折断。一般由摔倒等轻微外力所致。

② 粉碎性骨折：骨头在折断处形成多块骨碎片。一般由坠落、撞击、挤压等重创所致。

③ 封闭性骨折：指没有皮肤开裂的骨折。

④ 开放性骨折：指折断的骨骼穿刺组织和皮肤，并有部分骨骼外露。

⑤ 稳定性骨折：骨骼在折断处没有相对滑动的骨折。这样的骨折不会造成周围组织的损伤，一般受伤者可以继续使用伤肢。

⑥ 活动性骨折:骨骼在折断处可以相对移动的骨折。往往容易造成周围软组织、肌肉、神经、血管的损伤,必须及时固定。

(2) 处理步骤

① 止血:参阅上面的止血方法。

② 止痛:骨折的剧烈疼痛往往引起休克,可让患者口服止痛药,并注意保暖。

③ 临时固定:固定的目的是防止骨折断端的移动,而不是让骨折复位。刺出伤口的骨折端不应该送回。固定材料为多用夹板和三角巾,于紧急时可就地取材,用竹棒、木棍、树枝等。固定要牢靠,松紧适度,皮肤和夹板之间要垫适量的软物。捆绑点至少要两个以上,能固定骨折部位上下两端的关节。

不同部位的固定方法如下所示。

a. 颈部骨折的固定方法:可用毯子、多条毛巾、衣服等卷成一个 10 cm 左右宽的扁筒,把扁筒小心绕在脖子上,用布带缠好,注意保持呼吸畅通。头部或颈部受伤时,急救者不能确定颈椎是否受损时都推荐使用颈椎固定托;受到严重创伤或虽创伤较轻但有症状的伤员进行急救时也推荐固定颈椎。

b. 锁骨骨折的固定方法:锁骨不能直接固定,一般采用固定大臂的方法,因为大臂的活动会连带锁骨活动。可采用束缚式、悬吊式方法固定。

c. 上肢骨折的固定方法:将伤肢吊起来(用布带子拷在脖子上,吊在胸前)。受挤压的肢体应尽快解除压迫,暂时制动,伤肢降温,避免加压包扎或用止血带。

d. 下肢骨折的固定方法:根据骨折的部位,可采用侧面和下面两种固定方法,一般不在膝盖处固定,如无固定材料可用健肢固定(两腿之间要有垫物),在运输伤员时应有担架配合,否则容易受伤。受挤压的肢体,应尽快解除压迫,暂时制动,伤肢降温,避免加压包扎或用止血带。

e. 足部骨折的固定方法:将绷带缠绕在脚底垫有木板的脚踝和脚背部位。注意:松紧度一定要适宜。

④ 包扎:对开放性骨折的患者应该进行包扎处理,以免伤口感染。

6. 搬运伤员

(1) 搬动

需特别关注脊柱损伤者的搬动,禁用搂抱或一人抬头、一人抬足的方法。搬动时,顺应伤员脊柱轴线,使脊柱固定或减少弯曲,滚身移到硬担架上,取仰卧位;或者 2～3 人协调一致,平起平放,慎勿弯曲。

① 颈椎损伤患者:上颈托以防止颈椎继发损伤,如果无颈托,要有专人托扶头部,沿纵轴向上略加牵引,使头、颈躯干一同滚动,严禁随便强行搬动头部,在背部垫上软枕,使颈部略向后伸展,头两侧各垫软枕或折好的衣物,固定头部。

② 胸椎腰椎患者:胸腰部应垫软枕或折好的衣物以防止移位,避免继发损伤。

(2) 运输

① 担架运输:下肢和脊椎损伤的患者,尽量采用担架运输。注意:用担架运输伤员时,抬担架的人要保持平衡和水平,步调要一致;伤员应头向后,足向前,以保证抬担架的人观察伤员的表情。转运途中密切观察伤者生命体征、意识的变化,尤其要注意呼吸频率的改变。

② 徒手运输

a. 一人运输：肩扛（最省力），搀扶（伤势较轻），如果伤员不适宜用此方法（如脊椎损伤者），可把伤员放在大衣、毯子、草帘子上，拖拉前进。

b. 二人运输：二人抬（伤员坐在运输者两人互握对方的手腕上进行运输）；二人架（伤员双手分别搭在二人的肩背上，运输者另一只手扶助伤员进行运输）。

③ 捆绑背负法

在攀爬坡度较大区域时，将伤员用绳子或者布带等捆绑在救援者背上的运输方法。

捆绑的方法：利用绳索或扁布带套在伤员的两大腿上，或者兜住伤员的臀部和腰部，救援人员像背背包那样把伤员背起来即可。

8.3 极端生存技能

8.3.1 食物及水获取技能

在特殊的环境下，带来的食物和水耗尽，我们必须从大自然中去获取，可以获取植物性食物、动物性食物，可以制造水或者寻找水源来获得生存用水。

1. 获取食物技能

常见的植物性食物包括野果、野菜、藻类、地衣等。判断植物有毒还是无毒，可以按照闻、涂、舔、少量试吃、加工食用5个步骤来完成。

① 闻：闻气味，有浓郁水果气味的植物最好不要吃。

② 涂：将植物捣烂后取部分汁液涂抹于手腕内侧，十多分钟内皮未出现红肿、瘙痒感的植物一般没有剧毒。

③ 舔：用舌尖舔一点汁液，看是否发木发麻。

④ 少量试吃：若前三步表现正常，可以少量试着吃一点，看是否有不良反应。

⑤ 加工食用：如果前面的四步都没问题，有条件的情况下可以加工食用，如烤、煮、蒸等。

建议在应急演练培训时，加强野外食物识别培训，可以通过视频、图片等手段来让被培人员识别各种野外食物。

可以食用的野果有榆钱、野生猕猴桃、野山梨、桑葚、野枣、山葡萄、山樱桃、山柿子、野杏、板栗、松子、核桃、荞麦等。如果一种野果被鸟、猿、猴子食用，该果子一般无害。

可以食用的野菜有曲麻菜、蒲公英、苋菜、荠菜、山芹菜、马齿苋、山药、桔梗、竹笋、香椿、槐、蕨菜等，另外地衣和绝大多数的藻类可以食用，但是野外不建议食用蘑菇。

可食用的动物性食物很多，但是特别注意要加工食用，在野外不可食用保护动物。

可以食用的动物有蚯蚓、沙蚕、河蚌、圆田螺、蛤蜊、海红、香螺、水蚤、虾类、钩虾、金龟子、天牛、龙虱、鞘翅类昆虫、蝗虫、白蚁、螳螂、蝼蛄、蜻蜓、蚕蛾、蝉、大竹节虫、独角仙、大黄蜂、昆虫幼虫、淡水鱼类、山鹑、斑鸠、麻雀、乌鸦、山鸡等。

2. 获取水的技能

水是生命之源，水的重要性不言而喻，在野外环境中，对水的迫切需求远远超过食物。野外喝水要喝得少、喝得勤,喝进去口含一会,慢慢咽下。为了让生命延续的更久,如何找到可以饮用的水,如何处理水,是在野外特殊环境下必须学会的技能。

（1）寻找水

在野外根据特殊的地形可以找到水源,如山谷的低洼处、干涸水池底、悬崖下或洞穴内等。也可以根据动物的踪迹来寻找水源,如青蛙、鸟类、蚊虫活动较多的地方,或者在傍晚寻找动物脚印来找到水源。植物多的地方也会有水源,如芦苇、柳树、苔藓等。

（2）收集水

如果遇到下雨天,可以使用塑料布/袋、雨衣、毛巾来收集雨水,装在容器里。如果在寒冷地区,可以融化冰雪来收集水。如果在热带雨林,可以收集植物汁液,但是注意,不是所有的植物汁液都可以饮用,尽量选择仙人掌、芦荟、桦树、竹子和藤本植物的汁液。在炎热地区,也可以用塑料袋来收集水多植物的蒸腾水。

（3）净化水

野外的水需要净化饮用。首选是户外单兵净水器,非常有效。次选是净水药片＋容器来净化,使用前仔细阅读说明书,注意用量和时间。另外也可以使用牙膏,将其和水搅拌均匀,沉淀 1 小时左右,倒出表层部分。如果有活性炭,也可以使用活性炭吸附杂质。如果都没有,可以考虑棉织物来过滤多次。不管使用哪种方法得到了水,尽量都要煮沸饮用,如果出现不适,立刻停止饮用。

8.3.2　取火技能

野外煮沸水、烧烤食物都需要用火。如果有打火机、防风火柴、镁光棒等物,取火相对来说比较方便。但是如果物品遗失或者用尽,也可以使用凸透镜、相机镜头、瓶底等物聚焦取火,或者锯木取火、摩擦取火、钻木取火,但是需要使用火绒、棉花等易燃的絮状物。

野外宿营需要篝火,首先要收集点火材料,如木材、干树叶、干树枝、枯草、干粪便等。生火时要注意用火安全,注意远离易燃物,风大处可以挖沟点火,沼泽湿地上可以铺石头后点火。点篝火时要把木柴搭成通风透气的结构,中间及下面可以放置干树叶、干树枝、枯草,大木头呈圆锥形、轴心堆积,既可以取暖、烧烤食物,又可以吊锅烧水煮饭。

野外烧水煮饭最好的办法是使用炉灶。如果有石头,可以使用大小相近的石头呈等边三角形放置,便成了简易型炉灶,将锅具平稳架上即可使用。如果石头较平整数量较多,可以像农村一样垒砌成半圆形,越往上越内收缩,最上面架锅,下面要留口添柴。这种灶取材简单、构造工序稍多,燃料能充分燃烧,比野战灶节约能源。如果长时间扎营,又有行军锹,可以用水和泥,加石头来做锅台,或者用和好的泥抹在半圆形灶外围部分区域,在顶部用泥收小口,可以防雨,同时也可以保证长时间使用。

大自然是应急生存最好的老师,从事应急通信保障工作,在演练时,可以多到大自然中去,学习应急生存知识,以防不时之需。

习　　题

1. 简述几种野外定向方法以及操作要点。
2. 云彩共分为几种常见形态,各自预示着什么样的天气?

3. 通常哪些动作行为预示着天气即将变坏？

4. 什么叫比例尺，什么叫等高线？ 等高线的宽窄、重合分别代表什么意思？

参 考 文 献

[1] 乔梁. 定向运动与野外生存训练. 北京：中国铁道出版社,2009.

[2] 祝自新. 野外生存生活训练教程. 北京：中国农业出版社,2013.

[3] 王苏光. 户外探险与野外生存. 江苏：苏州大学出版社,2012.

第 9 章 应急通信系统操作实践

9.1 组装卫星便携站

1. 任务介绍

作为初步踏上应急通信维护工作岗位的人员,需要按照设备安装的操作规范要求,完成卫星便携站设备安装工作。

2. 任务用具

卫星便携站天线主机,天线反射面,相关电缆附件。

3. 任务用时

建议 2 课时。

4. 任务实施

步骤 1:便携站组装准备

打开天线包装箱的带锁搭扣,将天线包装箱打开,取出天线主机,将天线主机放置在一个前方(所用卫星方向)无遮挡场地。

根据天线主机盖板上的指北针(白色指针指向南方)摆放好天线主机,使天线反射面大致朝南。

将两个防风支架打开,展开角度根据实际情况而定(注:无风时可省略此步)。详见图 9.1.1 和图 9.1.2。

图 9.1.1 天线包装运输形式及安装好的状态   图 9.1.2 天线防风支架展开

步骤 2:连接电缆

将交流 220 V 供电电缆接入天线箱上"220 V AC"接口。天线箱上的"220 V AC"接口为 3

针航空接口,上面分别标识有 1、2、3;电源线的 3 孔航空头上也分别标识有 1、2、3。安装时将针和孔按标号一一对应,对准后顺时针转动电源线的航空头拧紧,加电后"加电指示灯"常亮。天线底座对外接口如图 9.1.3 所示。

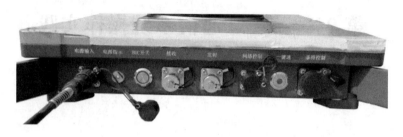

图 9.1.3　天线对外接口

将手持控制终端接入天线箱"手控终端"接口;天线箱的控制接口为 26 针航空接口,1、2、25、26 针有数字标识,手持控制终端电缆接口为 26 孔航空头,1、2、25、26 孔有数字标识,安装时按照标号将其对准并顺时针拧紧。

将 L 波段电缆与天线箱的"接收""发射"连接,天线箱的发射接收接口分别对应调制解调器的发射和接收接口。

汪嵩:射频电缆连接一定要精准可靠,请勿过度弯折,同时要注意 Modem 的 BUC 供电输出情况。收发电缆切记请勿接反!

天线对星完毕,连接好收、发电缆后将"BUC 供电"开关打开,进行收发通信。

注意:未对准星前请勿开启"BUC 供电"开关和 MODEM 发射开关。

网络接口属于高级接口,利用此接口可以通过 Web 页面访问天线。

步骤 3:安装天线

天线加电后,系统自动调用最近一次使用后所保存的参数,进行初始化(系统启动需 12 s,请耐心等待,不要断开电源),此时"一键通"开关指示灯常亮,系统启动完毕后指示灯熄灭。

天线主反射面先自动抬升,馈源支臂随后抬升,到达安装位置时自动停止,此时 Web 页面上提示安装天线组件。

"一键通"开关指示灯此时处于闪烁状态,等待安装天线组件。

天线反射面各边瓣按天线主机面板后所贴"天线反射面安装图"按面板编号进行拼装,先安装左下侧 1 号面板,然后再安装右下侧 2 号面板。安装时将反射面的金属预埋钉精准插入中央反射面的插孔中,然后用搭扣将两部分锁紧,如图 9.1.4 所示。

图 9.1.4　安装边瓣

将中央反射面上方的三块边反射面先安装在一起,用搭扣锁紧,作为整体再一次性安装完成,如图 9.1.5 所示。

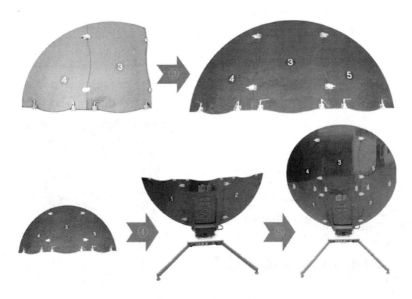

图 9.1.5　反射面安装

步骤 4：天线一键通对星

天线组件安装完成后，按一下"一键通"开关按键（当 GPS 未定位时需要按两次，第一次是跳过 GPS 定位判断），此时，指示灯熄灭，天线初始化，开始对星，所对卫星参数为上一次运行所设置的参数。

天线跟踪到目标卫星后，开始进行方位、俯仰的粗调及微调，微调结束后，天线处于静止状态。此时"一键通"开关指示灯常亮，表明已对准目标卫星。

对星完成后短按"一键通"开关按键，天线复位重新开始对星。

步骤 5：收藏天线

在通信结束后，需要收藏天线系统。

按手持控制终端键盘上的"收藏"键或长按"一键通"开关按键 5 s 以上，指示灯由常亮变成熄灭（两种方式均可）。

按"确定"键后，天线方位转至平台正中，极化转至收藏位置。此时 Web 页面提示拆卸天线附件，"一键通"开关指示灯为闪烁状态。

拆卸分块反射面时按照与安装相反的顺序进行，并放置天线面板入箱，按照附件面板包内编号，图形顺序放置一致，此时拆卸完成，按 Web 页面上"确定"键或按一下"一键通"开关按键，天线自动进行收藏，如图 9.1.6 所示。

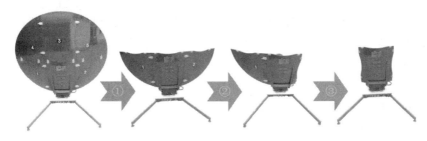

图 9.1.6　天线面板拆除

Web 页面显示"天线正在收藏,请稍候⋯",馈源支臂开始下降,随后中央反射面下降,收藏结束后,Web 页面显示"天线收藏完毕,请关闭天线电源","一键通"开关指示灯熄灭。

拆卸收、发 L 波段电缆、电源线和手持控制终端,合上两个防风支架,天线收藏完成,如图9.1.7 所示。

将天线系统设备装入箱包或附件箱,并固定可靠,如图 9.1.8 所示。

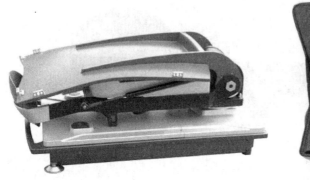

图 9.1.7　收藏状态　　　　　　　　　图 9.1.8　收藏装箱

5. 任务成果

① 请记录卫星便携站组装过程,拍照后填写任务单。

② 请记录卫星便携站收藏过程,拍照后填写任务单。

6. 拓展提高

实验所用的卫星便携站的天线是哪种结构的天线?

9.2　操作便携站对星

1. 任务介绍

在展开天线的过程中,我们需要使用 Web 操作方式来对星,本次任务需要掌握如何通过Web 高级操作方式使卫星便携站对星成功,同时掌握卫星的参数设置过程。

Web 控制方式为高级控制模式,非系统启动默认操作方式,可通过 Web 登录选择此模式。在此控制模式下可以对所有参数进行设置和修改。选配无线的设备还可以用 iPad 或安卓操作系统手机连接到无线设备以后,用系统自动的浏览器进行登录控制。

2. 任务用具

便携站天线主机,卫星功放,NLB,交换机或路由器,笔记本式计算机,电源。

3. 任务用时

建议 4 课时。

4. 任务实施

步骤 1:更改 IP 地址登录 Web 页面

天线产品出厂前默认 IP 地址为 192.167.0.47,请设置计算机 IP 地址与天线默认 IP 为同一网段,但是不要将计算机 IP 地址设置为 192.167.0.47,以免发生 IP 地址冲突导致无法正常使用设备。

设置好计算机 IP 地址后,打开 IE 浏览器,在地址栏输入天线系统的 IP 地址,如图 9.2.1
所示。

图 9.2.1 输入天线系统 IP 地址

单击"Enter",弹出登录界面,提示输入用户名密码,如图 9.2.2 所示

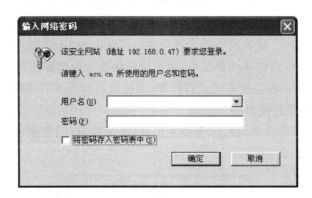

图 9.2.2 登录界面

系统默认的用户名为:user,初始密码为:abc,区分大小写。输入用户名密码后,单击"确
定",进入系统界面。

步骤 2:认识操作界面

登录后,进入系统操作界面,如图 9.2.3 所示。

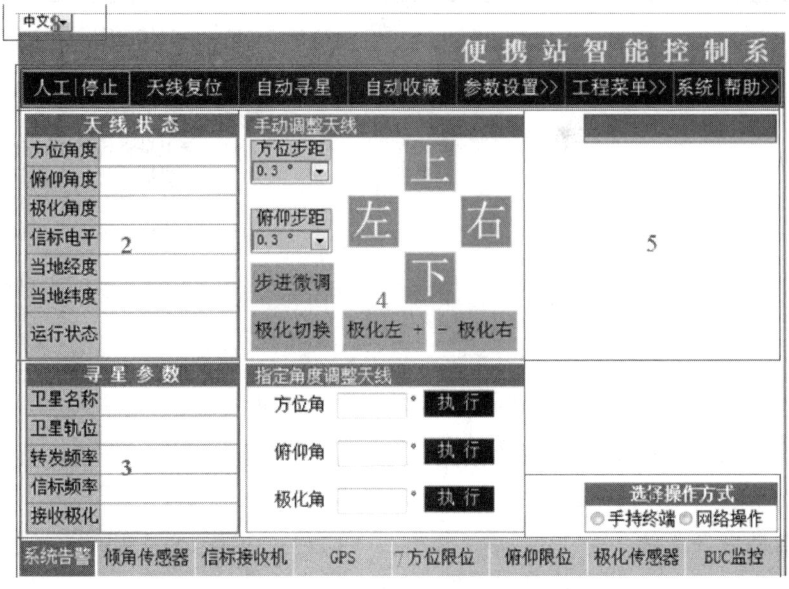

图 9.2.3 界面说明

Web 操作界面中,主要分 7 个区域,下面分别介绍各个区域的主要功能。

1 区是菜单栏,分为人工/停止、天线复位、自动寻星、自动收藏、参数设置、工程菜单和系统帮助,其中工程菜单为高级菜单,主要用于调试设备,一般用户登录时自动隐藏。

2 区是天线状态栏,主要显示天线当前的方位角度、俯仰角度、极化角度、信标电平、当地经度、当地纬度和当前天线运行状态。

3 区是当前寻星参数栏,主要显示当前天线所选定的卫星的名称、轨位、转发器本振频率、信标频率和接收的极化方式。

4 区是主要显示区,操作 Web 时响应的消息或操作栏在此区域显示。

5 区是实时状态和信息提示区,显示天线当前实时运行状态。

6 区是操控方式选择区,选择网络操作,则可通过计算机的 IE 浏览器登录天线对设备进行操作和控制;选择手持终端,则只可通过手持控制终端对天线进行操作和控制。

7 区是告警和监控区。显示设备各个部件的自检情况和 BUC 监控控制设置区。

8 区是中英文操作界面切换选择菜单,用于选择切换中英文操作界面。

天线同时只能使用一种控制方式进行控制,开机默认为手持终端操作和"一键通"。

步骤 3:认识 Web 软件菜单树

Web 页面的主菜单有人工/停止、天线复位、自动寻星、自动收藏、参数设置、系统帮助、工程菜单。菜单树如图 9.2.4 所示。

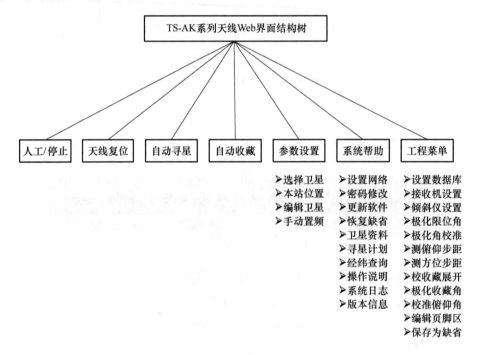

图 9.2.4 Web 软件菜单树

说明:菜单中的"工程菜单"为高级菜单,此菜单专门用于厂家进行系统参数的设置和调试,此权限暂不向终端用户开放。

步骤 4:自动展开天线

天线加电后,右边信息提示区域显示"天线展开,请稍等…",如图 9.2.5 所示。

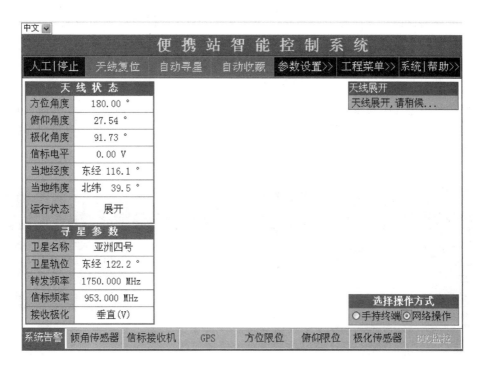

图 9.2.5　天线展开

天线展开过程中,天线主反射面将从收藏状态展开至安装位置,如图 9.2.6 所示。

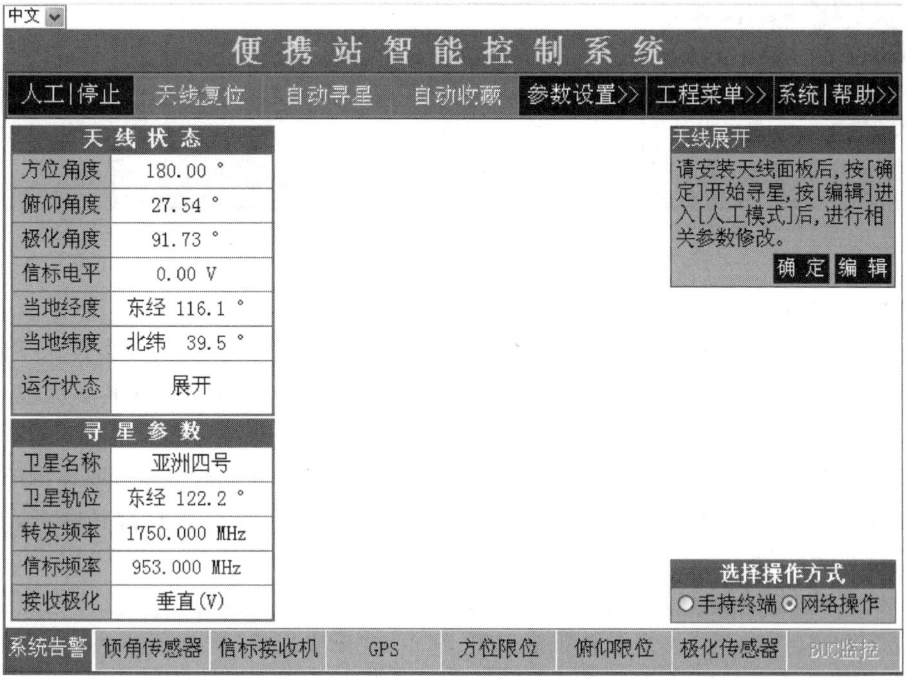

图 9.2.6　天线展开后

在天线展开过程中,菜单区域中的复位天线、自动寻星、自动收藏此时均为灰色,表示不可选择,单击无效。(如图 9.2.3 中的标注 1 区)。

此时可将选择操作界面改为网络操作,即可通过 Web 进行操作,(如图 9.2.3 中的标注 2 区)天线展开后,在信息提示区域显示安装天线组件。(如图 9.2.3 中的标注 3 区),安装完成组件后,单击"确定",天线将自动调用上次关机前的参数开始自动对星。选择返回,天线将进入"人工模式",此时可以重新选择目标卫星或相关参数修改。

如果在使用过程中发生过突然断电的情况,重新加电后,需刷新下 Web 页面重新与天线进行连接,连接后如图 9.2.7 所示,选择网络操作后,按图 9.2.6 提示:标注区域显示按"确认"即可重新寻星。

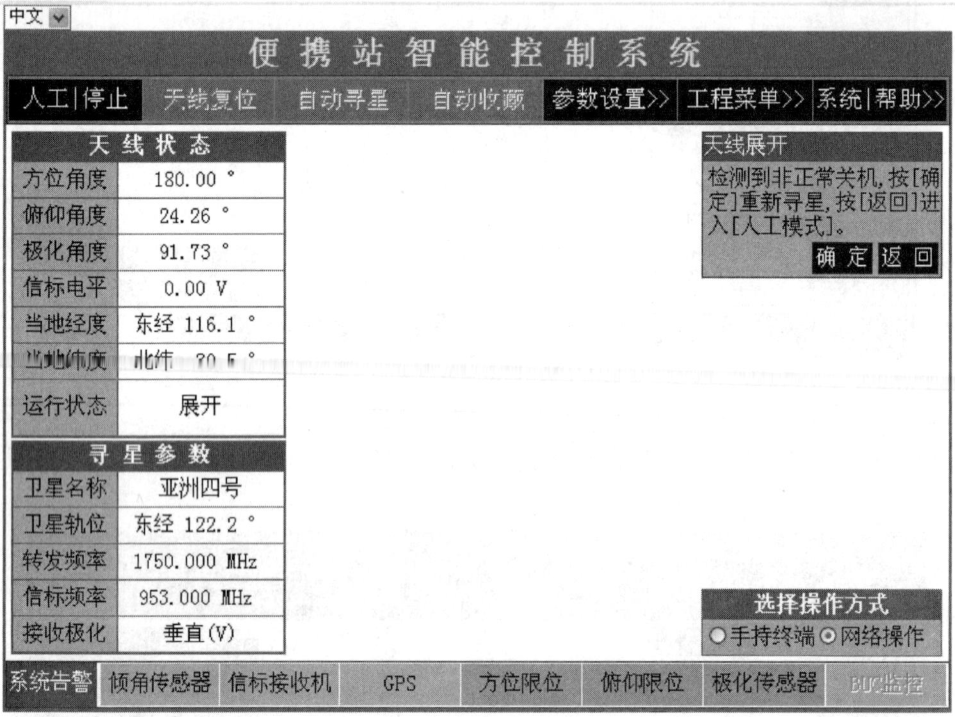

图 9.2.7　非正常断电

单击"确认"后天线开始自动对星。首先,天线方位开始自左向右开始旋转(从反射面往馈源方向观察),此时,信息提示区域显示天线检测右限位,到达右限位后天线会自动完成天线方位初始化和系统自检等一系列检测,之后调整极化角和俯仰角,完成以上工作后天线开始自动寻星。此时注意信息提示区域的提示,如图 9.2.8 所示。搜索卫星示意如图 9.2.9 所示。

此时,天线状态区域实时刷新天线的方位角度、俯仰角度、极化角度和接收信号的电平值。当满足跟踪条件后,天线开始进行微调,微调结束后,天线对准卫星,保持静止状态。此时,信息提示区域显示如图 9.2.10 所示。

第一次自动完成对星以后,"自动寻星"功能自动切换成参考换星功能,参考星就是第一次自动完成寻星的目标卫星,如需重新跟踪卫星,请单击"天线复位"。

步骤 5:自动收藏天线

由于各种原因对天线造成的非法断电,如果在恢复供电时,没有对天线进行复位,那么第一次点"自动收藏"按"天线复位"处理,待右限位检测完成后再单击"自动收藏",即可对天线进行正常收藏。

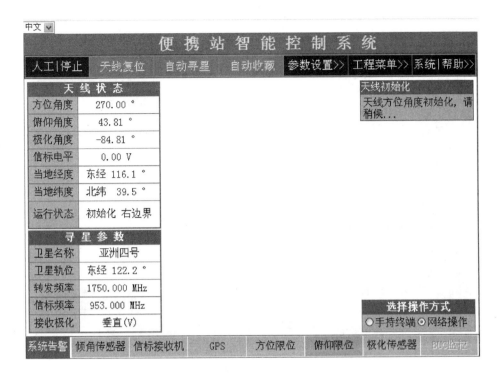

图 9.2.8 方位初始化

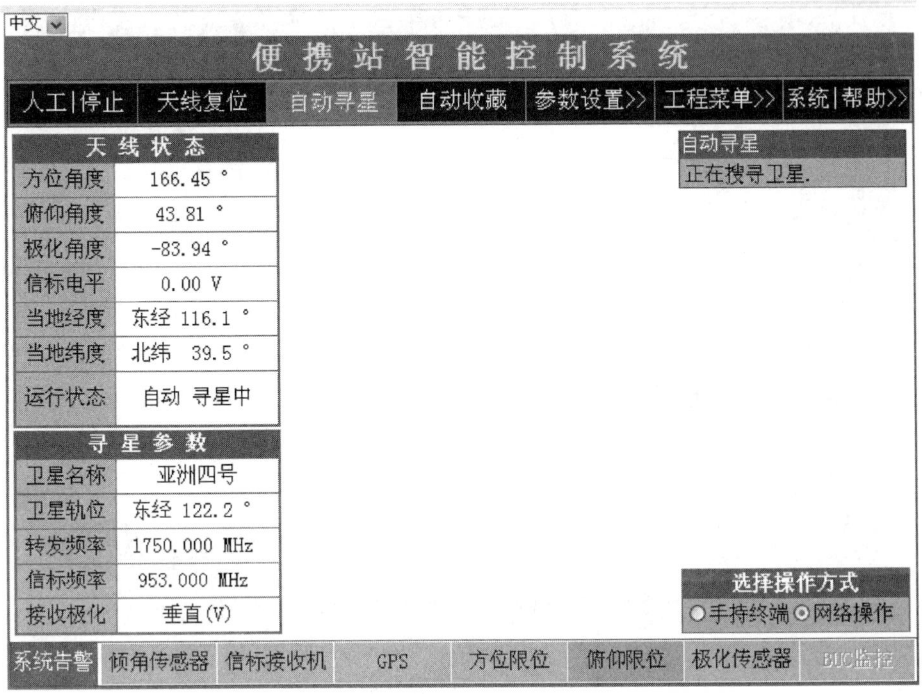

图 9.2.9 搜索卫星

单击菜单区域的"自动收藏",天线开始自动收藏,方位转至正中,此时信息提示区域显示如图 9.2.11 所示。

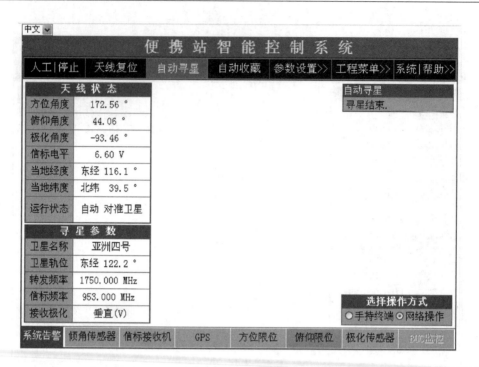

图 9.2.10　对准卫星

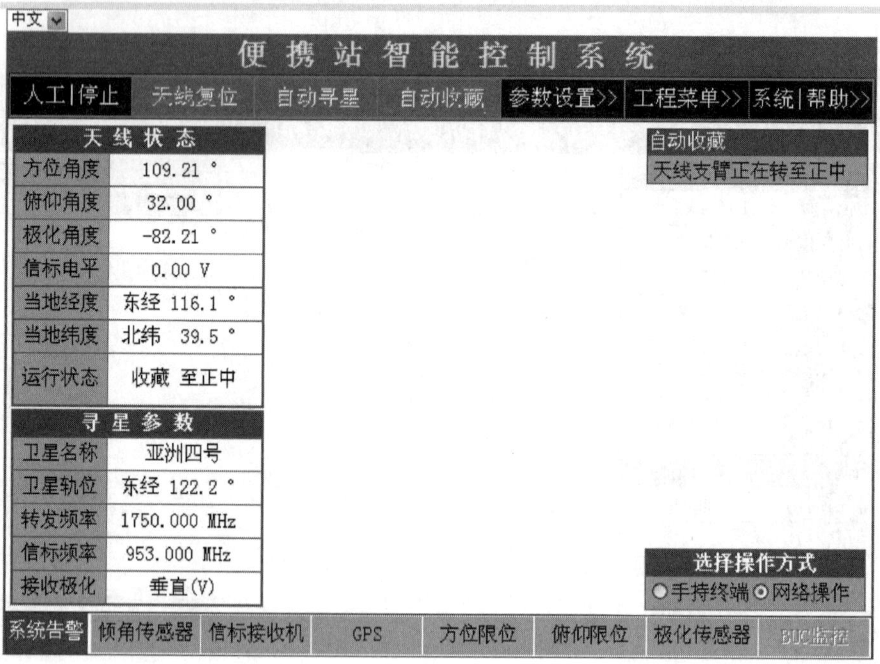

图 9.2.11　方位收藏

　　方位收藏完毕后,开始进行极化自动收藏,此时信息提示区域显示如图 9.2.12 所示。

　　极化收藏完毕后,信息提示区域显示拆卸天线组件,拆卸单击"确认",如图 9.2.13 所示,蓝色框内标红内容为非正常开机,未检测过下限位时才会出现。

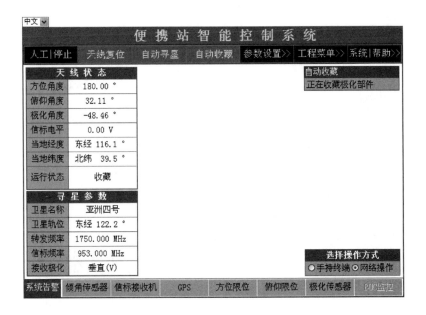

图 9.2.12　极化收藏

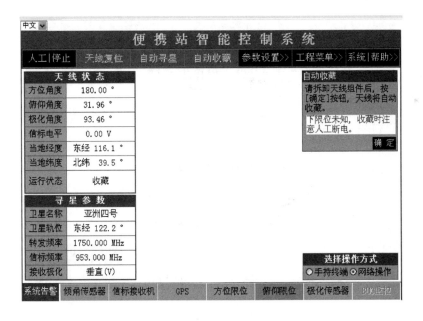

图 9.2.13　收藏拆卸

拆卸完成后,单击"确定",此时天线自动降低俯仰支臂,到达收藏位置时天线自动停止转动,此时,信息提示区域提示关闭电源,如图 9.2.14 所示。

步骤 6:人工调节天线

单击菜单区域的第一项"人工/停止",可以进入人工模式。如图 9.2.14 所示,在人工模式下,可以通过单击"上""下""左""右"4 个按钮用于调整天线的俯仰角度和方位角度,方位(俯仰)步距为 0.1、0.3 和 0.05 可选,表示每点击一下按钮,方位(俯仰)所调整幅度,如图 9.2.15 所示。

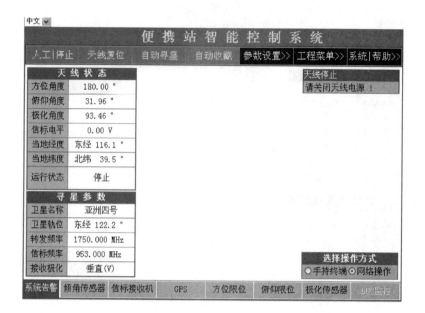

图 9.2.14　收藏完成

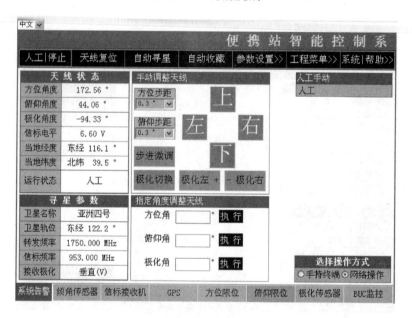

图 9.2.15　人工模式

"步进微调"表示当天线在切换为人工模式之前处于自动对准卫星状态,单击"步进微调"后,天线在当前位置进行方位、俯仰微调,并调整信号至最大点。

"极化切换"表示将当前天线参数的极化方式切换为反极化,即极化在当前位置旋转 90°至反极化。"极化左""极化右"表示:极化逆时针和极化顺时针旋转,单击一下按钮,极化往相应方向走一步。

"指定角度调整天线":输入方位角度、俯仰角度或者极化角度值,单击执行则天线调整至目标角度值。注意:此功能只能对一个方向角度值进行调整,即方位、俯仰、极化 3 个方向同一时间只可以调整一个方向的角度;各个方向的角度值具有一定的输入范围:方位 95～270°,俯

仰 $15 \sim 90°$，极化 $-99 \sim +99°$。步距角度选择如图 9.2.16 所示。

图 9.2.16 步距角度选择

步骤 7：设置参数

单击菜单区域的"参数设置"，可进行卫星、范围、天线经纬度以及卫星参数的设置。进行参数设置前，可以将天线对准卫星或者切换至人工模式，如图 9.2.17 所示。

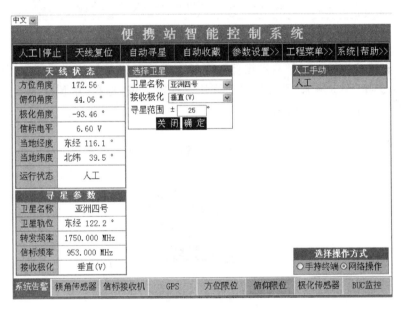

图 9.2.17 参数设置

（1）选择卫星

在参数设置中单击"选择卫星"，在参数设置区域可进行卫星选择、极化方式设置和寻星范围设置，如图 9.2.18 所示。

卫星可选择国内主要常用卫星以及自定义卫星，接收极化为水平（H）和垂直（V）。寻星范围填写数字，范围在 $0 \sim 85$，例如，$\pm 20°$表示在以目标卫星理论方位角为中心 $\pm 20°$范围内进行扫描跟踪。

图 9.2.18 卫星 & 范围

（2）本站位置

在参数设置中单击"本站位置"，在参数设置区域进行 GPS 设置和天线经纬度设置，如图 9.2.19 所示

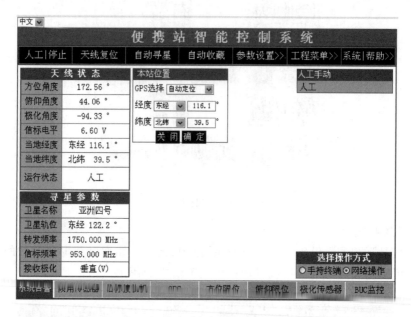

图 9.2.19　天线经纬度

GPS 有 3 种模式可选，选择"自动定位"，则每次天线开机或复位均采用 GPS 定位方式查询天线经纬度；选择"手动输入"则开机自动调用手动输入值；选择"用预存值"，则天线经纬度调用系统默认值，如图 9.2.20 所示。

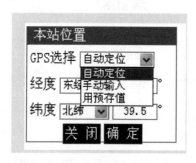

图 9.2.20　GPS 选择

单击"确定"，弹出一个"设置完成！"窗口即可保存设置，如图 9.2.21 所示。

图 9.2.21　设置完成

经度：东经、西经可选，数值范围为 0～180°可填。

纬度:南纬、北纬可选,数值范围为 0～90°可填。

(3) 编辑卫星

在参数设置中单击"编辑卫星",可在参数设置区域对跟踪卫星各个参数进行选择或设置,如图 9.2.22 所示。

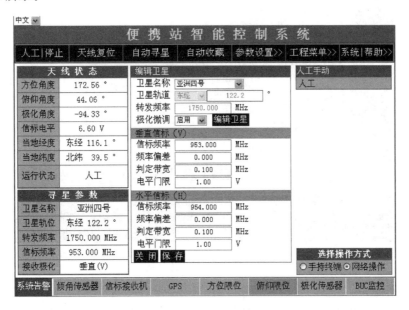

图 9.2.22　卫星参数

"卫星名称":内预设多颗国内常用卫星,也可进行自定义卫星的编写,如图 9.2.23 所示。

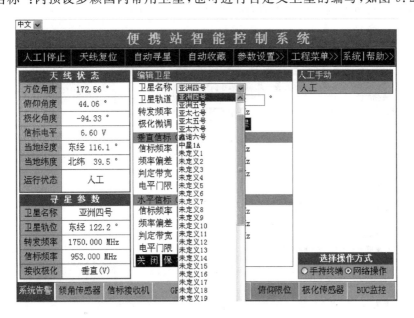

图 9.2.23　预设卫星

未定义卫星也可以进行设置,如图 9.2.24 所示。

可以将卫星的各个参数输入,单击"保存",也可对名称进行重命名操作,对新增卫星进行命名,如图 9.2.24 所示。

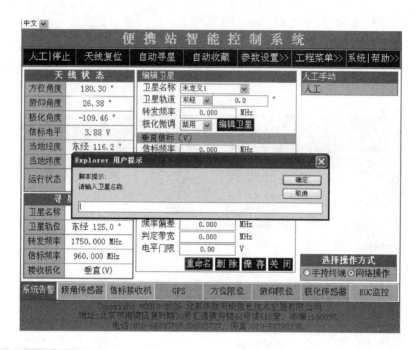

图 9.2.24 未定义卫星

（4）手动置频

这是一个测试功能的接口，在对准卫星的情况下，输入载波频率可根据信标电平判断是否接收到载波，也可在此输入载波频率在信标判断关闭的情况下用来对星（必须是 TRU-25 的信标机，并且关闭信标判断才能正常使用），如图 9.2.25 所示。

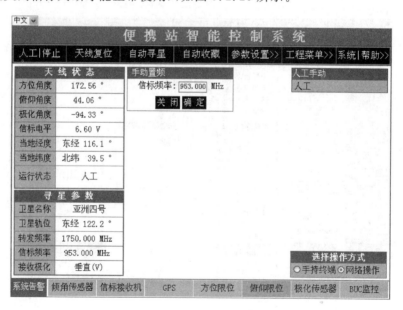

图 9.2.25 手动置频

步骤 8：使用系统帮助

系统帮助菜单分为设置网络、修改密码、更新软件、缺省设置、卫星查询、寻星计算、经纬度查询、操作说明、版本信息、BUC 监控，如图 9.2.26 所示。

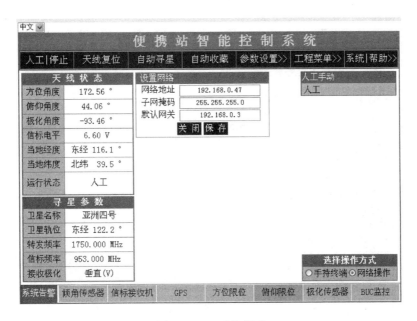

图 9.2.26　系统帮助

（1）设置网络

可对天线控制系统网络 IP 地址进行设置，使之可以方便地接入用户网络，如图 9.2.27 所示。

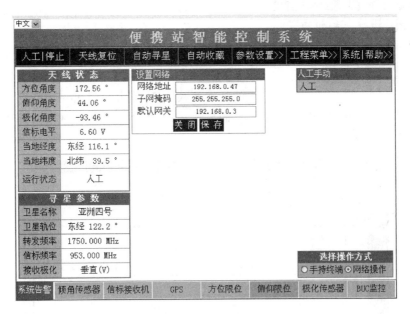

图 9.2.27　网络设置

输入网络地址、子网掩码和网关之后，单击"保存"，系统将新设置的网络地址参数进行保存，修改完成后请记录好，以免忘记 IP 地址。

（2）修改密码

可对天线登录的密码进行修改，重复输入两次新密码，单击"保存"完成密码修改。修改后登录将生效，输入新密码。修改完成请记好，以免忘记密码，如图 9.2.28 所示。

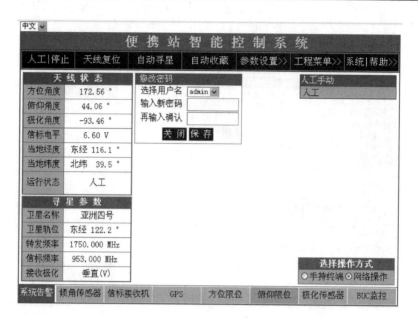

图 9.2.28　修改密码

（3）更新软件

用于厂家工程师对软件进行升级的接口，非厂家人员慎用。

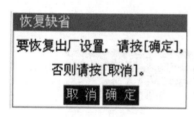

图 9.2.29　缺省设置

需提前安装好 PDF 文件打开工具）

（4）缺省设置

用于将天线设备恢复至出厂默认设置，之前保存的参数可能会被清空，如图 9.2.29 所示。

（5）卫星查询

提供给用户的一个工具，用于查询国内常用卫星的基本参数信息，单击后弹出一个新窗口进行参数信息的显示，如图 9.2.30 所示。（查看此项功能计算机

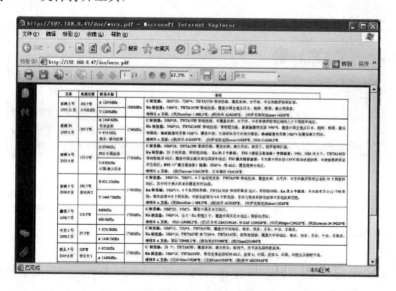

图 9.2.30　卫星查询

（6）寻星计算

提供给用户的一个工具，用于计算天线对准卫星的方位角度、俯仰角度和极化角度，单击后在参数设置区域显示，如图 9.2.31 所示。

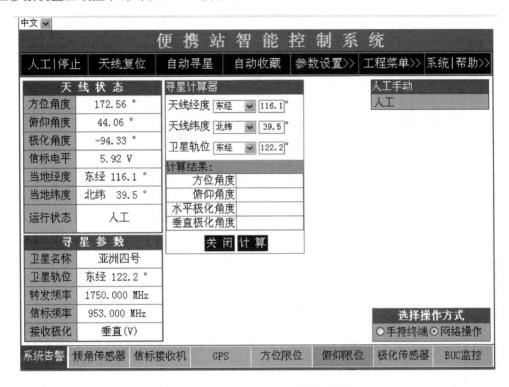

图 9.2.31 寻星计算

人工输入天线经纬度、卫星轨道位置后，单击"计算"，在刚才输入区域下方产生计算结果。

（7）经纬度查询

提供给用户的一个工具，用于查询全国主要城市经纬度。单击"经纬查询"后，新弹出一个窗口，按照省份进行分类查询，如图 9.2.32 所示，安徽省部分城市经纬度信息表如图 9.2.33 所示。

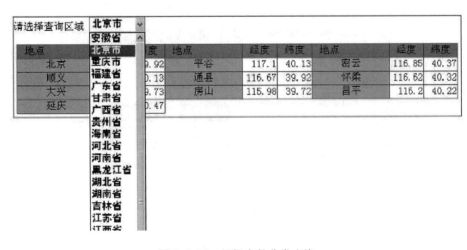

图 9.2.32 根据省份分类查询

地点	经度	纬度	地点	经度	纬度	地点	经度	纬度
合肥	117.27	31.86	长丰	117.16	32.47	淮南	116.98	32.62
凤台	116.71	32.68	淮北	116.77	33.97	濉溪	116.76	33.92
芜湖	118.38	31.33	铜陵	117.82	30.93	蚌埠	117.34	32.93
马鞍山	118.48	31.56	安庆	117.03	30.52	宿州	116.97	33.63
宿县	116.97	33.63	砀山	116.34	34.42	萧县	116.93	34.19
吴墅	117.55	33.55	泗县	117.89	33.49	五河	117.87	33.14
固镇	117.32	33.33	怀远	117.19	32.95	滁州	118.31	32.33
嘉山	117.98	32.78	天长	119	32.68	来安	118.44	32.44
全椒	118.27	32.1	定远	117.68	32.52	凤阳	117.4	32.86
巢湖	117.87	31.62	巢县	117.87	31.62	肥东	117.47	31.89
含山	118.11	31.7	和县	118.37	31.7	无为	117.75	31.3
庐江	117.29	31.23	宣城	118.73	31.95	当涂	118.49	31.55
郎溪	119.17	31.14	广德	119.41	30.89	泾县	118.41	30.68
南陵	118.32	30.91	繁昌	118.21	31.07	宁国	118.95	30.62

图 9.2.33　安徽省部分城市经纬度信息表

（8）操作说明

提供给用户用于查看 Web 软件控制方式的操作说明文档。单击"操作说明"后，新弹出一个窗口，可查看 Web 软件操作使用说明。

因为计算机本身设置不同，建议用鼠标右键"另存为"下载到本机上再查看说明书。

（9）系统日志

图 9.2.34　版本信息

提供给厂家工程师用于查看天线生成 debug 信息的窗口，可对天线内部程序调试信息进行查看，以便天线产生故障时，对天线 debug 信息进行查看，分析故障原因。

（10）版本信息

显示当前软件版本信息，如图 9.2.34 所示。

（11）BUC 监控

"BUC 监控"位于"系统告警"右下角，BUC 的监视和控制界面如图 9.2.35 所示。

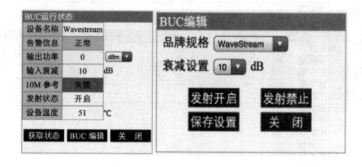

图 9.2.35　监视和控制界面

单击 BUC 监控以后弹出如图 9.2.35 所示的菜单，单击"获取状态"后控制系统开始每 3 s 获取一次 BUC 状态并刷新显示。用户还可根据习惯直接在输出功率后面的下拉菜单中选择单位，系统会根据用户选择自动切换到对应的数值。BUC 加电之前不要单击获取状态开启

BUC 监控功能。请不要随意对 BUC 进行任何控制。

5. 任务成果

记录使用 Web 页面操控便携站对星的步骤,填写任务单。

6. 拓展提高

如何使用平板电脑或智能手机来操作对星?

9.3　操作卫星调制解调器

1. 任务介绍

本任务主要学习卫星调制解调器的使用方法,从而正确完成卫星频段调制的工作。

2. 任务用具

卫星调制解调器 CDM-570L,电源,L 波段电缆馈线,交换机。

3. 任务用时

建议 2 课时。

4. 任务实施

步骤 1:认识设备

打开安装卫星调制解调器的便携箱带锁搭扣,将外壳打开,显示出调制解调器的主机,分别如图 9.3.1 和图 9.3.2 所示。

图 9.3.1　卫星调制解调器正前面板

图 9.3.2　卫星调制解调器后面板

前面板按键功能说明如表 9.3.1 所示,前面板按钮如图 9.3.3 所示,前面板指示灯及其说明分别如图 9.3.4 和表 9.3.2 所示。

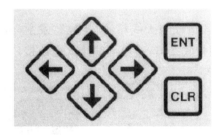

图 9.3.3　前面板按钮

表 9.3.1 功能键

ENT 键	用来进入下一级菜单,或者选择光标所指示的功能选项以完成该配置更改
CLR 键	用来返回上一级菜单,到主菜单或者取消一个配置更改(该配置更改没有按 ENT 键确认过)
左右键	用来移动到下一功能选项或者横向移动光标的位置
上下键	用来更改光标当前指示处配置的数据

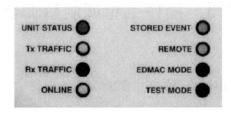

图 9.3.4 前面板指示灯

表 9.3.2 指示灯

UNIT STATUS	红色:存在单元问题
	橙色:不存在单元问题,但是存在通信或 ODU 问题
	绿色:工作正常
Tx TRAFFIC	绿色:Tx 通信正常
	熄灭:Tx 通信有问题或是载波没有打开
Rx TRAFFIC	绿色:Rx 通信正常
	熄灭:Rx 通信有问题(进入 Monitor 菜单可以查看设备状态)
ONLINE	绿色:设备正在联网工作
	熄灭:在备份系统中处于待机状态
STORD EVENT	橙色:有存储事件纪录
	熄灭:无存储事件纪录
REMOTE	橙色:远程监控模式,本地只能监测
	熄灭:本地监控模式,远程只能监测
TEST MODE	橙色:TEST 模式
	熄灭:没有选中任何一种 TEST 模式(只要在 TEST 菜单选择 Norm 就可以退出 TEST 模式)

步骤 2:连接设备

打开便携箱,拿出将 L 波段电缆与天线箱的"接收""发射"连接,天线箱的发射接收接口分别对应调制解调器的发射和接收接口,将电源线接入电源接口,如图 9.3.5 所示。

 Tx Rx 电源接口

图 9.3.5 设备连接线

步骤 3：设置参数

打开后面板上黑色电源开关,稍等一会儿,前面板 LCD 就会显示如图 9.3.6 所示的界面。

```
Comtech CDM-570L Modem
Firmware Version:1.3.1
```

图 9.3.6　开机显示

按一下 ENT/CLR 键,进入主菜单界面,使用左右键移动光标到要选择的功能菜单,按一下 ENT 键进入下一级菜单,如图 9.3.7 所示。

```
SELECT: Config  Monitor
Test Info Save/Load Util
```

图 9.3.7　主菜单界面

首先,移动光标到 Config,按一下 ENT 键就进入 Config 菜单界面,如图 9.3.8 所示。

```
CONFIG: Rem All Tx Rx CEx
Frame Intfc Ref Mask  ODU
```

图 9.3.8　Config 菜单界面

移动光标到 Rem,按一下 ENT 键就进入如图 9.3.9 所示的界面。

```
Remote Control: Local
Serial Ethernet(◄ ►,ENT)
```

图 9.3.9　Rem 菜单界面

移动光标到 Local,按一下 ENT 键,则 Local 配置更改生效,前面板左面的 Remote 指示灯熄灭。此时卫星调制解调器的所有参数只能由 Local 的管理员来更改,远端的管理员无法更改参数,只能检测到卫星调制解调器的所有参数。

按 CLR 键返回到 Config 菜单界面,移动光标到 Tx,按一下 ENT 键就进入如图 9.3.10 所示的 Tx 菜单界面。Tx 菜单里是所有发射的性能参数,有 FEC(前向纠错码类型)、Mod(调制方式)、Code(编码率)、Data(数据速率)、Frq(发射频率)、On/Off(发射开关)、Pwr(发射功率),其他的参数保持默认配置就可以。

```
Tx:FEC Mod Code Data Frq
On/Off Pwr Scram Clk Inv
```

图 9.3.10　Tx 菜单界面

例如,需要更改 FEC 类型,具体步骤是:移动光标到 FEC,按一下 ENT 键就进入如图 9.3.11所示的 FEC 菜单界面,选择合适的 FEC 类型(没有安装的 FEC 类型光标无法指示),确定类型后按一下 ENT 键确认。按 CLR 键回到 Tx 菜单界面,其他参数的设置方式同 FEC 选择过程。在设置 Frq 和 Data 时,需要用到上下键来输入正确的数值。每选择或输入完成后,按 ENT 键确认就可以使配置生效。

```
Tx FEC: Viterbi Vit+RS
TCM+RS TPC LDPC Uncoded
```

图 9.3.11　FEC 菜单界面

注释:发射频率的计算方法(仅供参考),卫星公司分配的上行频率减去 BUC 的本振频率。例如,卫星公司分配的上行频率是 14 446.5 MHz,BUC 本振为 13 050 MHz,则 Tx 菜单的 Frq 应设置为 1 396.5 MHz。

设置 Tx 参数顺序依次为:

FEC type→Modulation type→Code Rate→Data Rate

(Highest)　　　　　　　　　　　　　　　(Lowest)

上述参数设置必须按照顺序来设置。

按 CLR 键返回到 Config 菜单界面。移动光标到 Rx,按一下 ENT 键就进入如 9.3.12 所示的 Rx 菜单界面。Rx 菜单里是所有发射的性能参数,有 FEC(纠错码类型)、Dem(解调方式)、Code(编码率)、Data(数据速率)、Frq(发射频率),其他的参数保持默认配置。Rx 性能参数的设置方法同 Tx,请参考 Tx FEC 的设置步骤。如果是测试自发自收如发射单载波测试或IF、RF 自环,只要 Tx 跟 Rx 的性能参数保持一致,并选择 TEST 模式中的对应选项就可以。

```
Rx:FEC Dem Code Data Frq
Acq Descram Buf Inv EbNo
```

图 9.3.12　Rx 菜单界面

注释:接收频率的计算方法(仅供参考)为卫星公司分配的下行频率减去 LNB 的本振频率。例如,卫星公司分配的下行频率是 12 696.5 MHz,LNB 本振频率为 11 300 MHz,则 Rx 菜单的 Frq 应设置为 1 396.5 MHz。

设置 Rx 参数顺序依次为:

FEC type→Demodulation type→Code Rate→Data Rate

(Highest)　　　　　　　　　　　　　　　(Lowest)

上述参数设置必须按照顺序来设置。

步骤 4:设置 ODU 选项

进入 Config 菜单界面,移动光标到 ODU,按 ENT 键进入 ODU 子菜单,包括了 BUC 菜单和 LNB 菜单,如图 9.3.13 至图 9.3.15 所示。

```
ODU (Outdoor Unit):
BUC  LNB        (◄ ►,ENTER)
```

图 9.3.13　ODU 菜单界面

```
BUC: M&C-FSK  DC-Power
10MHz Alarm LO Mix (◄ ►)
```

图 9.3.14　BUC 菜单界面

```
LNB: DC-Voltage 10MHz
Alarm LO Mix (◄ ►, ENT)
```

图 9.3.15　LNB 菜单界面

卫星调制解调器可以为 BUC 和 LNB 提供直流电源和 10 MHz 参考源并设置本振频率，默认这些功能都是关闭的，必须跟现场工程师确认是否需要卫星调制解调器提供上述功能才可以更改，否则可能对 BUC 和 LNB 带来严重损坏。

步骤 5：设置发射功率和开关

当 Tx/Rx 参数按照上述的步骤设置完毕，按 CLR 键或者 ENT 键返回 Tx 菜单界面，移动光标到 Pwr，按一下 ENT 键进入如图 9.3.16 所示的下一级菜单。

```
Output Power Level Mode:
Manual  AUPC (◄ ►,ENTER)
```

图 9.3.16　Pwr 菜单界面

移动光标到 Manual，按一下 ENT 键进入如图 9.3.17 所示的下一级菜单。

```
Tx Output Power Level:
-03.9 dBm (◄ ►,▲ ▼ ENT)
```

图 9.3.17　Manual 菜单界面

移动光标配合上下键，调整卫星调制解调器的发射功率后，按 ENT 键确认设置生效。按 CLR 键返回 Tx 菜单界面，移动光标到 On/Off，按一下 ENT 键进入下一级菜单。选择 On 或者 Off，可以打开或者关闭发射输出，默认是关闭的。发射前务必跟卫星公司确认该频点可以使用，才能打开，并跟卫星公司联系保持功放的输出不要过高。开关界面如图 9.3.18 所示。

```
Tx Output State: Off  On
Rx-Tx Inhibit(◄ ►,ENTER)
```

图 9.3.18　On/Off 菜单界面

步骤 6：设置 TEST 选项

返回主菜单，移动光标到 TEST，按 ENT 键进入如图 9.3.19 所示的界面，结合单载波测试步骤，可以选择单载波、IF 和 RF 自环测试，默认是 Norm。

```
TEST: Norm IF> Dig> I/O>
RF> Tx-CW Tx-1,0(◄ ►,ENT)
```

图 9.3.19　TEST 菜单界面

步骤 7：卫星调制解调器 Save/Load

通过如下步骤可以保留设置好并已经测试通信成功的卫星调制解调器参数，以防出现误操作时迅速地加载已经保存的卫星调制解调器参数。

操作步骤如下，返回主菜单界面，移动光标到 Save/Load，按 ENT 键进入如图 9.3.20 所示的界面。

```
Save/Load Configuration:
Save   Load   (◄ ►,ENTER)
```

图 9.3.20　Save/Load 菜单界面

移动光标到 Save 或 Load,按 ENT 键进行保存或装载。最多可以保留 10 份不同的卫星调制解调器参数配置到存储器里。方便以后工作的调用和存储。

步骤 8:卫星调制解调器 Monitor

通过该菜单可以监测卫星调制解调器的告警状态、存储纪录以及 Rx 参数。操作步骤如下,返回主菜单界面,移动光标到 Monitor,按 ENT 键进入如图 9.3.21 所示的界面。移动光标到相应选项(如接收参数),按 ENT 键进入进行修改。

```
MONITOR:Alarms Rx-Params
Event-Log Stats AUPC ODU
```

图 9.3.21　Monitor 菜单界面

5. 任务成果

记录设置卫星调制解调器的步骤,填写任务单。

6. 拓展提高

在教师的指导下,完成指定参数的设置步骤。

9.4　建立微波链路

1. 任务介绍

本任务主要针对微波中继传输网络,根据应急系统的需求,完成应急通信中采用微波传输的场景。

本任务的目标是具备使用微波链路来进行应急通信的能力,具备基本的微波设备运行监控能力。

2. 任务解析

微波设备、交换机、终端 PC。

3. 任务用时

建议 2 课时。

4. 任务实施

步骤 1:建立硬件环境

按照图 9.4.1 连接微波设备,远端站和近端站连接方法相同。连接步骤如下:

① 中频同轴线两端的 N 型接口分别拧上 ODU 的 IDU/INU 接口和 IDU 的 to ODU 接口;

② 直流供电线的铜鼻子端套上开关电源的输出,黑线接 Vo+,蓝线接 Vo−,用螺丝紧固,接头端接上 IDU 的−48 V DC。

用两根以太网线分别将 IDU 的 10/100/1000 Base-T 1 口以及 NMS 10/100Base-T 口和交换机连接。

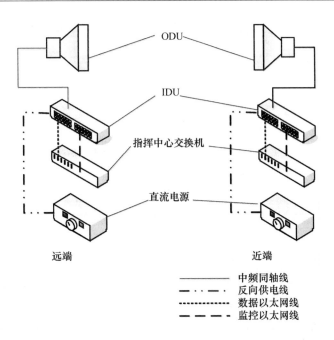

图 9.4.1　微波系统连接示意图

步骤 2：微波设备监控

监控 PC 的 IP 需设置成与所监控设备同一网段的 IP 地址，设置完毕后，ping 设备的 IP 地址，如果 ping 通，说明设备本地监控接口正常，可以继续以下监控操作。

① 打开 Portal 监控软件，微波设备登录界面如图 9.4.2 所示。

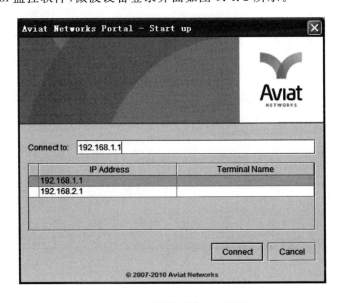

图 9.4.2　微波系统登录界面

② 选中列表中设备对应的 IP 地址，单击"Connect"，进入设备监控界面，如图 9.4.3 所示。

③ 在菜单中选择"Diagnostics"→"Performance"，打开系统性能监控页面，监测接收信号电平 RSL、发射功率、ODU 温度、ODU 供电电压等参数，如图 9.4.4 所示。

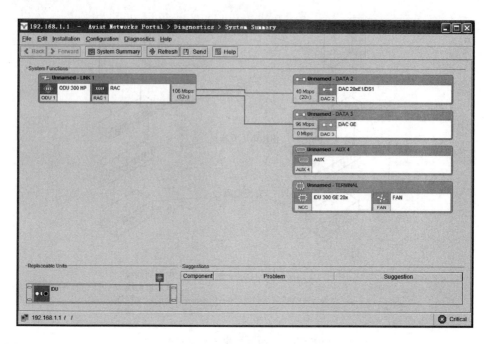

图 9.4.3　微波系统监控首页

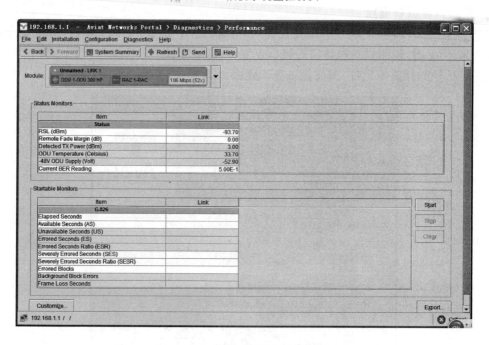

图 9.4.4　微波系统性能监控页面

步骤 3：ODU 监控

在监控软件菜单项选择"configuration"→"Plug in"，进入 ODU 监控页面，如图 9.4.5 所示。

设置发射功率，将鼠标移到 Tx_Power 的编辑框上，会弹出指示框指示设备的功率设置范围，根据实际需要设置发射功率值，设置完毕后鼠标单击页面空白处，工具栏中 send 按钮黄色和灰色交替闪烁，表示可以向 ODU 发送设置信息。单击"Send"，观察 Detected Tx Power 中显示的数值,如果在所设置的值上下变动,说明设置成功。

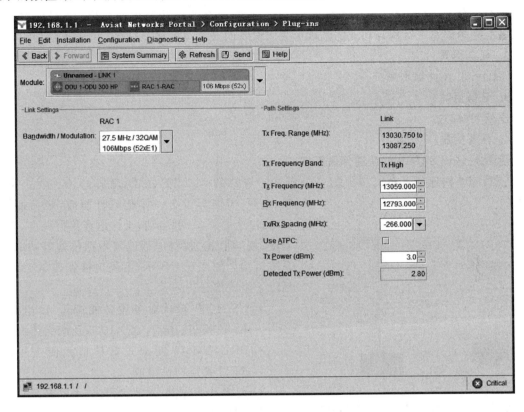

图 9.4.5　微波系统性能监控页面

收发频率和信道带宽一般情况下无须设置,如需设置,设置方法同发射功率设置。

步骤 4:微波通信应急场景演示

微波通信子系统可模拟应急现场有线通信设施被破坏后迅速恢复通信的场景。场景演示步骤如下:

① 应急现场测试 PC 和其他终端通过网线连接微波远端站的网络交换机;

② 微波远端站系统上电,等待工作指示灯变绿,表示进入工作状态;

③ 现场测试 PC ping 指挥中心服务器,ping 通后,说明微波数据链路已连接,等待指挥中心调度。

5. 任务成果

记录建立微波数据链路的步骤,填写任务单。

6. 拓展提高

本任务中,ODU 与 IDU 连接使用的电缆型号是什么?

9.5　安装 LTE 宽带集群系统硬件

1. 任务介绍

信威 McLTE(Multimedia communication LTE)是以第四代移动通信技术 TD-LTE 为核

心,将 TD-LTE 的高速率、大带宽与数字语音技术中的资源共享、快速呼叫建立、指挥调度等特点进行融合,集语音、数据、视频为一体的新一代宽带多媒体数字集群系统。本任务要求技术人员在熟悉该系统结构与功能的基础上完成设备的安装与连线。

2. 任务用具

SRD1000 快速部署系统。

3. 任务用时

建议 2 课时。

4. 任务实施

步骤 1:认识 SRD1000 快速部署系统

SRD1000 快速部署系统是由信威公司基于成熟的 McLTE 技术,集核心网、基站、交换机、电源、天馈等设备一体化设计而成,轻巧便携,5 min 快速展开,一键启动,支持语音集群调度、视频调度、视频监控、视频电话以及数据传输等功能,其系统结构如图 9.5.1 所示,系统规格见表 9.5.1,包括以下组成部分。

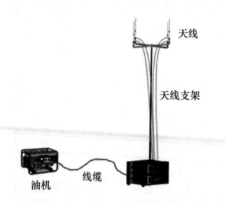

图 9.5.1　SRD1000 快速部署系统结构

- CSD1000 综合业务设备便携箱:由电源模块、交换机、BBU、TCN1000 及结构件组成。
- PRU1004-40 便携式射频单元便携箱:由 RRU 及结构件组成。
- 天馈系统:由车载鞭状天线、手动升降杆、馈线及结构件组成。
- GPS(Global Positioning System,全球定位系统)。

表 9.5.1　SRD1000 快速部署系统规格

项　目	参　数	备　注
产品构成（标配）	综合业务设备 CSD1000＋;便携式射频单元 PRU1004-40	综合业务设备包含 TCN、BBU、交换模块和电源模块;便携式射频单元包含 RRU 模块
重量	综合业务设备 CSD1000,32 kg;便携式射频单元 PRU1001-40,28 kg	
尺寸	620 mm×5700 mm×3430 mm(机箱)	
工作频段	400 M	
最大用户数	1 500	
最大群组数	96	
供电方式	支持 AC 220 V(外接油机或市电)	
防护等级	IP54	
对外接口	综合业务设备:①以太网口 8 个;②Ir 光口 3 个;③VGA 接口 1 个;④供电接口,1 路 AC 输入和 1 路 DC 输出 便携式射频单元:①Ir 光口 2 个;②射频接口为 PRU1004-40,4 个;③供电接口为 1 路 DC 输入	
最大功耗	755 W	

（1）CSD1000 综合业务设备便携箱

CSD1000 由电源模块、交换机、基站 BBU、核心网 TCN 及结构件组成，本实验中称其为"主机箱"，外观如图 9.5.2 所示，基本接口见表 9.5.2。

图 9.5.2 CSD 综合业务设备便携箱外观

表 9.5.2 CSD1000 接口

接口标识	连接器类型	数 量	用 途
ANT0	N-K	1	第一路天线接口
ANT1	N-K	1	第二路天线接口
ANT2	N-K	1	第三路天线接口
ANT3	N-K	1	第四路天线接口
GPS	SMA	1	GPS 接口
SFP0	SPF	1	BBU 光纤接口
FE/GE0	RJ45	1	BBU 与交换机接口
SFP0	SPF	1	TCN1000：RAN 口
SFP1	SPF	1	TCN1000：PDN 口
ETH0	RJ45	1	维护口，缺省网口 eth0

（2）PRU1004-40 便携式射频单元

PRU1004-40 便携式射频单元由 RRU 及结构件组成，本实验称其为"RRU 箱"，外观如图 9.5.3 所示，其接口见表 9.5.3。

图 9.5.3 PRU1004-40 便携式射频单元外观

表 9.5.3　PRU1004-40 接口

接口标识	连接器类型	数　量	用　途
ANT0	N-K	1	第一路天线接口
ANT1	N-K	1	第二路天线接口
ANT2	N-K	1	第三路天线接口
ANT3	N-K	1	第四路天线接口
SFP0	SPF	1	RRU 光纤接口

图 9.5.4　GPS 天线

（3）天馈系统

天馈系统由车载鞭状天线（安装在机箱后端）、手动升降杆、馈线及结构件组成。

（4）GPS

SRD1000 快速部署系统采用的是 GPS 车载天线，外观如图 9.5.4 所示。

步骤 2：安装 SRD1000 快速部署系统

① 开启前后盖，拧开主机箱前面板和 RRU 箱前面板。

② 连接 RRU 与 BBU 光纤。

③ 接好 RRU 电源线和主机箱电源。

④ 天线安装。

a. 从附件箱取出天线、天线架、升降杆及吊环螺钉，把天线支架安装在升降杆中，使用吊环螺钉拧紧，然后把天线拧到天线座上，如图 9.5.5 所示。

b. 把装配好的带有天线架的升降杆整体固定到升降支架上，把上面的螺钉拧紧，把升降杆固定牢固，如图 9.5.6 所示。

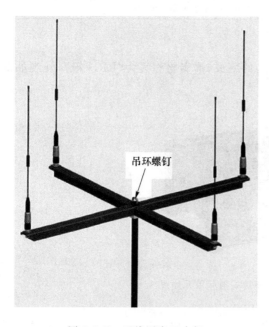

图 9.5.5　天线固定于支架

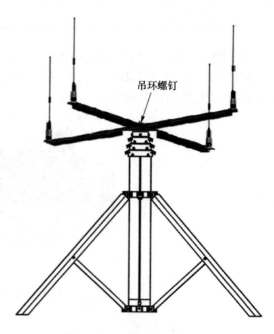

图 9.5.6　天线固定到升降杆

c. 把馈线接入到对应的天线接口位置。

d. 将气压升降杆配备的打气筒的接头连接到升降杆底部的气孔，拧紧螺丝，用打气筒对气压升降杆进行充气，依次从下到上把升降杆升起，如图 9.5.7 所示。

5. 任务成果

安装完成的 SRD1000 快速部署系统实景图。

6. 拓展提高

实际安装过程中有哪些注意事项？

图 9.5.7　天线升起

9.6　配置 LTE 宽带集群系统核心网

1. 任务介绍

SRD1000 快速部署系统中的 TCN1000(Trunking Core Network 1000)是集群核心网的业务接入控制设备，支持 TD-LTE 接入，主要面向专网市场，提供的业务功能包括集群语音、视频调度、定位、短信和即时通信等。本任务要求技术人员对 TCN1000 进行配置，以确保设备可以和基站对接。

2. 任务用具

快速部署系统，操作计算机，网管系统。

3. 任务用时

建议 4 课时。

4. 任务实施

步骤 1：网管配置

(1) 打开 IE 浏览器，输入 IP 地址方式访问 Web 网管。

如输入地址如下：http://167.0.190.110:8080/lte_web/。

其中，167.0.190.110 是 TCN1000 的维护口 IP 地址，请根据现场实际部署地址进行输入，若系统 RAN 和 PDN 的 IP 地址已经确定，也可以通过 RAN 或 PDN 地址登录网管。

(2) 依次选择 TCN1000→配置管理→网管配置，配置网管将要连接的网元设备地址，如图 9.6.1 所示。若网管和 SDC 网元安装到同一台服务器上可以使用缺省值126.0.0.1，缺省端口是 17 004，状态显示为网管和网元的连接状态，只有该状态为连接状态才可以进行数据配置操作。

步骤 2：系统配置

系统配置是保证环境正常运行的必要配置。为确保设备可以和基站对接，我们必须配置系统地址、系统全局配置、MME S1 链路、MME TA 列表这 4 项数据，其余数据根据具体业务需求进行选择配置，详细流程如图 9.6.2 所示。

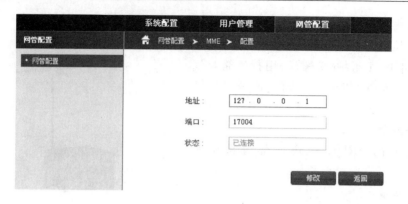

图 9.6.1　网管配置

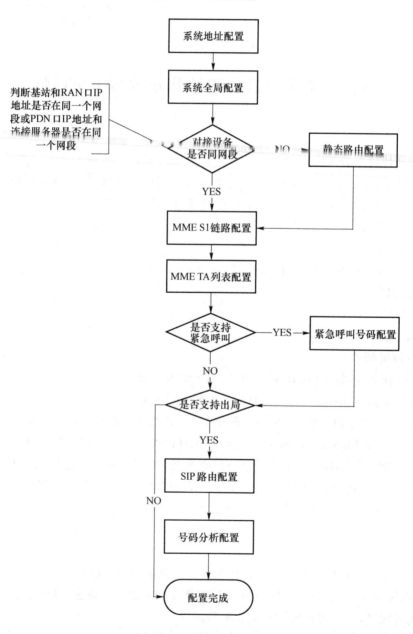

图 9.6.2　系统配置流程

（1）系统地址配置

系统地址是 TCN1000 对外使用的 IP 地址，区分 RAN 地址和 PDN 地址，该地址在首次构建环境时进行配置，如图 9.6.3 所示，配置参数说明见表 9.6.1。一般环境首次搭建时配置了相同的 RAN 地址和 SDC 地址，网管首次登录时可以获取到 RAN 地址，该地址为对接基站使用的 IP 地址，PDN 地址需要在网管上手动修改。

图 9.6.3　系统地址配置

表 9.6.1　系统地址配置参数说明

主要参数	释　　义
ID	系统地址标识，在系统全局配置中会被索引到
地址	该网口的系统 IP 地址，目前只支持 IPv4 格式
掩码	IP 地址对应的子网掩码，配置时要保证预配置的地址和需要互通的网络设备保持在同一个网段
网关	配置默认网关，需要了解现场组网情况，根据实际情况进行配置
描述	描述中区分 PDN 和 RAN 两种类型，PDN 用于 X-GW 和分组数据网进行通信的网口。RAN 用于和无线接入侧网络互通的接口。这里配置时需要保证两个地址不能同网段

（2）系统全局配置

系统全局配置表包含较多系统必备信息，请务必谨慎配置。尤其是 IP 地址相关参数，如图 9.6.4 所示，配置参数说明见表 9.6.2，请确认好后再提交。

图 9.6.4　系统全局配置

表 9.6.2　系统全局配置参数说明

主要参数	释　义
SDC 系统地址	索引系统地址表中的 IP 地址,用于 SDC 网元。在 TCN1000 产品中 SDC 系统地址和 RAN 地址必须配置为相同的地址
SIP 端口	系统缺省 SIP 端口为 5 060,用户不可以修改。用于和第三方 SIP 设备对接或 SDC 之间对接使用
网络标识	用于标识整个网络,网络标识是移动国家码和移动网络码组成的,可以配置为 5 位或 6 位数字。该处配置要和 eNodeB 网管中小区参数表中的移动国家码和移动网络码协商配置成一样的内容。否则会导致用户无法注册
MME 组 ID	标识 MME 组,用于系统中存在多个 MME 组情况,缺省值为 0
MME 组编码	在多 MME 组中标识组的编码,缺省值为 0
RAN 地址 ID	索引系统地址表中配置的 RAN 地址,用于和无线网络通信,在 TCN1000 组网中要求和 SDC 系统地址保持一致
PDN 地址 ID	索引系统地址表中配置的 PDN 地址,用于和分组数据网通信
APN	接入点名,无线侧使用参数,根据现场需求配置。在这里参考配置格式为 xinwei. mnc. mcc. gprs
S1 端口号	MME 用户和 eNodeB 对接的端口号,固定使用 36 412
运营商主密钥	用于鉴权用户的参数,和移动终端 SIM 卡中烧录的运营商 OP 值相同。OP:运营商可变算法配置域,是运营商最机密的数据。该数据一般直接由运营商发送给卡制造商,作为鉴权计算的一个输入参数。一个运营商的所有用户可以使用相同的 OP
是否配置 DNS	网络是否配置 DNS 地址实现通过域名访问网络功能
DNS 服务器	当网络需要提供给用户通过域名访问互联网时需要使用到域名解析系统,此参数用于配置域名解析服务器地址

(3) MME S1 链路配置

S1 链路是 SDC 模块和 eNodeB 基站对接的配置项目,需要确保基站 ID、基站 IP、基站端口和无线侧基站自身数据一致,如图 9.6.5 所示,配置参数说明见表 9.6.3,基站上配置了对应的到核心网的链路信息,两端配置好后,且基站的 TA 在网管的 TA 列表中已经配置,这时网管上可以看到链路状态为连接状态。

图 9.6.5　MME S1 链路配置

表 9.6.3 MME S1 链路配置参数说明

主要参数	释 义
链路标识	系统链路标识,用来唯一标识一条链路
基站 ID	基站设备参数,需要和对接的基站内部 ID 保持一致性,否则基站无法和 SDC 建立 S1 连接
基站 IP	TCN1000 要对接的基站的 IP 地址,和基站配置的本端 IP 地址保持一致
基站端口	TCN1000 要对接的基站的端口号,要和基站侧的本端端口保持一致
状态	此处用于显示基站和 TCN1000 的连接状态,当完成链路配置和 TA 列表的配置后,此处应该显示为连接状态。若仍然是断开状态,请检查两端网线连接和 IP、端口、网络标识、TA 配置是否对应
链路描述	用来描述链路,可以根据用户使用习惯填写

（4）MME TA 列表

TA 列表是 eNodeB 使用的位置区,需要配置 MME 支持的 TA 值,基站侧配置的 TA 值必须在 MME 的 TA 列表中可以检索到才能保证业务的正常进行,如图 9.6.6 所示,配置参数说明见表 9.6.4。

图 9.6.6 MME TA 列表配置

表 9.6.4 MME TA 列表配置参数说明

主要参数	释 义
ID	系统 TA 标识,可以配置多个,ID 用来唯一标识一个 TA
标识	位置区值,十进制格式。需要和基站位置区配置保持一致,否则基站无法注册到 TCN1000
备注	标注 TA,用户可以根据个人习惯配置,用来区分不同的 TA

（5）紧急呼叫号码配置

紧急呼叫号码配置用于用户在紧急情况下拨打紧急号码,系统直接重定向到指定的号码上,需要根据现场应用场景进行配置,如图 9.6.7 所示,配置参数说明见表 9.6.5。

图 9.6.7　紧急呼叫号码配置

表 9.6.5　紧急呼叫号码配置参数说明

主要参数	释　义
紧急呼叫号码	用户紧急情况下需要拨打的号码,一般建议号码为 3 位,便于拨打和记忆
紧急呼叫号码类型	内部号码为 TCN1000 系统内部设备号码,可以是调度台号码。外部号码为其他对接 TCN1000 系统号码
紧急呼叫重定向号码	当用户拨打紧急号码时,系统会自动转换成此处的号码拨打出去
紧急呼叫重定向号码优先级	当指定紧急呼叫重定向到不同的号码时,可以对不同的号码设置优先级。数字越小,优先级越高,取值范围为 1～15

（6）SIP 路由配置

SIP 路由是 TCN1000 产品连接第三方 SIP 设备需要配置的路由信息,在这里配置远端 IP 和端口就可以实现到远端 SIP 消息的发送,如图 9.6.8 所示,配置参数说明见表 9.6.6。

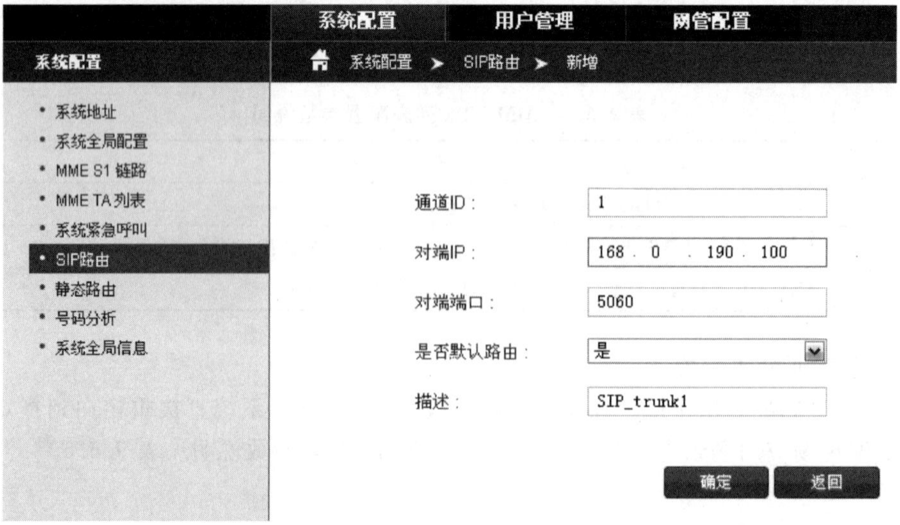

图 9.6.8　SIP 路由配置

表 9.6.6　SIP 路由配置参数说明

主要参数	释　义
通道 ID	标识唯一一个 SIP 通道
对端 IP	SIP 通道需要连接的对端设备的 IP 地址
对端端口	SIP 通道对端的端口,默认 5 060
是否默认路由	默认路由是在没有指定具体路由时优先选择的路由
描述	根据用户习惯填写,用来标识通道,方便记忆

（7）静态路由配置

TCN1000 系统默认 RAN 地址和 EnodeB 使用同网段,当 EnodeB 和 RAN 地址在不同网段时需要添加静态路由配置,如图 9.6.9 所示,配置参数说明见表 9.6.7。同样当 PDN 端有不同网段的连接服务器时也会用到路由功能。这时只需要在静态路由表中简单添加静态路由就可以实现互通,不用在操作系统上再进行路由的添加。

图 9.6.9　静态路由配置

表 9.6.7　静态路由配置参数说明

主要参数	释　义
网段	X-GW 不同网段的设备进行通信时需要增加路由功能,这里输入需要互通网段的 IP 地址,通过和掩码共同确定一个网段
掩码	掩码为 IP 网络使用的掩码,根据现场网络情况进行配置,用于和网段地址共同决定需要路由的网络地址范围
网关	对于网段和掩码共同决定的 IP 地址范围进行路由的网关地址
优先级	当一个网段指定给多个网关地址的特殊场景下需要对路由进行优先级的约定,数字越小,优先级越低,取值范围 1~999

（8）号码分析配置

号码分析配置是产品需要对指定的号码进行出局路由时的配置。对于局内号码无须进行任何的号码分析配置。号码分析表中号码前缀是出局被叫号码的前几位,可以任意配置,SIP 通道是 SIP 路由表中对应的通道 ID,如图 9.6.10 所示,配置参数说明见表 9.6.8。

图 9.6.10 号码分析配置

表 9.6.8 号码分析配置参数说明

主要参数	释 义
号码前缀	号码分析需要使用号码的前几位,如配置号码前缀为 0755,则拨打任何 0755 开始的号码都会被路由到这条号码分析指定的通道
最小号码长度	号码分析要满足最小号码长度才开始进行路由,对于类似固定电话的终端时,号码是逐一送上来的,当接收号码达到最小号码长度时,开始进行路由
最大号码长度	是允许该号码分析通过的最长号码长度。根据现场编号计划进行配置
号码属性	TCN1000 产品号码分析只保留出局号码属性,对于局内号码不需要配置号码分析
SIP 通道 ID	号码分析比配之后为呼叫选择的路由通道,此 ID 需要和 SIP 路由配置中的通道 ID 对应

（9）系统全局信息配置检查

系统全局信息会显示产品版本信息,搭建环境或升级环境后可以根据此处判断版本是否安装或升级成功,如图 9.6.11 所示。

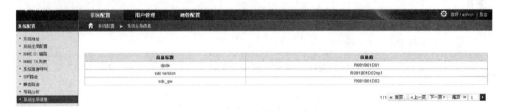

图 9.6.11 系统全局信息配置检查

5. 任务成果

系统地址配置、系统全局配置、MME S1 链路配置、MME TA 配置的截图。

6. 拓展提高

TCN1000 从功能模块上分为哪 5 个部分？各自的作用是什么？

9.7 配置 LTE 宽带集群系统基站

1. 任务介绍

SRD1000 快速部署系统中的基站采用分布式架构设计,由位于 CSD1000 中的基带控制单元 BBU 和位于 PRU1004-40 中的射频拉远单元 RRU 组成,主要完成 McLTE 无线接入功能,包括空口管理、接入控制、移动性控制、用户资源分配等无线资源管理。本任务要求技术人员对基站进行配置,以完成基站开站工作。

2. 任务用具

快速部署系统,操作计算机,网管系统。

3. 任务用时

建议 2 课时。

4. 任务实施

基站开站的具体流程如图 9.7.1 所示。

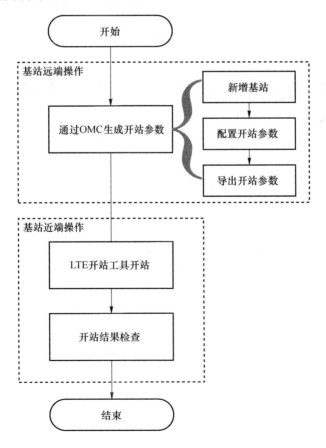

图 9.7.1 开站流程图

步骤 1:基站远端操作(通过 OMC 生成开站参数)

开站时,在 OMC 上配置开站参数,并导出参数,通过 U 盘带到开站现场,使用 LTE 开站工具开站时将配置参数加载。

（1）登录 OMC

在浏览器中输入网管服务器页面地址 http://＊.＊.＊.＊:8080/lte_web，单击回车。进入网管登录界面，输入用户名和密码，单击"登录"，进入网管主页面，如图 9.7.2 所示。

图 9.7.2　网管登录

（2）配置系统参数

登录网管主页面后，选择"配置管理"，从页面左边的导航树中选中"系统参数设置"，查看并配置系统参数，如图 9.7.3 所示，参数定义见表 9.7.1。

图 9.7.3　系统参数配置

表 9.7.1　系统参数说明

参数名称	参数值	备　注
移动国家码	460	从客户处获取
移动网络码	00	从客户处获取
加密算法	Snow3G 算法优先级:0	0:空算法
		1~3:算法优先级,3 最高,1 最低
	AES 算法优先级:0	0:空算法
		1~3:算法优先级,3 最高,1 最低
	祖冲之算法优先级:0	不支持,必须设定为 0

续 表

参数名称	参数值	备 注
完整性保护算法	Snow3G 算法优先级:0	0:空算法
		1~3:算法优先级,3 最高,1 最低
	AES 算法优先级:0	0:空算法
		1~3:算法优先级,3 最高,1 最低
	祖冲之算法优先级:0	不支持,必须设定为 0
跟踪区列表	16	网络统一规划,此处要先进行配置。增加基站小区数据时会引用此处的配置

如果跟踪区码有变更,需在 TCN1000 设备中执行"同步"操作。选择"配置管理",从页面左边的导航树中选中"TCN1000 设备",选择"MME TA 列表",执行"同步"操作,如图 9.7.4 所示。

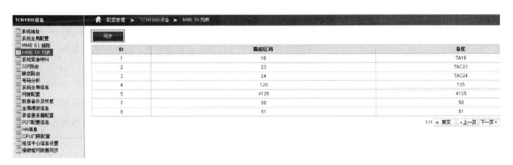

图 9.7.4 同步操作

(3)新增基站

登录网管主页面后,选择"配置管理",从页面左边的导航树中选中"基站设备",单击"新增"增加基站。参数配置完成后,单击"确定",完成添加,如图 9.7.5 所示,参数定义见表 9.7.2。

图 9.7.5 基站添加

表 9.7.2　基站参数说明

参数名称	参数值	备　注
基站标识	000000ab	8 位 16 进制数,如果不足 8 位,前面补零
基站名称	eNB171	数字和字母组合,由用户按规划填写
基站类型	XW7400	基站类型 XW7400:光纤拉远基站 XW7102:一体化基站
协议版本	基站版本号	根据实际使用 eNB 版本号选择,eNB 版本号由 4 段组成 x. x. x. x,本参数取 eNB 版本号的前三段
IP 地址	172.31.4.171	基站业务 IP,从网络规划参数获取
掩码	255.255.255.0	网络掩码,从网络规划参数获取
网关	172.31.4.254	网关地址,从网络规划参数获取
管理状态	在线管理/离线管理	在线管理:网管侧进行的所有配置变更均同步下发到基站 离线管理:网管侧进行的所有配置变更不下发到基站
数据同步方向	网管到基站/基站到网管	网管到基站:基站注册到网管时将网管数据配置下发到基站 基站到网管:基站注册到网管时将基站数据配置上行同步到网管

（4）配置开站参数

单击"配置管理",在配置管理界面找到新添加的基站,单击"配置",进入基站配置视图。

① 检查并配置以太网参数

在开站参数界面左侧的导航树中单击"以太网参数表",进入以太网参数表界面。默认已存在一条以太网参数表记录,检查并根据实际情况配置以太网参数表（通常使用默认值即可,无须修改配置）,如图 9.7.6 所示,参数定义见表 9.7.3。

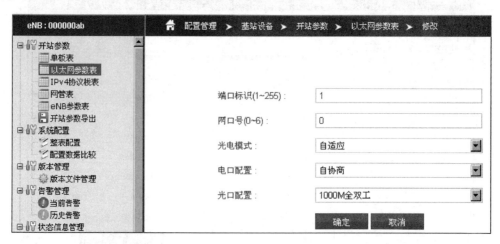

图 9.7.6　以太网参数表界面

表 9.7.3 以太网参数说明

参数名称	参数值	备 注
端口标识	1	1～255 均可,用户自行决定
网口号	0	基于当前产品实现,该处端口号必须为 0
光电模式	自适应	自适应:可根据 FE/GE0 口连线情况自动适应光口和电口,如光口和电口连线都正常,选择电口 光口:FE/GE0 使用光口 电口:FE/GE0 使用电口
电口配置	自协商	电口工作模式可选择 10 M 全双工、100 M 全双工、1 000 M 全双工,工作模式应与对端保持一致
光口配置	1 000 M 全双工	光口只支持 1 000 M 全双工,工作模式应与对端保持一致

② 检查并配置 IPv4 协议栈表

在开站参数界面左侧导航树中单击"IPv4 协议栈表",进入 IPv4 协议栈表界面。默认已存在一条 IPv4 协议表数据,检查并根据实际情况配置 IPv4 协议表,如图 9.7.7 所示,参数定义见表 9.7.4。

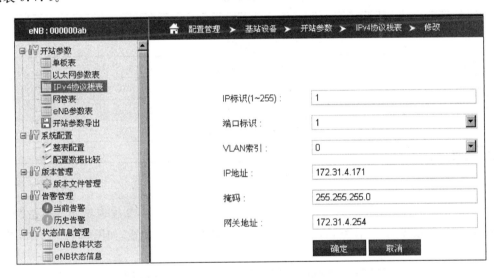

图 9.7.7 IPv4 协议栈表界面

表 9.7.4 IPv4 参数说明

参数名称	参数值	备 注
IP 标识	1	用户自行设定,对于同一个端口标识,可通过配置不同 IP 标识在同一个端口上配置多个 IP 地址
端口标识	1	引用"以太网参数表"中的端口标识
VLAN 索引	0	当基站与对接设备间配置 VLAN 时使用。默认值为 0,代表不使用 VLAN
IP 地址	172.31.4.171	基站业务 IP,从网络规划参数获取
掩码	255.255.255.0	网络掩码,从网络规划参数获取
网关地址	172.31.4.254	网关地址,从网络规划参数获取

③ 检查并配置网管表

在开站参数界面左侧的导航树中单击"网管表",进入网管表界面,默认已存在一条网管表数据,检查并根据实际情况配置网管表,如图 9.7.8 所示,参数定义见表 9.7.5。

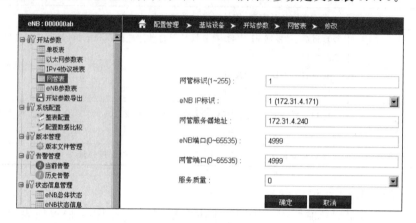

图 9.7.8　网管表配置

表 9.7.5　网管参数说明

参数名称	参数值	备　注
网管标识	1	1～255 均可,用户自行设定
eNB IP 地址	1	引用"IPv4 协议栈表"中的"IP 标识"
网管服务器地址	172.31.4.240	OMC 服务器 IP 地址,从网络规划参数获取
eNB 端口	4 999	固定为 4 999,不可修改
网管端口	4 999	固定为 4 999,不可修改
服务质量	0	QoS 等级,当前未实现分级,0～7 均可

④ 检查并配置 eNB 参数表

在开站参数界面左侧导航树中单击"eNB 参数表",进入 eNB 参数表界面。单击"修改",进入修改 eNB 参数界面,无特殊情况 eNB 参数表建议保持默认配置,如图 9.7.9 所示,参数定义见表 9.7.6。

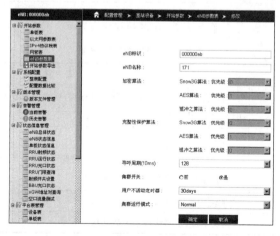

图 9.7.9　eNB 参数界面

表 9.7.6　eNB 参数说明

参数名称	参数值	备　注
加密算法	Snow3G 算法优先级：0	加密算法与 3.3.1 节配置的系统参数表中的数据保持一致
	AES 算法优先级：1	
	祖冲之算法优先级：0	
完整性保护算法	Snow3G 算法优先级：0	完整性保护算法与 3.3.1 节配置的系统参数表中的数据保持一致
	AES 算法优先级：1	
	祖冲之算法优先级：0	
寻呼周期	128	每无线帧寻呼次数，建议保持默认值
集群开关	开	开启集群功能
用户不活动定时器	30 天	用户不活动时连接释放时长，建议保持默认值
集群运行模式	Normal	Normal：基站正常运行模式 Single：故障弱化运行模式，当基站 S1 口中断时，基站下的集群业务仍可开展 Auto：当 S1 口正常时，基站正常运营；当 S1 口中断时，基站切换到故障弱化模式

⑤ 配置 S1 链路

在基站配置界面左侧导航树中依次单击"平台表管理"→"流控制传输协议表"，在流控制传输协议表界面中，单击"新增"，进入新增（流控制传输协议表）界面。配置完成后，单击"确定"，如图 9.7.10 所示，参数定义见表 9.7.7。注意：eNodeB 侧配置完成 S1 链路后，EPC 侧也需要配置 S1 链路，eNodeB 和 EPC 才能实现对接。

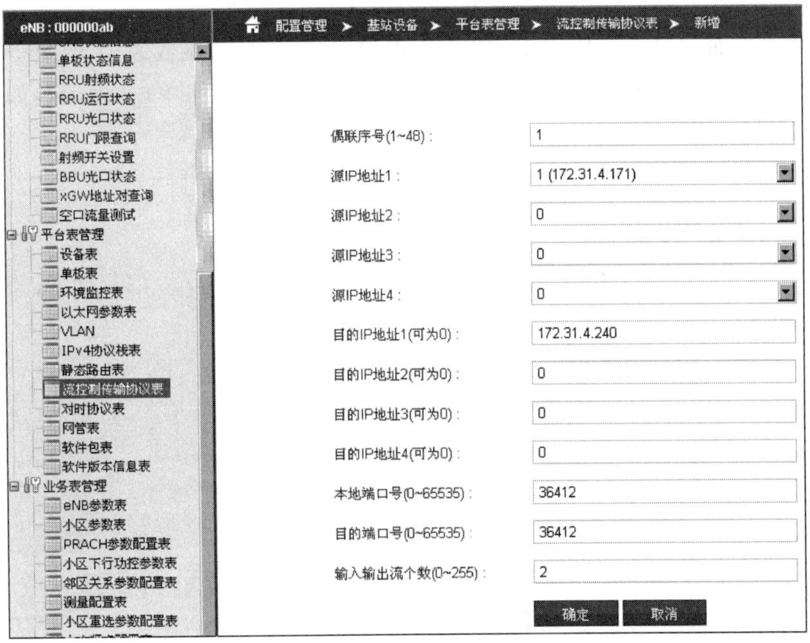

图 9.7.10　流控制传输协议配置

表 9.7.7 流控制传输协议参数说明

参数名称	参数值	备　注
偶联序号	1	按规划值设定
源 IP 地址 1	1	1 代表启用,引用 IPv4 协议表中 IP 地址
源 IP 地址 2	0	0 代表关闭
源 IP 地址 3	0	0 代表关闭
源 IP 地址 4	0	0 代表关闭
目的 IP 地址 1	172.31.4.240	核心网 IP 地址
目的 IP 地址 2	0	0 代表无
目的 IP 地址 3	0	0 代表无
目的 IP 地址 4	0	0 代表无
本地端口号	36 412	按规划值设定,与核心网侧一致
目的端口号	36 412	按规划值设定,与核心网侧一致
输入输出流个数	2	按规划值设定

将下方滚动条拖动到最右边,检查"偶联状态","偶联状态"为正常,说明 SCTP 链路建立成功,如图 9.7.11 所示。

图 9.7.11 SCTP 偶联

⑥ 配置小区

在基站配置界面左侧导航树中单击"业务表管理"→"小区参数表"。在小区参数表界面中,单击"新增小区向导",进入新增(小区参数)界面,配置完成后,单击"确定",如图 9.7.12 所示,参数定义见表 9.7.8 所示。

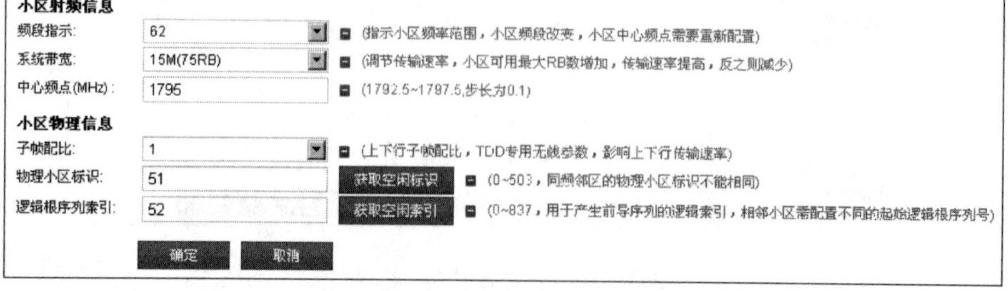

图 9.7.12 配置小区参数

表 9.7.8　小区配置参数说明

参数名称	参数值	备　注
小区标识	254	站内小区唯一标识,用户可自行设定,取值范围为 0～254
小区名称	xinwei	可以为汉字、字母、数字和下划线的组合
应用场景	默认配置	系统会根据应用场景而智能配置最优的小区无线参数 当前基站支持默认配置、市区场景、郊区场景、超远覆盖、上行流量、下行流量场景,用户可根据实际应用需求选择相应的配置场景
跟踪区码	16	和核心网侧保持一致
RRU 型号	根据实际填写	根据实际填写
天线数	2	填写 RRU 实际连接天线个数,基站会根据天线个数生成小区中的上行、下行天线配置信息 1 天线:对应 1T1R,TM1 2 天线:对应 2T2R,TM3 4 天线:对应 2T4R,TM3 其中,天线 0、天线 1 只能收,天线 2 和天线 3 收发都可以
频段指示	62	按规划值设定
中心频点	1 795	按规划值设定
系统带宽	15 M	支持配置 5 M、10 M、15 M、20 M,根据实际需要填写 1.8 G 的 RRU 整机当前最大支持 15 M
子帧配比	1	0,1,2 可配,根据实际需要填写 0:上行流量优先 1:上下行流量均衡 2:下行流量优先
物理小区标识	171	0～503 可配,可根据规划值配置,也可单击"获取空闲标识"自动获取
逻辑根序列索引	171	0～837 可配,可根据规划值配置,也可单击"获取空闲索引"自动获取
小区表中其他参数	保持默认值不变	无须修改

⑦ 导出开站参数

在开站参数界面左侧的导航树中单击"开站参数导出",进入开站参数导出界面,单击"导出参数"导出开站参数,如图 9.7.13 所示。

图 9.7.13　基站数据导出

步骤 2:基站近端操作

以下的环节需要在基站近端完成,请检查并带齐工具和软件,然后前往 eNodeB 所在机房进行操作。如果在开站过程出现升级失败打印信息,必须关闭软件,重启基站,然后再次执行开站流程。用 LTE 开站工具开站,开站后基站的版本号信息为空,为了支持基站向后续版本升级,在一键开站工具开站后需通过网管或 WebLMT 重新升级一次版本,这样基站版本号信息就会正常生成。

(1) 开站前准备

工具准备见表 9.7.9,软件准备见表 9.7.10。

表 9.7.9 开站所需工具

资源类型	资源名称	数量(个)	备 注
存储设备	U 盘	1	用于将 OMC 生成的基站开站参数文件——基站软件安装包、WebLMT 安装包——复制到开站现场
操作维护终端	笔记本式计算机	1	作为基站调试操作维护控制台
线缆	千兆网线	1	用于计算机直连基站调测口(如 BBU 上的 debug 口——FE/GE1、Trace 口——FE/GE2)
光功率计	光功率计	1	用于进行光信号检测,光功率应大于 150 uW

表 9.7.10 开站所需软件

类 型	名 称	备 注
本地网管	WebLMT	随网管版本发布,从网管发布版本包中获取,文件名为 wbs_ppc.tar.z
软件版本包	eNodeB 软件安装包	随 BBU 版本发布,从 BBU 发布版本包中获取,文件名为 McLTE.x.x.x.x.BIN,如 McLTE.2.1.3.0
LTE 开站工具	LTE 开站工具.exe	随 BBU 版本发布,从 BBU 发布版本包中获取,文件名为:LTE 开站工具.exe
开站参数	xxxxxx_CFG.sql	通过在网管上开站然后导出的基站数据配置文件

(2) 开站工具连接基站

① 将基站 trace 口(BBU 上的 FE/GE2 口)与 PC 相连,并设置 PC 的 IP 地址为"10.0.0.X",X 不能为 1。

② 在 PC 的命令行窗口执行 ping 10.0.0.1 命令,测试 PC 和基站之间的网络是否已经连通,如图 9.7.14 所示。

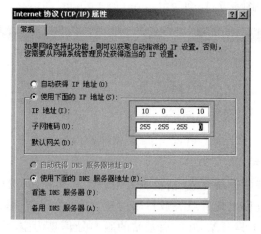

图 9.7.14 IP 设定

（3）开站

运行 LTE 开站工具，选择版本下载页，在版本下载页中选择版本文件、WebLMT 文件和参数文件，文件选择完成后，单击"开始安装"，在日志区域会首先网络连接检查，并开始上传文件，安装进度条显示实际安装进度，日志区域显示当前操作流程，如图 9.7.15 所示。安装完成后，基站会自动重启，重启后，就可以通过 WebLMT 或 OMC 登录基站，进行操作维护。

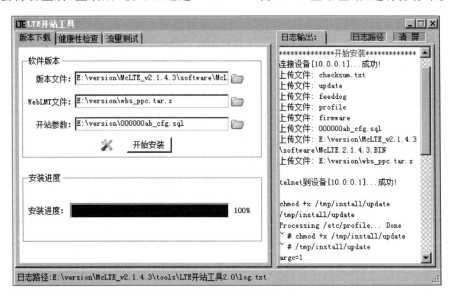

图 9.7.15　开站软件安装

（4）基站硬件状态和基本配置检查

基站开站完成后，可使用 LTE 开站工具执行设备和工程检查，检查前基站 BBU 单板和 RRU 单板必须都上电。在 LTE 开站工具上选择"健康性检查"，选中所有的检查项，单击"开始"进行检查，如图 9.7.16 所示，在工具右侧的日志输出部分检查各个项目的输出结果，各项目的检查内容和判断标准见表 9.7.11。

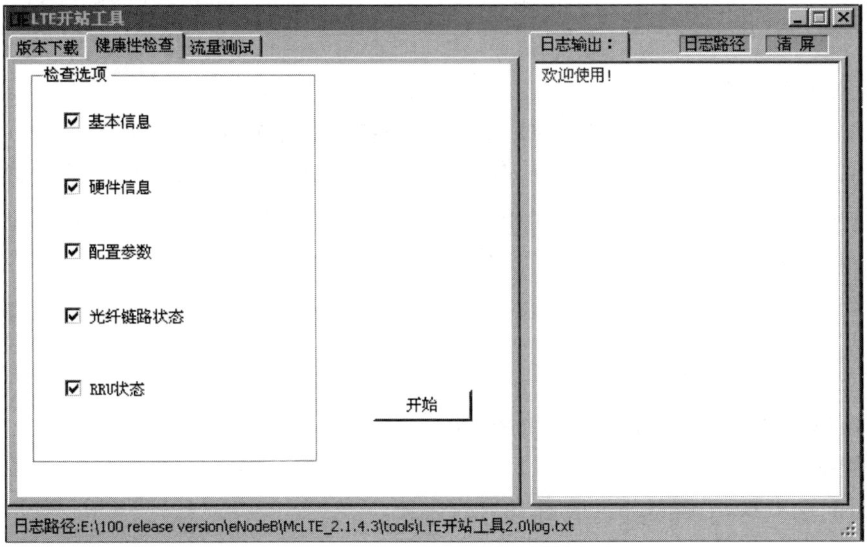

图 9.7.16　基站健康检查

表 9.7.11　检查内容和判断标准

检查项目	检查内容	判断标准	检查结果参考
基本信息	基站 ID 基站运行版本 基站时钟锁定状态	基站 ID 正确 基站运行版本与安装版本一致 基站 GPS 时钟点锁定	基本信息检查… 基站ID: 171 基站名称: eNB171 设备状态: 不正常 主用版本信息: 2.1.3.2 备用版本信息: 2.1.2.0 基站时钟类型: GPS 基站时钟状态: 锁定/同步(lock)
硬件信息	单板数量 单板状态	单板数量等于 BBU 个数＋RRU 个数 异常单板中不包含实际安装并上电的设备	硬件信息检查… 单板数量: 4 异常单板数量: 2 异常单板1信息: (Rack: 3, Shelf: 1, Slot: 1, BoardType: rru) 异常单板2信息: (Rack: 4, Shelf: 1, Slot: 1, BoardType: rru) 风扇转速: 5 590
配置信息	基站 IP 网管 IP 基站与网管连接状态 S1 口偶连状态 带宽和频点	基站 IP 正确 网管 IP 正确 根据实际情况检查基站与网管间连接状态和 S1 口状态 各小区的带宽和中心频点配置正确	配置参数 基站IP: 172.31.4.171 基站与网管之间的链路状态: 正常 sctp偶联数量: 1 偶联状态1: (u16assID:0, u32Status:不正常) 3个小区中心频点: (65 300, 65 300,39 150) 3个小区的带宽: [15 M, 15 M, 5 M]
光纤链路状态	BBU 与 RRU 间光纤链路状态	已上电 RRU 对应的 IR 状态为正常	光纤链路状态 第 1 路IR状态: 正常 第 2 路IR状态: 不正常 第 3 路IR状态: 不正常
RRU 状态	RRU 状态 上下行天线状态 驻波比信息	已上电 RRU 的连接状态为正常 RRU 上连接天线的天线状态为正常 各天线通道的驻波比不大于 3	RRU信息 RRU数量: 3 第 1 个RRU信息 第 1 个RRU连接状态: 连接 第 1 路上行天线状态: 正常 第 2 路上行天线状态: 正常 第 3 路上行天线状态: 不正常 第 4 路上行天线状态: 不正常 第 1 路下行天线状态: 正常 第 2 路下行天线状态: 正常 第 3 路下行天线状态: 不正常 第 4 路下行天线状态: 不正常 第 1 路通道驻波比: 0 第 2 路通道驻波比: 0 第 3 路通道驻波比: 0 第 4 路通道驻波比: 0

（5）基站状态检查

将基站 debug 口（BBU 上的 FE/GE1 口）与 PC 相连，并设置 PC 的 IP 地址为"16.31.16.X"，X 不为 230。在 PC 的命令行窗口执行 ping 16.31.16.230 命令，测试 PC 和基站之间的网络是否已经连通。在 IE 地址栏中输入 http://16.31.16.230/lte/welcome.html，登录简易网管 WebLMT，如图 9.7.17 所示，在网管中可检查单板状态和小区状态。

5. 任务成果

① 开站参数文件。

② LTE 开站工具安装成功截图。

③ 基站单板状态和小区状态正常的截图。

6. 拓展提高

请按照配置步骤，了解基站配置各参数的含义。

图 9.7.17　简易网管 WebLMT

9.8　实现 LTE 宽带集群系统业务

1. 任务介绍

SRD1000 快速部署系统具备调度台功能,是快速部署系统的主要应用,调度台分组后,就可实现移动终端语音调度业务与视频业务,本任务要求技术人员完成对调度台的分组配置,并实现移动终端语音调度业务与视频业务。

2. 任务用具

调度台客户端软件,集群手持机。

3. 任务用时

建议 2 课时。

4. 任务实施

步骤 1:调度台分组

调度台客户端软件中的组织管理模块用于 GDC2000 集群控制系统的数据配置。通过组织管理模块可以完成对用户、调度员、组等的组织、调度的数据配置工作。组织管理视图用分隔组件划分为左右两部分:左边部分只包含一个树形列表,称之为组织关系对象树,它用于罗列系统的所有组织对象;右边部分是对象的编辑操作面板,根据不同的对象,会显示相应的数据。

(1) 管理员登录

管理员角色登录后,可实现对组织块和组织块内成员的管理,登录后的组织管理界面如图 9.8.1 所示。

① 组织块管理

组织块是组织下的模块,对于组织块的管理包括组织块的新增、修改与删除。新增组织块的操作是:在管理功能面板中单击"新增组织块",弹出增加对话框,输入组织块名称和描述,单击"保存",执行增加操作。新增组织块的界面如图 9.8.2 所示,参数说明见表 9.8.1,修改和删除组织块的方法类似,这里不再赘述。

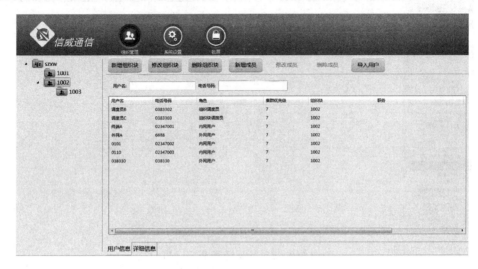

图 9.8.1　管理员登录的组织管理界面

图 9.8.2　新增组织块界面

表 9.8.1　组织块参数说明

参　数	描　述	有效性说明	默认值
组织块名称	组织块名称	最长可以输入 48 个 utf-8 字节	无
组织块描述	组织块描述	最长可以输入 128 个 utf-8 字节	无

② 成员管理

对组织块中成员的管理包括新增、修改、删除成员与导入成员。新增成员的操作是:在组织管理面板中单击"新增成员",弹出增加对话框,输入增加成员相关属性,单击"保存",执行操作,新增组织块的界面如图 9.8.3 所示,参数说明见表 9.8.2,修改和删除成员的方法类似,这里不再赘述。

图 9.8.3　组织块新增成员界面

表 9.8.2　组织块新增成员参数说明

参　数	描　述	有效性说明	默认值
角色	成员角色共包括组织调度员、组织块调度员、普通内网用户以及外网用户 4 种	新增的成员角色	普通内网用户
组织块	成员所属组织块	成员必须添加在组织块下	鼠标单击树中的组织块
用户名	用户登录名称	用户名唯一,不能重复	无
电话号码	用于接打电话或者短信	除外网用户外,其他角色需烧录可用的电话号	无
职务	可填写该组织块的职务	无	无
单位	可填写该组织块的单位	无	无
办公电话	设置后可进行顺序呼叫	无	无
专线电话	设置后可进行顺序呼叫	无	无
住宅电话	设置后可进行顺序呼叫	无	无
其他电话	设置后可进行顺序呼叫	无	无
用户优先级	资源冲突时优先级高者优先	1 级最高,7 级最低	组织调度员默认 1,组织块调度员默认 6,普通内网用户默认 7,外网用户无该属性
录音属性			未签约
密码	用户登录密码	最长输入 8 位	外网用户以及内网用户没有密码
确认密码	需与密码设置一致	最长输入 8 位	外网用户以及内网用户没有密码

（2）调度员登录

调度员角色登录后,在组织管理界面中可以添加组、编辑组和分配成员。登录后的组织管理界面如图 9.8.4 所示。

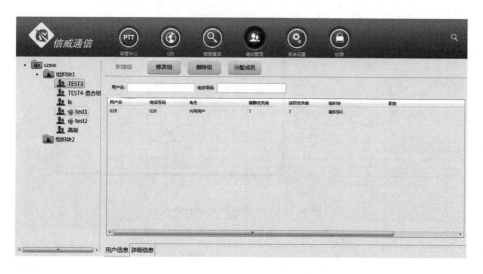

图 9.8.4　调度员登录的组织管理界面

① 组管理

对于组的管理包括组的新增、修改与删除。新增组的操作是:在组织管理面板中选中一个组织块,单击"新增组",弹出增加对话框,配置好参数后,单击"确定",执行操作,新增组的界面如图 9.8.5 所示,修改和删除组的方法类似,这里不再赘述。

② 分配成员管理

在组织块中建立组后,可以将成员分配到组中。分配成员的操作是:在管理面板中单击"分配成员",弹出分配成员对话框,在表格中的第一列复选框中将想要分配到组的成员进行钩选,也可在输入框内输入用户名或者电话号码,然后单击搜索图标,查找目标条目,支持模糊查询,最后单击"保存",将选中的成员分配到组,分配成员的界面如图 9.8.6 所示。

图 9.8.5　组织管理新增组界面

步骤 2:实现移动终端语音调度业务

建立了调度组以后,我们就可以使用调度台实现快速部署系统移动终端的语音调度业务。调度系统的语音业务包括单呼、私密呼叫、组呼、广播、强插、强拆、PTT(Push To Talk,一键通)等。

图 9.8.6　分配成员界面

（1）单呼等业务的实现

单呼是指终端与调度台、调度台与调度台、终端与终端之间的一对一双向语音呼叫；私密呼叫是指终端与调度台、调度台与调度台、终端与终端之间的一对一半双工语音呼叫；组呼用于完成某个组的呼叫任务；广播用于完成某个组的广播任务；强插/拆用于完成对某个组或用户的强插/拆任务。这几种呼叫的实现方法类似，以广播呼叫为例，在调度系统主界面的工具栏中选择"调度中心"，选中一个组，单击鼠标右键，弹出操作工具的浮动窗口，单击"广播"，如图 9.8.7 所示。

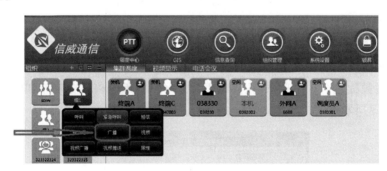

图 9.8.7　广播业务的实现

（2）PPT 呼叫的实现

① 发起呼叫：在调度中心选择某一个组/用户，按下外接设备，即可发起组呼/直呼。

② 接听：在调度中心选择某一路寻呼，按下外接设备，即可接听呼叫。

③ 话权申请/话权释放：在调度中心选择某一路寻呼，按住外接设备，即可申请话权，松开外接设备按钮即可释放话权。

以上功能，可以通过外接设备对应的键盘键实现。

步骤 3：实现移动终端视频业务

建立了调度组以后，我们还可以使用调度台实现快速部署系统移动终端的视频业务。调度系统的视频业务中包括视频单呼、视频组呼、视频广播、视频上拉、视频推送、视频转发等。

（1）视频单呼等业务的实现

终端或调度台发起的视频单呼可以使主叫与被叫都能够同时看到对方的图像和听到对方

的声音;视频组呼发出后,组内所有成员收到视频通话请求,每个听讲方可同时看到图像和听到讲话方语音,讲话方不能看到或听到听讲方的图像或语音,听讲方可通过申请话权操作获得视频权和讲话权;终端或调度台发起的带有视频图像的广播可以使每个听讲方能够同时看到发起者的图像和听到发起者讲话的声音,仅发起者拥有话权,其他听讲方不能抢占话权;终端或调度台发起的视频上拉可以用于调阅其他终端的视频,同时双方可进行全双工语音通话,但主叫调度台不需要向被叫传送发起者自身的视频,视频上拉只能对终端用户使用。这几种视频业务的实现方法类似,以视频上拉业务为例,在调度系统主界面中的工具栏中选择"调度中心",选择一个终端用户,单击鼠标右键,弹出操作工具的浮动窗口,单击"视频上拉",如图9.8.8所示。

图 9.8.8　视频上拉业务的实现

(2) 视频配置

① 视频编码设置

在调度系统主界面的工具栏中选择"调度中心",单击"视频显示"标签页,单击"视频配置",在弹出的视频配置窗口中单击"视频编码",选择视频编码格式分辨率和帧率,单击"确定"保存,如图9.8.9所示。

图 9.8.9　视频编码设置

② 存储路径设置

在调度系统主界面图中的工具栏中选择"调度中心",单击"视频显示"标签页,单击"视频配置",在弹出的视频配置窗口中单击"存储路径",设置视频存储路径和截图存储路径,单击"确定"保存,如图9.8.10所示。

图 9.8.10　视频编码保存

5．任务成果

① 调度台分组截图。

② 某语音调度业务实现截图。

③ 某视频业务实现截图。

6．拓展提高

请使用调度台计算机和手机终端进行视频通话。

9.9　完成短波应急通信

1．任务介绍

本任务要求在现场使用背负台完成与指挥中心固定台之间的短波通信,达到熟练使用电台的操作目的。

2．任务用具

固定台,背负台,电源。

3．任务用时

建议 2 课时。

4．任务实施

短波背负台正面如图 9.9.1 所示。

步骤 1:开机后进入管理员模式,打开主菜单

① 按"MNGR"进入管理员菜单界面,如图 9.9.2 所示。

"Admin Login"自动显示,如果"Admin Login"没有显示,按"△"选择。

② 按"√"进入管理员模式。

步骤 2:工作模式选择

① 按"×"进入主菜单界面。

② 按"△"或者"▽"选择选项,按"√"进入界面。

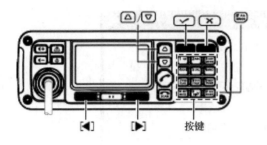
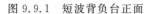

图 9.9.1　短波背负台正面　　　　　　图 9.9.2　管理员菜单界面

显示屏出现"ALE""Call In""Call Out""CHannel""Network""Selcall""Setmode"和
"VFO"等可供选择。如有必要,按"×"返回到记忆频道界面。工作模式选择如图 9.9.3 所示。

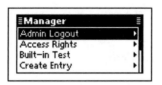

图 9.9.3　工作模式选择

③ 按"△"或"▽"选择 Setmode 选项,按"√"进入显示或者编辑界面,选择 Mode,按"√"
进入界面,选择 LSB,按"√"进入选择 Accept,按住"√"1 s 进入,选择 Rx&Tx,按"√"确认。

步骤 3:工作功率选择

① 按"×"进入主菜单界面。

② 按"△"或"▽"选择选项,按"√"进入界面。

显示屏出现"ALE""Call In""Call Out""CHannel""Network""Selcall""Setmode"和
"VFO"等可供选择。如有必要,按"×"返回到记忆频道界面。

③ 按"△"或"▽"选择 Setmode 选项,按"√"进入显示或者编辑界面,选择 Config,按"√"
进入界面,上下键选择 Accept,按住"√"1 s 进入,上下键选择需要的功率等级,按"√"确认。

步骤 4:更改频道频率

① 在页面显示界面。

② 按"△"或"▽"选择需要的频道,按"√"进入界面。

按上下键选择需要更改的选项,按住"√"1 s 进入,使用键盘按键数字进行更改,按"√"确
认。如有必要,按"×"退出。

步骤 5:删除频道

① 选择需要删除的频道。

② 按"MNGR"进入管理员菜单界面,如图 9.9.4 所示,"Admin Logout"自动显示。

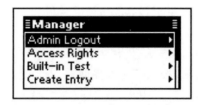

图 9.9.4　管理员菜单界面

③ 按"△"或"▽"选择"Delete Entry"再按"√"。"Delete Entry?"确认信息显示,如图9.9.5所示。

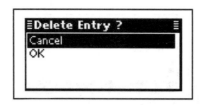

图 9.9.5 删除频道确认界面

④ 按"▽"选择"OK",再按"√"确认。

步骤6:创建新的频道

短波台界面如图9.9.6所示。

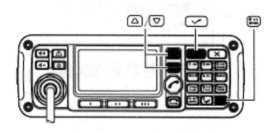

图 9.9.6 短波台界面

① 按"MNGR"进入主菜单界面,如图9.9.7所示,"Admin Logout"自动显示。

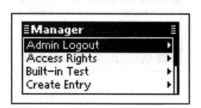

图 9.9.7 主菜单界面

② 按"△"或"▽"选择"Create Entry",再按"√",如图9.9.8所示。

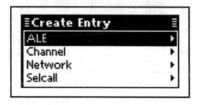

图 9.9.8 创建频道界面

③ 可以创建如下条目:"ALE""CHannel""Network"或"Selcall"。

④ 按"△"或"▽"选择"CHannel",然后按"√"输入。

⑤ 按键输入需要的频道名称,再按"√",如图9.9.9所示。

最多输入 15 字节,可用字节 A 到 Z,0 到 9,? 和@,按"A/a"切换大小写和数字,按"×"删除字节符号或者向左移动光标。按"◁"或"▷"移动光标。

图 9.9.9　输入频道名称界面

⑥ 按键输入需要接收频率,再按"√",如图 9.9.10 所示。
按" * "输入小数点,按"×"删除字节符号或者向左移动光标。

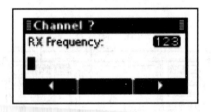

图 9.9.10　输入接收频率界面

⑦ 按键输入需要发射频率,再按"√",如图 9.9.11 所示。

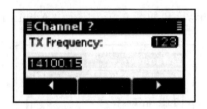

图 9.9.11　输入发射频率界面

⑧ 按"△"或"▽"选择操作模式,如图 9.9.12 所示。

图 9.9.12　选择操作模式界面

⑨ 按"√"保存并退出。

5. 任务成果

在任务单上写出 6 种设置的具体步骤。

6. 拓展提高

如要新增频率,该如何操作?

9.10 使用调度软件

1. 任务介绍

本任务要求使用多媒体终端软件(PC 版),进行音视频呼叫,进行多媒体会议、通讯录管理。

2. 任务解析

调度台 PC,多媒体调度交换机,多媒体调度服务器,摄像头,耳麦。

3. 任务用时

建议 4 课时。

4. 任务实施

步骤 1:快速入门

(1) 软件登录及配置

双击调度台桌面 MCT 软件图标,如果设置正确即可登录 MCT。如果未能成功登录,用户单击"配置"打开配置界面进行软件配置,如图 9.10.1 所示。

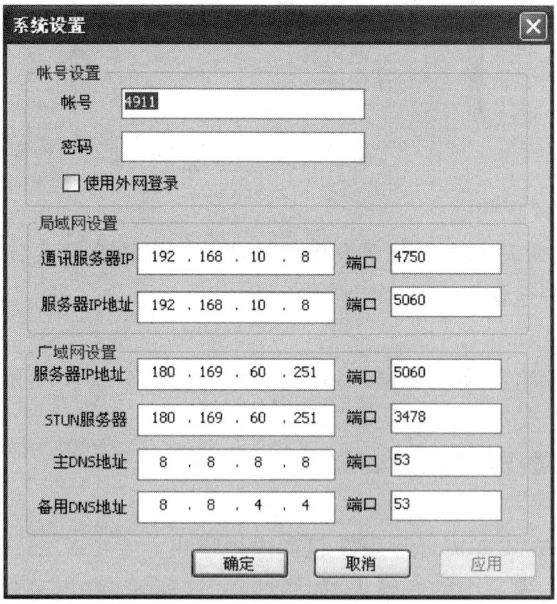

图 9.10.1 配置界面

配置界面中包括账号设置、局域网设置和广域网设置。局域网设置中,需填写 SIP 服务器和通信服务器的 IP 地址和端口。广域网设置中,需填写 SIP 服务器和 STUN 服务器的 IP 地址与端口。钩选"使用外网登录",MCT 使用广域网设置进行登录;若未钩选,则 MCT 使用局域网设置进行登录。

登录 MCT 后,单击"设置",在弹出的配置窗口中可对软件进行配置。该配置会在下一次登录时生效。

（2）主界面管理

用账号登录 MCT 后即进入主界面，如图 9.10.2 所示。主界面由三部分组成，上方为功能按钮，按钮用途说明见表 9.10.1。

表 9.10.1　按钮说明

功能按钮名称	图标	操作说明
会议		单击后弹出"会议管理"窗口，用户在该窗口中创建和管理会议
拨号/通信录		单击后主界面下方区域在显示通信录与显示拨号盘之间切换
软件设置		单击后弹出"设置"窗口，用户在该窗口中对软件进行设置
帮助		单击后打开帮助文档

图 9.10.2　主界面

（3）快速开始音视频呼叫

在主界面上联系人列表中选择联系人作为被叫。右击该联系人弹出音频呼叫或视频呼叫菜单，以实现快速音视频通话。

（4）快速开始会议

主界面上单击"会议"，在弹出的窗口里选择会议类型、会议成员和设置会议参数，单击"确定"后会议创建成功。

步骤 2：使用 MCT 进行音视频通话

（1）个人呼叫

用户可以通过两种方式来拨打号码发起音视频呼叫。

方法一：右击联系人列表中的联系人，如图 9.10.3 所示，弹出菜单，选择音频呼叫或视频呼叫。

方法二：单击主界面上的拨号盘按钮，进入拨号盘页面，如图 9.10.4 所示，输入对方号码，选择音频呼叫或视频呼叫。

方法三：单击主界面上的历史，进入通话记录页面；右击页面中的号码，如图 9.10.5 所示，弹出菜单，选择音频呼叫或视频呼叫。

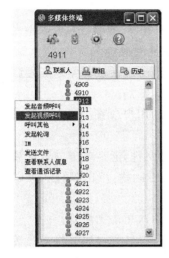

图 9.10.3　拨打电话-1　　　　图 9.10.4　拨打电话-2　　　　图 9.10.5　拨打电话-3

（2）群组呼叫

MCT 支持组呼，即能同时呼叫多用户。在首页中，选择群组，右击指定组，在弹出菜单中选择"发起组呼"，组中所有联系人形成多方通话，如图 9.10.6 所示。

MCT 支持轮询，即能轮流呼叫多个用户。在首页中，选择群组，右击指定组，在弹出菜单中选择"发起轮询"，就能对该组中的联系人进行轮询呼叫。

图 9.10.6　组呼

（3）功能按钮

建立通话后，中间的视频区域下方显示一组功能按钮，如图 9.10.7 所示。包括页面布局、保持、邀请、放像、静音、转移、音视频切换和挂断。其中，放像按钮和音视频切换按钮仅存在于视频通话中，音频通话不包含这两个按钮。

图 9.10.7　功能按钮

（4）页面布局

单击页面布局按钮会弹出一个窗体，用户可在该窗体中选择四分屏、多路视频或画中画模式。视频区域根据用户的选择以指定方式显示参与会话的各个成员的视频。

① 保持：建立通话后，单击"保持"，通话被切换到挂起状态，当前通话被暂停。当通话处在挂起状态时，单击"保持"，当前通话被恢复。

② 邀请：单击"邀请"后弹出通信录选项框，可选择通信录中的用户或直接输入号码来邀请第三方成员加入当前会话。

③ 放像：功能按钮中，单击"放像"，在弹出的列表中选择放像文件，通话各方的音视频区域会增加一路放像视频。同时，控制放像的用户界面会弹出播放控制栏，单击"功能"可以暂停/恢复放像或停止放像。

④ 静音：功能按钮中，A用户单击"静音"使本地语音被禁止，再次单击则恢复。

⑤ 转移：功能按钮中，单击"转移"后弹出通信录选项框，从中选择转移号码并将会话转移至指定用户。例如，6001与6002正在通话，6001将会话转移到6003，则6002与6003建立通话，6001与6002的通话被释放。

⑥ 音视频切换：功能按钮中，单击"音视频切换"，当前通话的音视频属性将发生改变。若当前通话为视频通话，A用户单击该按钮使得通话变成音频通话。此时A用户只能听到通话中其他用户的语音，不能看到视频，其他用户也只能听到A用户的语音，不能看到其视频。音频切换为视频同上所述。

图9.10.8 历史记录

⑦ 挂断：功能按钮中，用户单击"挂断"即可对当前通话进行挂断操作。对于两方通话，使用挂断功能可以结束正在进行的通话；对于多方通话，使用挂断功能将使本方退出通话，其他用户通话状态不变。

（5）历史记录

历史记录包含通话记录和通话时间，如图9.10.8所示。其中通话记录为被叫号码。

选中一项历史记录双击，可以查看历史记录详情。单击"音频呼叫"或"视频呼叫"，可以拨打音视频电话，如图9.10.9所示。

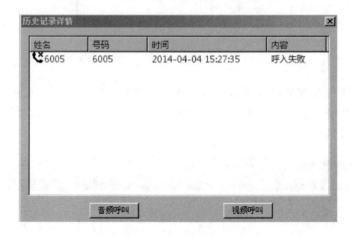

图9.10.9 历史记录详情

步骤3：使用 MCT 进行多媒体会议

（1）会议角色

会议中的角色分为3类：主持人、主席和普通成员。每个会议由一个主持人、至多一个主席和若干个普通成员组成。主持人负责发起会议，并在会议召开过程中进行各项操作，如放像、授予发言权、设置主视频、加减人等。在会议召开过程中主持人和主席始终拥有发言权。普通成员加入会议时不具有发言权，需通过自己申请或主持人授予才能获得发言权。会议中，主持人的角色可以转让给某个普通成员，同时，会议中只允许一位普通成员拥有发言权。

（2）会议创建和维护

① 创建会议

会议分为即时会议、普通预约会议和周期性预约会议（又称例会）。

即时会议为确定会议策略后立刻召开；普通的预约会议为按照会议策略设定的时间召开；周期性预约会议则在每个周期的固定时间召开（如每周一的下午三点）。例会只需在第一个周期里进行设置，以后的周期里一到预约时间，例会自动召开。

创建会议方法：用户在主界面单击"会议"，进入会议创建页面，如图9.10.10所示。在页面上确定会议主持人、主席、参与成员以及会议开始时间、会议时长、会议策略配置，最后单击"确定"。若钩选立即召开，则会议将即刻召开；若未钩选立即召开，会议会根据指定的会议开始时间召开会议。配置会议策略时，需在弹出的窗口中设定最大成员数、录制模式、是否允许主持人转让、是否允许主动加入等，如图9.10.11所示。

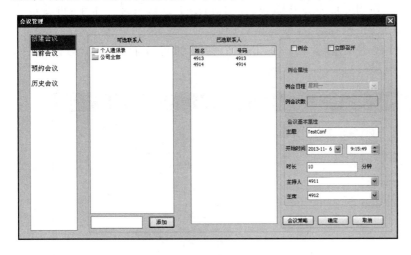 

图 9.10.10　创建会议　　　　　　　　　　　图 9.10.11　会议策略管理

对于召开例会，需要钩选例会选项，设置例会日程和例会次数。例会次数表示预约召开的会议次数。例如，例会次数设置为10，例会日程设置为每周一，那么之后10周的每周一的指定时刻都要召开会议。

② 会议维护

用户可以通过当前会议列表、预约会议列表和历史会议列表对自己创建的会议进行维护。通过选择会议管理窗口左侧的表项来访问会议列表。3张会议列表格式相同，都列举了符合条件的会议名称、ID 和开始时间，如图9.10.12所示。

图 9.10.12　预约会议列表

当前会议列表列举了当前正在进行的会议。右击某个会议可弹出菜单，可通过菜单项查看会议详情。

预约会议列表列举了已经预约但还未召开的会议。右击某个会议可弹出菜单，可通过菜单项查看会议详情、修改会议策略、删除会议、删除最近例会。

历史会议列表列举了已经召开的会议。双击某个会议即可查看该会议的详情，如图 9.10.13 所示。

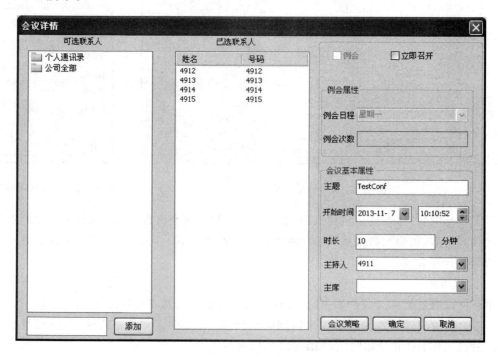

图 9.10.13　会议详情窗口

（3）会议控制

会议召开后，若当前用户为主持人，则进入主持人的会议界面，并对会议进行控制。

界面中间为视频区域，显示所有成员视频，可以通过功能按钮中的"页面布局"来选择视频布局方式；视频区域下方为功能按钮（如图 9.10.14 所示），包括页面布局、邀请、放像、延长会议、视频绑定、音视频切换、结束会议。

图 9.10.14　主持人界面的功能按钮

主持人可以右击会议成员列表中的成员，在弹出的菜单选择减人、授予发言权/取消发言权、设置主视频。

与主持人界面相比，成员（非主持人）界面下方的功能按钮较少，包括页面布局、申请发言权、音视频切换、退出会议，如图 9.10.15 所示。

图 9.10.15　非主持人界面的功能按钮

① 发言权控制

会议开始时，只有主持人和主席具有发言权，普通成员没有发言权。会议进行过程中，可通过主持人授予发言权或成员申请发言权两种方式，得到主持人批准后，普通成员方可发言。主持人和主席一直拥有发言权，但只能有一个普通成员拥有发言权。某个普通成员获得发言权的同时，原本拥有发言权的普通成员被主持人收回发言权。

会议成员列表中，单击某个成员，在弹出的菜单中选择"授予发言权"或"取消发言权"，即可授予或收回该成员的发言权。

② 增删成员

会议召开后，主持人可以通过增加或删除成员来控制参加会议的成员。

功能按钮中，单击"邀请"，主持人可邀请其他成员加入会议。选择成员号码，单击"完成"即可添加成员。

会议成员列表中，单击某个成员，在弹出的菜单中选择"删除成员"，即可将该成员踢出会议。

③ 主视频设置

主持人可以将某个会议成员的视频窗口设置为主视频。会议各成员视频区域的首要位置将会自动显示此路视频。

会议成员列表中，单击某个成员，在弹出的菜单中选择"设置主视频"，即可将该成员的视频设为主视频。

④ 音视频切换

和通话一样，会议也支持音视频切换功能。会议中的各个成员（包括主持人、主席和普通成员）可以通过单击"音视频切换"完成音视频切换。

⑤ 主持人转让

若会议策略配置中勾选了"允许主持人转让"，则在会议召开过程中，主持人可以将主持人角色转让给主席或普通成员。转让后,主持人变为普通成员。

主持人在会议成员列表中右击即将成为新主持人的成员,在弹出菜单中选择"转让主持人",这样主持人就转让成功了。

⑥ 其他操作

功能按钮中,单击"结束会议":主持人在会议过程中向服务器发送结束会议请求,服务器接受该请求后,立即结束与会议中所有成员的呼叫。

功能按钮中,单击"延长会议":会议主持人在会议过程中向服务器发送延长会议请求,服务器接受该请求后,立即将原先设定的会议结束时间推迟。

功能按钮中,单击"放像":会议主持人可以向所有与会者播放同一视频。与视频通话中的放像一样,播放过程中,会议主持人可以对放像进行暂停、恢复和停止操作。

功能按钮中,单击"视频绑定":会议主持人在会议过程中可以选择是否将主视频和发言权进行绑定,并向服务器发送主视频/发言权绑定请求。如果设置为绑定,则当发言权变更后,主视频将自动切换为当前发言人的视频。

步骤 4:使用 MCT 管理通信录

(1)个人通信录与企业通信录

通讯录分为企业通信和个人通信录。MCT 在登录时会自动下载企业通信录和个人通信录。MCT 不能修改企业通信录,但 MCT 能对个人通信录里的群组和联系人进行管理,实现增加、删除和修改的操作。主界面上,单击"设置",在弹出的窗口中选择"辅助功能",再单击"上传",可将本地的个人通信录上传到服务器端。

(2)联系人管理

主界面上,单击"联系人",选择"个人通信录",可对个人通信录进行管理。个人通信录下包含分组和联系人。分组下包含若干个联系人,不可再内嵌分组。

右击"个人通信录",弹出菜单,可进行增加分组和新建联系人操作;右击分组名,弹出菜单,可进行删除分组、重命名分组和新建联系人操作。选择"新建联系人"后,弹出联系人管理窗口,如图 9.10.16 所示。在窗口上填写联系人的姓名、多媒体指挥调度交换机号码等信息,再单击"确定"即可将联系人添加至个人通信录中。

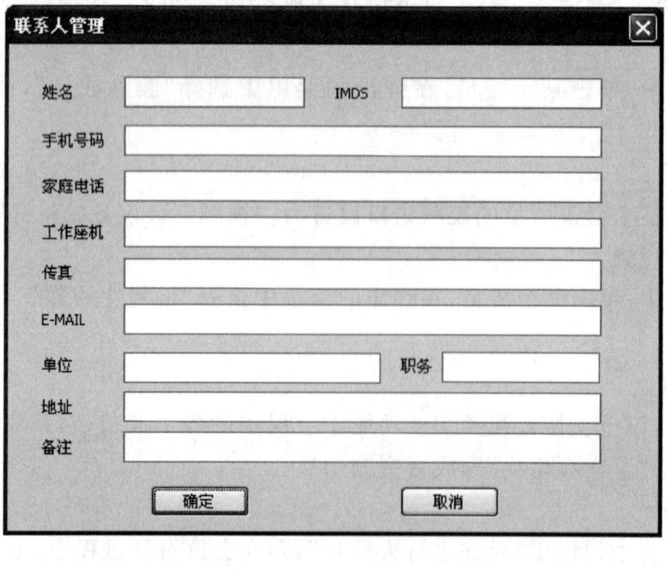

图 9.10.16　添加联系人

在个人通信录中右击某一联系人,弹出菜单,如图 9.10.17 所示。通过菜单项,用户可对联系人的多个号码进行音视频呼叫,也可对联系人信息进行查看和修改。其中,"发起轮询"指的是用户对联系人的多个号码(多媒体指挥调度交换机号码/家庭电话/工作座机/手机号)进行轮询。

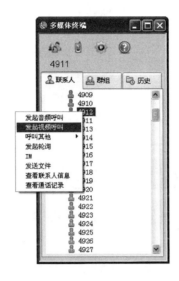

图 9.10.17 对联系人发起呼叫

(3) 群组管理

群组是一个包含若干个联系人的分组,用户可使用建立好的群组对指定的若干个联系人发起组呼或轮询。

主界面上,单击"群组",则页面显示已经存在的群组。右击某一群组,弹出菜单,如图 9.10.18 所示。通过菜单项,用户可对群组发起组呼或轮询,也可对群组信息进行查看和修改。其中,选择"成员管理"会弹出"添加联系人"窗口,如图 9.10.19。用户可在其中添加/删除群组成员。

图 9.10.18 群组菜单

步骤 5:MCT 的软件设置

主界面上,单击"设置",弹出设置窗口,用户可在该窗口中对软件进行设置。设置项包括:账号、音频、视频、局域网、广域网、辅助功能等。

图 9.10.19 添加联系人窗口

（1）账号设置

如图 9.10.20 所示，用户可设置账号、密码等配置项。如果用户钩选自动登录，下次运行 MCT 程序时，MCT 将自动以设好的账号、密码登录，无须用户操作。

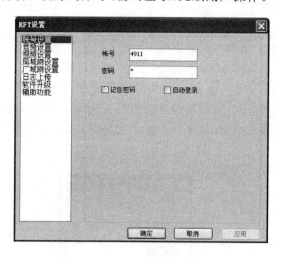

图 9.10.20 账号设置

（2）音视频设置

音频设置中，用户可通过上下箭头调整各种音频编码的优先级，如图 9.10.21 所示。

注意：除特殊需要外，推荐用户使用出厂默认设置，不建议用户自行修改。

视频设置中，用户可设定视频传输中的分辨率、帧率和码率，如图 9.10.22 所示。

（3）网络设置

网络设置分局域网设置（如图 9.10.23 所示）和广域网设置（如图 9.10.24 所示）。

局域网设置中，用户需分别设定通信服务器和服务端的 IP 和端口。广域网设置中，用户需设定服务端、STUN 服务器以及主备 DNS 的 IP 和端口。

图 9.10.21 音频设置

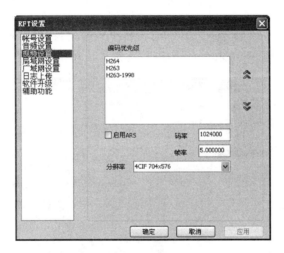

图 9.10.22 视频设置

图 9.10.23 局域网设置

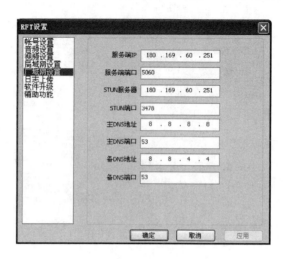

图 9.10.24　广域网设置

（4）辅助功能

辅助功能（如图 9.10.25 所示）中，用户可上传个人通信录，并设置是否自动应答。钩选自动应答允许 MCT 在收到呼叫请求时直接接听，无须人工单击"接听"。

图 9.10.25　辅助功能

5. 任务成果

请记录调度软件使用过程，截图后填写任务单。

6. 拓展提高

请使用调度软件完成群呼、轮询操作。

9.11　编写应急预案

1. 任务介绍

作为初步踏上应急通信管理工作岗位的你，需要按照所在单位的实际情况，完成《某公司××分公司通信保障应急预案》编写工作。

2. 任务用具

计算机、纸、笔。

3. 任务用时

建议 2 课时,学生可以课外搜集资料,课堂完成内容。

4. 任务实施

将学生分组,每组 5～6 人。选择 1 人担任组长,组长负责任务分配,每组配合完成一份应急预案编写,每人负责编写一部分内容。任务详细内容如下所示。

步骤 1:编制应急预案总则部分

该步骤编写《某公司××分公司通信保障应急预案》的编制目的、编制依据、适用范围、工作原则、预案体系。

步骤 2:完成某单位应急保障资源分析

该步骤针对某单位或组织的情况,完成风险分析,针对现有资源情况进行统计分析。

步骤 3:设置组织机构、制订岗位职责

该步骤制订公司通信保障应急指挥机构、组织体系框架、岗位职责、应急资源情况,包括资金来源、应急人员构成、联系方式、应急物资准备情况等。

步骤 4:制订预防与预警措施

该步骤制订预防机制、预警监测、预警行动步骤、预警分级和发布。

步骤 5:设置应急响应步骤

该步骤制订应急分级、响应程序分级、应急结束的具体情况(注明应急行动终止条件)。

步骤 6:制订信息发布原则、步骤

该步骤规定信息发布的统一原则,注明信息统一对外发布部门,设定专门的发言人、信息发布的规定步骤。

步骤 7:规定后期处置措施

该步骤规定通信保障应急措施实施之后,针对不同的表现来表彰、惩罚的具体细则,明确后续的处置措施。

步骤 8:确定培训与演练计划

该步骤明确培训与演练的组织机构,培训、演练的时间、频率、参与人员、演练方式等。

5. 任务成果

完成《某公司××分公司通信保障应急预案》,填写任务单。

6. 拓展提高

根据《某公司××分公司通信保障应急预案》的制作步骤,制订《某公司××分公司无线网络保障应急专项预案》。

附录 实践任务单模板

应急通信课程实践任务单

班级：　　　　　学号：　　　　　姓名：　　　　　日期：

任务名称		学时		场地	
任务介绍					
任务用具					
任务解析					
任务目的					
知识准备					
任务计划					
任务成果					
拓展提高					
教师评价					
评分（满分 10 分）					